全国高等职业教育技能型紧缺人才培养培训推荐教材

流体与热工基础

（建筑设备工程技术专业）

本教材编审委员会组织编写

余　宁　主编
刘春泽　主审

中国建筑工业出版社

图书在版编目（CIP）数据

流体与热工基础/余宁主编 . —北京：中国建筑工业
出版社，2005（2022.12 重印）
全国高等职业教育技能型紧缺人才培养培训推荐教材 .
建筑设备工程技术专业
ISBN 978 - 7 - 112 - 07152 - 4

Ⅰ. 流⋯　Ⅱ. 余⋯　Ⅲ.①流体力学—高等学校：
技术学校—教材②热工学—高等学校：技术学校—教材
Ⅳ.①035②TK122

中国版本图书馆 CIP 数据核字（2005）第 059282 号

全国高等职业教育技能型紧缺人才培养培训推荐教材
流体与热工基础
（建筑设备工程技术专业）
本教材编审委员会组织编写
余　宁　主编
刘春泽　主审

*

中国建筑工业出版社出版、发行（北京西郊百万庄）
各地新华书店、建筑书店经销
北京圣夫亚美印刷有限公司印刷

*

开本：787×1092 毫米　1/16　印张：15¼　插页：2　字数：367 千字
2005 年 9 月第一版　2022 年 12 月第六次印刷
定价：26.00 元
ISBN 978-7-112-07152-4
（20910）

本书是根据教育部、建设部"高等职业教育建设行业技能型紧缺人才培养培训指导方案"的指导思想进行编写的，是建筑设备工程技术专业的一门主干专业基础理论课程。

全书共分5个单元21个课题。单元1流体力学的5个课题，主要讲述流体的主要物理性质，流体静力学基础与流体动力学基础，流体沿程损失和局部损失的计算，减少流动阻力的措施及简单管路的水力计算。单元2泵与风机的3个课题，主要讲述泵与风机的基本构造、工作原理、性能参数，泵与风机的正确选用，其他常用的泵与风机。单元3工程热力学的5个课题，主要介绍工程热力学的基本概念，理想气体状态方程，理想气体基本热力过程，热力学第一、二定律，水蒸气、湿空气，喷管、扩压管、节流等等。单元4传热学的5个课题，主要介绍传热的基本概念，稳定导热、对流换热、辐射换热、稳定传热的基本定律与基本计算分析以及传热的加强与削弱问题；单元5实验的3个课题，介绍了流体静力学实验、沿程及局部水头损失实验和空气参数的测定实验。

本书具有高等职业教育的特色，课题式讲解突出了专业的实用性与针对性，除可作为高职高专学校建筑设备工程技术专业和供热通风与空调工程技术专业的教材使用外，也可作为从事通风空调、供热采暖及锅炉设备工作的高等技术管理施工人员学习与培训的教材使用。

本书在使用过程中有何意见和建议，请与我社教材中心（jiaocai @china-abp.com.cn）联系。

* * *

责任编辑：齐庆梅　张　晶

责任设计：郑秋菊

责任校对：李志瑛　关　健

本教材编审委员会名单

序

改革开放以来，我国建筑业蓬勃发展，已成为国民经济的支柱产业。随着城市化进程的加快、建筑领域的科技进步、市场竞争的日趋激烈，急需大批建筑技术人才。人才紧缺已成为制约建筑业全面协调可持续发展的严重障碍。

面对我国建筑业发展的新形势，为深入贯彻落实《中共中央、国务院关于进一步加强人才工作的决定》精神，2004年10月，教育部、建设部联合印发了《关于实施职业院校建设行业技能型紧缺人才培养培训工程的通知》，确定在建筑施工、建筑装饰、建筑设备和建筑智能化等四个专业领域实施技能型紧缺人才培养培训工程，全国有71所高等职业技术学院、94所中等职业学校、702个主要合作企业被列为示范性培养培训基地，通过构建校企合作培养培训人才的机制，优化教学与实训过程，探索新的办学模式。这项培养培训工程的实施，充分体现了教育部、建设部大力推进职业教育改革和发展的办学理念，有利于职业院校从建设行业人才市场的实际需要出发，以素质为基础，以能力为本位，以就业为导向，加快培养建设行业一线迫切需要的高技能人才。

为配合技能型紧缺人才培养培训工程的实施，满足教学急需，中国建筑工业出版社在跟踪"高等职业教育建设行业技能型紧缺人才培养培训指导方案"编审过程中，广泛征求有关专家对配套教材建设的意见，组织了一大批具有丰富实践经验和教学经验的专家和骨干教师，编写了高等职业教育技能型紧缺人才培养培训"建筑工程技术"、"建筑装饰工程技术"、"建筑设备工程技术"、"楼宇智能化工程技术"4个专业的系列教材。我们希望这4个专业的系列教材对有关院校实施技能型紧缺人才的培养培训具有一定的指导作用。同时，也希望各院校在实施技能型紧缺人才培养培训工作中，有何意见及建议及时反馈给我们。

建设部人事教育司

2005年5月30日

前　言

　　《流体与热工基础》是建筑设备类专业的主要理论技术基础课之一,是从事通风空调、供热采暖及锅炉设备管理和施工安装等高等职业技术人员必须掌握的基础知识。任务是通过本教材的学习,使其掌握流体力学的基本概念和流体静力学与动力学基本知识;熟悉流体沿程损失和局部损失的计算以及减少流动阻力的措施,并能进行简单管路的水力计算;掌握有关热力学基本定律、工质的状态参数及其变化规律等基础理论知识;掌握导热、对流、热辐射换热的基本定律以及稳定传热的基本计算,为学习专业知识奠定必要的热力分析与热工计算的理论基础和基本技能。

　　本教材是 2004 年 11 月初,根据全国高职高专教育土建类专业教学指导委员会建筑设备类专业指导分委员会,落实教育部和建设部提出的技能型紧缺人才培养培训指导方案所讨论确定的专业教育标准、专业培养方案和课程指导性教学大纲来编写的。

　　《流体与热工基础》计划教学 64 学时,共分 5 大单元 21 个课题。单元 1 流体力学的 5 个课题,主要讲述流体的主要物理性质,流体静力学基础与流体动力学基础,流体沿程损失和局部损失的计算,减少流动阻力的措施及简单管路的水力计算;单元 2 泵与风机的 3 个课题,主要讲述泵与风机的基本构造、工作原理、性能参数,泵与风机的正确选用,其他常用的泵与风机;单元 3 工程热力学的五个课题,主要介绍工程热力学的基本概念,理想气体的状态方程和基本热力过程,热力学第一、二定律,水蒸气、湿空气,喷管、扩压管、节流等;单元 4 传热学的 5 个课题,主要介绍传热的基本概念,稳定导热、对流换热、辐射换热、稳定传热的基本定律与基本计算分析以及传热的加强与削弱问题;单元 5 实验的 3 个课题,介绍了流体静力学实验、沿程及局部水头损失实验和空气参数的测定实验。

　　本教材在符合专业教育标准,专业培养方案和教学大纲中规定要求的知识点、能力点条件下,具有高等职业教育的特色。课题式讲解突出了专业的实用性与针对性,使得编写能删繁就简,突出专业需要,较快地切入主题。各课题在内容安排上既考虑相对的独立性,又考虑知识的先后照应关系;论述上考虑适当的深度,做到层次分明,重点突出,使知识易于学习掌握。所用名词、符号和计量单位符合技术标准规定。各单元课题前写有课题的知识点与教学目标,单元后有相应的实用案例、习题与思考题,能够帮助学生突出学习重点,加深内容理解,巩固知识,培养学生分析问题、解决问题的能力。

　　本教材由江苏广播电视大学建筑工程学院余宁副教授担任主编,沈阳建筑大学职业技术学院刘春泽教授担任主审。黑龙江建筑职业技术学院王宇清编写单元 1、单元 2,江苏广播电视大学建筑工程学院余宁编写第单元 3、单元 4,江苏广播电视大学实验中心桑海涛、周昕编写单元 5。

　　限于编者水平,教材中难免有许多不妥或错误之处,恳请读者提出宝贵意见与指正。

目　录

单元1 流体力学

知识点：流体的主要物理性质，流体静力学基础及流体动力学基础，流体沿程阻力损失和局部阻力损失的计算，简单管路的水力计算。

教学目标：使学生掌握流体的主要物理性质，流体静力学基础及流体动力学基础知识，流体沿程阻力损失和局部阻力损失的计算方法，以及简单管路的水力计算方法。

课题1　流体的基本概念

1.1　流体力学研究的对象、内容及其应用

流体力学研究流体静止和运动时的力学规律，及其在工程技术中的应用。它是力学学科的一个组成部分。

流体力学的研究对象是流体，流体包括液体和气体。流体力学主要讨论工程实际问题中流体的平衡和运动规律，属于工程流体力学的范畴。流体力学由两个基本部分组成：一是研究流体静止规律的流体静力学；二是研究流体运动规律的流体动力学。

从微观角度看，流体并不是一种连续分布的物质。但是，流体力学研究的是流体的宏观机械运动（无数分子总体的力学效果），因此，从宏观角度出发，认为流体是被其质点全部充满，无任何空隙存在的连续体。在流体力学中，把流体当作"连续介质"来研究，就可以把连续函数的概念引入到流体力学中来，利用数学分析来研究流体的运动规律。

流体力学是建筑设备技术专业、供热通风与空调工程和燃气工程等专业的一门重要的专业基础课程。供热、制冷、给水排水、空气调节、燃气输配、通风除尘等工程中，都是以流体作为工作介质，应用流体的物理特性、静止和运动规律，将流体有效地组织起来应用于这些技术工程之中。因此，学好流体力学，才能对专业范围内的流体力学现象做出科学的定性分析及精确的定量计算，正确地解决工程中所遇到的流体力学方面的测试、运行、管理与设计计算等问题。

1.2　流体的主要物理性质

流体在静止状态时不能承受剪切力，也不能承受拉力，当有剪切力和拉力作用于流体时，流体便产生连续的变形，也就是流体质点之间会产生相对运动。静止流体只能承受压力。流体区别于固体的基本特征是流体具有流动性，流动性使流体的运动具有下列特点：

第一，流体没有固定形状，它的形状是由约束它的边界形状所决定的。与流体接触的物体的形状和性质（也就是边界条件）对流体的运动有着直接的影响。

第二，流体的运动和流体的变形联系在一起，而流体的变形又是和它的物理性质有密切的关系，物理性质不同的流体，即使其边界条件相同也会产生不同的流动。

流体力学中所要探讨的运动规律，实质上就是要研究流体的物理性质和流动的边界条件对流体运动所产生的作用和影响。

流体的主要物理性质有：密度和重度，压缩性和膨胀性，黏滞性等。

1.2.1 密度和重度

流体和其他物体一样，具有质量和重量。

(1) 单位体积流体所具有的质量，称为质量密度，简称密度，用 ρ 表示。任意点上密度都相同的流体，称为匀质流体。匀质流体密度可表示为：

$$\rho = \frac{M}{V} \tag{1-1}$$

式中　ρ——流体的密度，kg/m^3；

$\quad\quad M$——流体的质量，kg；

$\quad\quad V$——质量为 M 的流体所占的体积，m^3。

(2) 单位体积流体所具有的重力，称为重力密度，简称重度，用 γ 表示。

匀质流体的重度为：

$$\gamma = \frac{G}{V} \tag{1-2}$$

式中　γ——流体的重度，N/m^3；

$\quad\quad G$——流体的重力，N；

$\quad\quad V$——重量为 G 的流体体积，m^3。

由于重量等于质量乘以重力加速度，即 $G = mg$。所以密度和重度有下列关系：

$$\gamma = \rho g \tag{1-3}$$

式中　g——重力加速度，一般采用 $g = 9.81 m/s^2$。

常见流体的密度和重度值见表 1-1。

常见流体密度、重度表　表 1-1

流体名称		密度（kg/m^3）	重度（N/m^3）	测定条件	
				温度（℃）	气　压
液　体	煤　油	800～850	7848～8338	15	760mmHg
	纯乙醇	790	7745	15	
	水	1000	9807	4	
	水　银	13590	133378	0	
气　体	氮	1.2505	12.2647	0	760mmHg
	氧	1.4290	14.0185		
	空　气	1.2920	12.6824		
	二氧化碳	1.9768	19.3924		

1.2.2 压缩性和膨胀性

在温度不变条件下，流体受压，体积减小，密度增大的性质，称为流体的压缩性。在压强不变条件下，流体受热，体积增大，密度减小的性质，称为流体的膨胀性。

(1) 液体的压缩性和膨胀性

液体的压缩性通常以压缩系数 β 表示，它表示压强每增加 $1Pa$ 时，液体体积或密度的相对变化率。即：

$$\beta = -\frac{1}{V}\frac{\Delta V}{\Delta P} = \frac{1}{\rho}\frac{\Delta \rho}{\Delta P} \qquad (1\text{-}4)$$

式中　β——流体的体积压缩系数，m^2/N；

　　　Δp——流体压强的增加量，Pa；

　　　V——原有流体体积，m^3；

　　　ΔV——流体体积的增加量，m^3；

　　　ρ——流体的密度，kg/m^3；

　　　$\Delta \rho$——流体密度的增加量，kg/m^3。

液体的膨胀性通常以膨胀系数 α 来表示。它表示在一定压强下温度每增加 1℃（K）时，液体体积或密度的相对变化率。即：

$$\alpha = \frac{1}{V}\frac{\Delta V}{\Delta T} = -\frac{1}{\rho}\frac{\Delta \rho}{\Delta T} \qquad (1\text{-}5)$$

式中　α——流体的体积膨胀系数，1/℃ 或 1/K；

　　　ΔT——流体温度的增加量，℃ 或 K。

表 1-2 中列举了在一个标准大气压下，水在不同温度时的重度和密度。

一个大气压下水的重度及密度　　　　　　　　　　　　　　　　表 1-2

温度 （℃）	重度 （kN/m³）	密度 （kg/m³）	温度 （℃）	重度 （kN/m³）	密度 （kg/m³）	温度 （℃）	重度 （kN/m³）	密度 （kg/m³）
0	9.806	999.9	15	9.799	999.1	60	9.645	983.2
1	9.806	999.9	20	9.790	998.2	65	9.617	980.6
2	9.807	1000.0	25	9.778	997.1	70	9.590	977.8
3	9.807	1000.0	30	9.755	995.7	75	9.561	974.9
4	9.807	1000.0	35	9.749	994.1	80	9.529	971.8
5	9.807	1000.0	40	9.731	992.2	85	9.500	968.7
6	9.807	1000.0	45	9.710	990.2	90	9.467	965.3
8	9.806	999.9	50	9.690	988.1	95	9.433	961.9
10	9.805	999.8	55	9.657	985.5	100	9.399	958.4

实验指出：压强每升高一个大气压，水的密度约增加 1/20000。在温度较低时（10～20℃），温度每增加 1℃，水的密度减小约为 1.5/10000；在温度较高时（90～100℃），水的密度减小也只有 7/10000。这说明水的膨胀性和压缩性是很小的，一般情况下可忽略不计。其他液体的体积膨胀系数也是很小的。只有在某些特殊情况下，例如水击、热水采暖等问题时，才需要考虑水的压缩性及膨胀性。

(2) 气体的压缩性及膨胀性

气体与液体不同，具有显著的压缩性和膨胀性。压强和温度的改变对气体密度或重度影响很大。在压强不很高和温度不很低条件下，气体的压缩性和膨胀性可以用理想气体状态方程来描述，即：

$$\frac{p}{\rho} = RT \qquad (1\text{-}6)$$

式中　p——气体的绝对压强，Pa；

　　　T——气体的热力学温度，K；

R——气体常数，J/(kg·K)。对于空气，$R = 287$J/（kg·K）；对于其他气体，在标准

状态下，$R = \dfrac{8314}{n}$，其中 n 为气体的分子量。

ρ——气体的密度，kg/m³。

表 1-3 列举了在一个标准大气压下，空气在不同温度下的重度和密度。

标准大气压下空气的重度和密度 表 1-3

温度（℃）	重度（kN/m³）	密度（kg/m³）	温度（℃）	重度（kN/m³）	密度（kg/m³）
0	12.70	1.293	40	11.05	1.128
5	12.47	1.270	50	10.72	1.093
10	12.24	1.248	60	10.40	1.060
15	12.02	1.226	70	10.10	1.029
20	11.80	1.205	80	9.81	1.000
25	11.62	1.185	90	9.55	0.973
30	11.43	1.165	100	9.30	0.947
35	11.23	1.146			

（3）流体的黏滞性

流体在流动时，其内部各质点之间会出现相对运动，会产生切向的内摩擦力以抵抗其相对运动，流体的这种性质称为黏滞性。产生的内摩擦力称为黏滞力。

图 1-1 为流体在圆管中流动时的管内流速分布图。

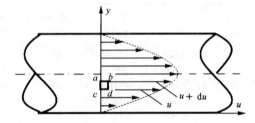

图 1-1　流体在圆管中的流速分布图

当流体在管中缓慢流动时，紧贴管壁的流体质点，粘附在管壁上，流速为零。而和它相邻的一层流体，在惯性的作用下具有保持其原有运动的趋势。因为实际流体都有黏滞性，所以当相邻两层流体之间出现相对运动时，它们之间会产生内摩擦力，阻碍流体的运动。作用在两个流体层接触面上的内摩擦力总是成对出现的，即大小相等而方向相反，分别作用在相对运动的流层上。位于管轴上的流体质点，离管壁的距离最远，受管壁的影响最小，因而流速最大。

由此可见，流体沿固体壁面运动时所产生的流动阻力，主要原因不是流体与固体壁面之间的摩擦力，而是流体内部各流层之间产生的内摩擦力，即黏滞力。固体壁面的存在只是引起流动阻力的外部条件，流体的黏滞性才是产生流动阻力的内在原因。如果流体没有黏滞性，流动时就不会出现阻力，也就不会产生能量损失。

牛顿经过大量实验证明，对于大多数流体，内摩擦力 T 的大小：与两流层间的速度 $\mathrm{d}u$ 成正比，与两流层间距离 $\mathrm{d}y$ 成反比；与流层的接触面积 A 的大小成正比；与流体种类有关；与流层接触面上的压力无关。

内摩擦力的数学表达形式可写作：

$$T = \mu A \frac{\mathrm{d}u}{\mathrm{d}y} \qquad (1\text{-}7)$$

这个关系称为牛顿内摩擦定律。

单位面积上的内摩擦力，称为切应力，以 τ 表示。则：

$$\tau = \frac{T}{A} = \mu \frac{\mathrm{d}u}{\mathrm{d}y} \tag{1-8}$$

式中　$\dfrac{\mathrm{d}u}{\mathrm{d}y}$——速度梯度，表示速度沿垂直于速度方向 y 的变化率，单位为 s^{-1}。

τ——切应力，常用的单位为 $\mathrm{N/m^2}$，简称 Pa。切应力不仅有大小，还有方向。流体内产生的切应力，是阻碍流体相对运动的，但它不能从根本上制止流动的发生，流体的流动性，不因有内摩擦力的存在而消失。当流体静止时，不会产生切应力，但流体仍具有黏滞性。

μ——动力黏滞系数，又称动力黏度。是与流体种类有关的比例系数。单位是 $\mathrm{N \cdot s/m^2}$，常用符号 $\mathrm{Pa \cdot s}$ 表示。不同的流体有不同的 μ 值，μ 值越大，表明其黏滞性愈强

水和空气（一个标准大气压下）的黏度　　　　　　　　　　表 1-4

温　度 ℃	水		温　度 (℃)	空　气	
	$\mu \times 10^3$ (Pa·s)	$V \times 10^6$ (m²/s)		$\mu \times 10^3$ (Pa·s)	$V \times 10^6$ (m²/s)
0	1.792	1.792	0	0.0172	13.7
5	1.519	1.519	10	0.0178	14.7
10	1.308	1.308	20	0.0183	15.7
15	1.140	1.140	30	0.0187	16.6
20	1.005	1.007	40	0.0192	17.6
25	0.894	0.897	50	0.0196	18.6
30	0.801	0.804	60	0.0201	19.6
35	0.723	0.727	70	0.0204	20.5
40	0.656	0.661	80	0.0210	21.7
45	0.599	0.605	90	0.0216	22.9
50	0.549	0.556	100	0.0218	23.6
60	0.469	0.477	120	0.0228	26.2
70	0.406	0.415	140	0.0236	28.5
80	0.357	0.367	160	0.0242	30.6
90	0.317	0.328	180	0.0251	33.2
100	0.284	0.296	200	0.0259	35.8
			250	0.0280	42.8
			300	0.0298	49.9

在分析流体的运动规律时，动力黏度 μ 和密度 ρ 经常同时出现，流体力学中常把它们组成一个量，用 ν 来表示，称为运动黏度。即：

$$\nu = \frac{\mu}{\rho} \tag{1-9}$$

ν 常用单位为 $\mathrm{m^2/s}$。

表 1-4 列出了水和空气在一个标准大气压，不同温度下的黏度。

从表 1-4 可以看出：水和空气的黏度随温度变化的规律是不同的，水的黏度随温度升高而减小，空气的黏度随温度升高而增大。这是因为黏滞性是分子间的吸引力和分子不规则的热运动产生的动量交换共同作用的结果。温度升高时，分子间吸引力降低，动量增

大；温度降低时，分子间吸引力增大，动量减小。对于液体，分子间的吸引力是决定性的因素，所以液体的黏度随温度升高而减小；对于气体，分子间的热运动产生动量交换是决定性的因素，所以气体的黏度随温度升高而增大。

【例1-1】 一块长 100cm、宽 40cm 的平板在另一块平板上水平滑动。两板间的间隙是 0.5mm，用密度为 $918kg/m^3$、运动黏度为 $0.893 \times 10^{-4} m^2/s$ 的润滑油充满此间隙，如果以 40cm/s 的稳定速度拖动上面的平板，求需要的动力为多少？

【分析】 需要的动力是克服运动时润滑油的黏滞力，根据牛顿内摩擦定律，黏滞力 $T = \mu A \dfrac{du}{dy}$ 来计算。

【解】 由于木板与木板之间间隙很小，油层厚度很薄，可以认为两板间速度按直线分布：

$$\frac{du}{dy} = \frac{0.4}{0.0005} = 800 s^{-1}$$

动力黏滞系数 $\mu = \upsilon\rho = 0.893 \times 10^{-4} \times 918 = 0.082 \ N \cdot s/m^2$

需要的动力为

$$T = \mu A \frac{du}{dy} = 0.082 \times 1 \times 0.4 \times 800 = 26.24 \ N$$

1.3 作用在流体上的力

流体的物理性质是改变流体运动状态的内因，作用于流体上的外力是改变流体运动状态的外因。

作用在流体上的力分为质量力和表面力。

1.3.1 质量力

质量力是作用在流体的每一个质点上，与流体的质量成正比的力，如重力、离心力及一切由于加速度而产生的惯性力。质量力的合力作用于流体的质量中心。在匀质流体中，质量力与受作用流体的体积成比例，所以又叫体积力。

单位质量力的单位为 m/s^2，它与加速度的单位相同。

1.3.2 表面力

表面力是作用在被研究流体表面上，且与作用表面的面积成正比的力。它可以是作用在流体边界面上的外力，如大气对液面的压力、活塞作用在流体上的压力、容器壁面的反作用力等；也可以是流体内部一部分流体作用于另一部分流体接触面上的内力，它们大小相等、方向相反，是相互抵消的。我们在应用流体力学分析问题时，常常从流体内部取出一个分离体来研究其受力状态，使流体的内力变成作用在分离体表面上的外力。

课题2 流体静力学基础

当流体处于静止或相对静止时，各质点之间不产生相对运动，流体的黏滞性不起作用，而且静止流体也不能承受拉力。因此流体静止时需要考虑的作用力就只有压力和质量力。通常质量力是已知的，所以流体静力学主要是研究流体在静止或相对静止状态下的压强分布规律及其在工程中的应用。

2.1 流体静压强及其特性

2.1.1 流体静压强的定义和单位

静止流体不能承受切应力，也不能承受拉力，所以静止流体只能承受垂直于受压面（也称作用面）的压力。作用在受压面面积上压力的总和称为流体的总压力或压力。作用在单位面积上的压力称为流体的压强。

常用的压强计量单位有三种：

（1）用单位面积上的力来表示压强的大小。在国际单位制中用 N/m^2，即 Pa（帕），也可用 kPa 或 MPa（兆帕，$1MPa = 10^6 Pa$）。在工程单位制中用 kgf/m^2 或 kgf/cm^2 表示。

（2）用测压管内的液柱高度来表示。常用的有 mH_2O（米水柱）、mmH_2O（毫米水柱）和 mmHg（毫米汞柱）；

（3）用大气压强的倍数来表示。国际上常用标准大气压（atm），工程上一般用工程大气压（at）。

表 1-5 给出了各种压强单位的换算关系。

各种压强单位换算表

表 1-5

帕，Pa N/m^2 （牛顿/米²）	工程大气压 kgf/cm^2 或 at （公斤力/厘米²）	标准大气压 atm （760mmHg）	毫米汞柱 mmHg	毫米水柱 mmH_2O
1	1.0197×10^{-5}	0.9869×10^{-5}	0.7510×10^{-2}	0.10197
0.9807×10^5	1	0.9678	735.56	1.00003×10^4
1.0133×10^5	1.03323	1	760.00	1.0333×10^4
9.806	0.9697×10^{-4}	0.9678×10^{-4}	7.3554×10^{-2}	1
1.3332×10^2	1.3595×10^{-3}	1.3158×10^{-3}	1	13.5955

2.1.2 压强的两种计量基准

工程实践中，静压强的计算可采用两种不同的计量基准（即计算起点）来计算，即绝对压强和相对压强。

（1）绝对压强与相对压强

以没有气体分子存在的绝对真空为零点起算的压强称为绝对压强，常以 p 表示。

以同高程的当地大气压强为零点起算的压强称为相对压强，常以 p_x 表示。

地球表面海拔高程不同的地方，其大气压强也有差异，在工程上为计算方便，一般取大气压强为 $98.07kN/m^2$，称为一个工程大气压（at），常以 B 表示。

绝对压强与相对压强之间差一个大气压强，即：

$$p_x = p - B \tag{1-10}$$

如果将一个压力表放在大气中，指针读数为零，则此压力表所测读的压强为相对压强，也称为表压力。

（2）真空压强（或称真空度）

当流体中某点的绝对压强 p 小于当地大气压强 B 时，称该点处于真空状态。其真空的程度用真空压强表示，符号为 H。

显然，绝对压强只能是正值，而相对压强可正可负。当相对压强为正值时，称为正压；为负值时，称为负压。出现负压的状态即为真空状态。所谓某点的真空压强是指该点的绝对压强值低于大气压强的部分，即：

$$H = B - p \qquad (1-11)$$

或

$$H = -p_x \qquad (1-12)$$

为了正确区分上述三种压强，现将它们的相互关系表示于图 1-2 中。

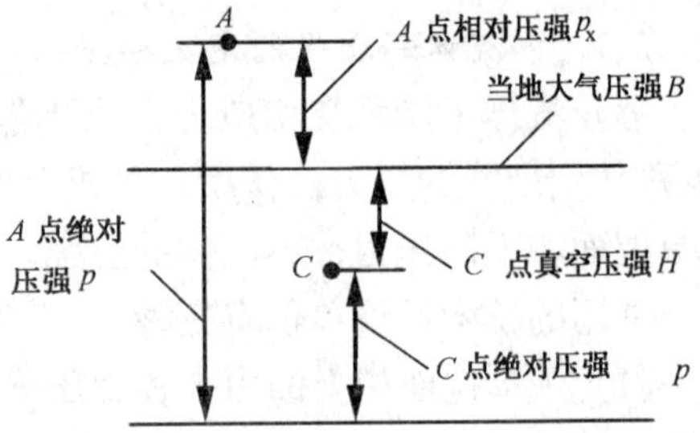

图 1-2　压强的图示

2.1.3　流体静压强的特性

（1）流体静压强的方向垂直指向作用面。

（2）作用于流体中任一点静压强的大小在各方向上均相等，与作用面的方向无关。

2.1.4　自由表面和表面压强

自由表面是指液体与它上面气体的交界面，如水箱的水面即为自由表面。液体在重力作用下的自由表面一般为水平面。

自由表面上的气体压强称为表面压强，一般用 p_0 表示。如果自由表面上作用的是大气，则大气的质量对地面物体或对自由表面产生的压强即大气压强，此时 $p_0 = B$。

2.2　流体静压强的基本方程及分布规律

2.2.1　液体静压强的基本方程

图 1-3 为重力作用下的静止液体。在液面下深度为 h 处任选一点 A，围绕 A 点取一水平的微小面积 $\mathrm{d}A$，再以 $\mathrm{d}A$ 为底，取一垂直的棱柱体作为隔离体，柱体顶面与自由液面重合。下面分析作用在液柱上的力。

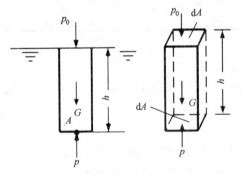

图 1-3　液体内微小液柱的平衡

（1）表面力

1）作用在液柱顶面 $\mathrm{d}A$ 上的压力为 $p_0\mathrm{d}A$，其方向垂直向下。其中 p_0 为作用在液柱上表面的压强。

2）作用在液柱底面 $\mathrm{d}A$ 上的压力为 $p\mathrm{d}A$，其方向垂直向上。其中 p 为作用在液柱下表面的压强。

（2）质量力

作用在液柱上的质量力只有重力，其值为 $\gamma h \mathrm{d}A$，方向垂直向下。

因液柱处于静止状态，根据力平衡原理，沿垂直方向所有外力的合力等于零，即：

$$p\mathrm{d}A - p_0\mathrm{d}A - \gamma h \mathrm{d}A = 0$$

$$p = p_0 + \gamma h \qquad (1-13)$$

式中　p——液体内某点的压强，Pa；

　　　　p_0——液体表面压强，Pa；

8

γ——液体的重度，N/m^3；

h——某点在液面下的深度，m。

式（1-13）为重力作用下液体静压强的基本方程。它可说明如下几个问题：

1）静止液体中任一点的压强 p 是液面压强 p_0（边界条件）和重力（质量力）产生的压强 γh 两者之和。当重度 γ 一定时，静压强 p 随水深 h 呈线性规律变化，压强的大小与容器形状无关。

2）如果液面压强 p_0 增减 Δp_0，静止液体内部各点的压强将同时增减 Δp_0 值，即液面压强的任何变化，将等值地传到液体内部各点，这就是著名的帕斯卡定律。工程上使用的水压机、水力起重机，液压传动、气动门等简单的水力机械，就是根据帕斯卡定律工作的。

3）在连通的同一种类静止液体中，液面下深度相等的水平面上各点的静压强相等，凡由静压强相等的点所组成的面，称为等压面。因而在重力作用下的静止液体中，水平面必然是等压面。

静止液体内水平面是等压面必须同时满足静止、同种、连续三个条件。在图 1-4（a）中，位于同一水平面上的 1、2、3、4 各点满足条件，各点压强相等，通过该四点的水平面为等压面；图 1-4（b）中，因连通器被阀门隔断，液体的连续性受到破坏，故同一水平面上的 5、6 两点静压强并不相等，过 5、6 两点的水平面不是等压面；图 1-4（c）为盛有两种不同液体的连通器，通过油和水分界面的水平面为等压面，在该水平面上的 7、8 两点压强相等。而穿过两种不同液体的水平面不是等压面，a、b 两点压强不等；图 1-4（d）中，c 和 d 两点虽属静止、同种液体，但不连续，所以同在一个水平面上的 c、d 两点压强不相等，通过这二点的水平面不是等压面。

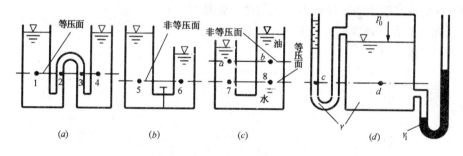

图 1-4 等压面分析

4）重力作用下液体静压强的基本方程，对于不可压缩气体（$\gamma = C$）仍然适用。

由于气体重度 γ 很小，在高差不大的情况下，气柱产生的压强值很小，因而可以忽略 γh 的影响，则式（1-13）简化为：

$$p = p_0 \tag{1-14}$$

表示空间各点气体压强相等，例如液体容器、测压管、锅炉等上部的气体空间，我们就认为各点的压强是相等的。

5）当液体自由表面敞开于大气之中时，自由表面上的气体压强 $p_0 = B$，则静止液体内任意点的相对压强为：

$$p_x = B + \gamma h - B = \gamma h \tag{1-15}$$

一般工业设备或构筑物处于当地大气压强的作用下，如采用绝对压强计量基准，需考虑外界大气压强的作用，而这个作用往往是相互抵消的；如采用相对压强计量基准，计算会比较方便。所以工程上一般多采用相对压强计量基准。以后讨论所提到的压强，若不加特殊说明，均指相对压强。只有涉及可压缩流体时，因要与热力学方程联立求解，才采用绝对压强计量基准。

2.2.2 液体静压强的分布规律

根据液体静压强基本方程 $p = p_0 + \gamma h$ 和静压强的特性，将作用在受压面上静压强的大小、方向及分布情况用一图形表示，这个几何图形就称为液体静压强的分布图。其绘制规则是：

(1) 按照一定比例，用一定长度的线段来代表静压强的大小。

(2) 用箭头标出静压强的方向，并与受压面垂直。

现以图 1-5 中垂直面 AB 左侧为例绘制静压强分布图。

根据压强 p 和水深 h 呈线性变化的规律，只要定出 AB 面上 A 与 B 两个端点的压强大小，并用一定比例的线段画在相应的点处，连接两线段的端点，即得到受压面 AB 的静压强分布图 $ABED$。

如果液面压强 p_0 等于当地大气压 B 时，因 B 对壁面 AB 的左、右两侧都有作用，大小相等方向相反而抵消，对受压壁面是不产生力学效果的。所以在工程计算中，只考虑相对压强的作用，即水深所造成的压强 γh 的力学效果，压强分布图只考虑三角图形 ABC 的压强分布。

图 1-6 是根据液体静压强基本方程和静压强特性，在斜面、折面、垂直面及曲面上绘制的静压强分布图。

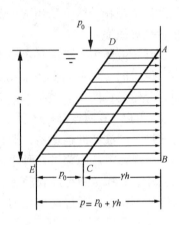

图 1-5　静压强分布图的画法

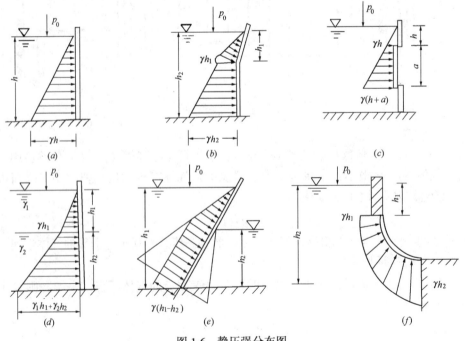

图 1-6　静压强分布图

10

【例 1-2】 有一水池，如图 1-7 所示。已知液面压强 $p_0 = 98.10\text{kPa}$，$h_1 = 4\text{m}$，$h_2 = 2\text{m}$，求作用在池中 A、B、C、D 各点的静压强及其作用方向。

【分析】 液体静压强方程 $p = p_0 + \gamma h$ 来计算。因 A、B、C 在同一水平面上，这三点的静压强相等。

【解】 $p_A = p_B = p_C = p = p_0 + \gamma h_1 = 98.10 + 9.81 \times 4 = 137.34\text{kPa}$

$p_D = p_0 + \gamma\left(h_1 + h_2\right) = 98.10 + 9.81 \times \left(4 + 2\right) = 156.96\text{kPa}$

静压强的方向应根据静压强的特性分别确定，如图 1-7 中各点箭头所示的方向。

2.2.3 液体静压强基本方程的另一种表达形式

如图 1-8 所示，设容器内液体表面的压强为 p_0，液体中 A、B 两点距液面的深度分别为 h_A 和 h_B，距任选基准面 0-0 的高度为 z_A 和 z_B，自由液面上任一点距基准面 0-0 的高度为 z_0，则 A、B 两点的静压强分别为：

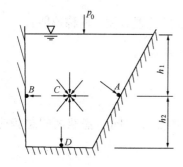

图 1-7 例 1-2 图

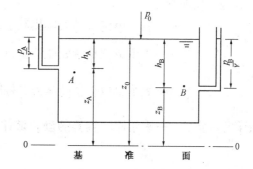

图 1-8 静压强基本方程另一种形式

$$p_A = p_0 + \gamma h_A = p_0 + \gamma\left(z_0 - z_A\right)$$
$$p_B = p_0 + \gamma h_B = p_0 + \gamma\left(z_0 - z_B\right)$$

上式除以重度 γ，整理得：

$$z_A + \frac{p_A}{\gamma} = z_0 + \frac{p_0}{\gamma}$$

$$z_B + \frac{p_B}{\gamma} = z_0 + \frac{p_0}{\gamma}$$

两式联立解得：

$$z_A + \frac{p_A}{\gamma} = z_B + \frac{p_B}{\gamma} = z_0 + \frac{p_0}{\gamma}$$

液体中 A、B 两点是任意选定的，故可将上述关系式推广到整个液体，得出具有普遍意义的规律。即：

$$z + \frac{p}{\gamma} = C\ (\text{常数}) \tag{1-16}$$

方程（1-16）是液体静压强基本方程的另一表达形式。它表示在同一种静止液体中，任意一点的 $\left(z + \dfrac{p}{\gamma}\right)$ 总是一个常数。方程（1-16）的几何意义与物理意义如下：

（1）几何意义

z ——表示静止液体中某一点相对于某一基准面的位置高度，称位置水头（或称位置高度）；

$\dfrac{p}{\gamma}$——表示在某点的压强作用下，液体沿测压管上升的高度，称压强水头（或称测压管高度）；测压管是指一端开口和大气相通，另一端与容器中液体某一点相接的透明玻璃管，用以测定液体内某一点静压强的大小，如图 1-8 所示。位于测压管内液面上的各点，其压强均等于当地大气压强。

$z + \dfrac{p}{\gamma}$——表示测压管内液面相对于基准面的高度，称测压管水头；

$z + \dfrac{p}{\gamma} = $ 常数——表示同一容器的静止液体中，所有点的测压管水头均相等。连接各点测压管水头的液面线，称测压管水头线。

（2）物理意义

z——表示单位重量液体相对于某一基准面的位置势能（简称位能）；

$\dfrac{p}{\gamma}$——表示单位重量液体的压力势能（简称压能）；

$z + \dfrac{p}{\gamma}$——表示单位重量液体的总势能；

$z + \dfrac{p}{\gamma} = $ 常数——表示同一容器的静止液体中，所有各点相对同一基准面的总势能均相等。

【例 1-3】见图 1-9，有一盛水压力容器，液面相对压强 $p_0 = 98.10 \text{kPa}$，$h_1 = 1\text{m}$，$h_2 = 2\text{m}$，若以容器底部为基准面，试求 A、B、C 三点的测压管水头。

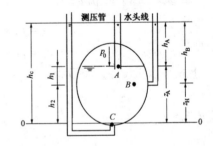

图 1-9 盛水压力容器

【分析】应弄清测压管水头的概念，为位置水头 z 与压强水头 $\dfrac{p}{\gamma}$ 之和。

【解】A 点：位置水头：$z_A = h_1 + h_2 = 3\text{mH}_2\text{O}$

压强水头：$\dfrac{p_A}{\gamma} = \dfrac{p_0}{\gamma}$

$$= \dfrac{98.10}{9.81} = 10\text{mH}_2\text{O}$$

测压管水头：$z_A + \dfrac{p_A}{\gamma} = 3 + 10 = 13\text{mH}_2\text{O}$

B 点：位置水头：$z_B = h_2 = 2\text{mH}_2\text{O}$

压强水头：$\dfrac{p_B}{\gamma} = \dfrac{p_0 + \gamma h_1}{\gamma} = \dfrac{p_0}{\gamma} + h_1 = 10 + 1 = 11\text{mH}_2\text{O}$

测压管水头：$z_B + \dfrac{p_B}{\gamma} = 2 + 11 = 13\text{mH}_2\text{O}$

C 点：位置水头：$z_C = 0$

压强水头：$\dfrac{p_C}{\gamma} = \dfrac{p_0 + \gamma h_1 + \gamma h_2}{\gamma} = \dfrac{p_0}{\gamma} + h_1 + h_2 = 10 + 1 + 2 = 13\text{mH}_2\text{O}$

测压管水头：$z_C + \dfrac{p_C}{\gamma} = 0 + 13 = 13\text{mH}_2\text{O}$

【例1-4】重度为 γ_a 和 γ_b 的两种液体，装在如图1-10所示的容器中，各液面深度如图所示。若 $\gamma_b = 9.81\text{kN/m}^3$，大气压强 $B = 98.10\text{kN/m}^2$，求 γ_a 及 p_A。

【分析】利用3-3平面与2-2平面等压的关系及 $p_1 = p_4 = B = 98.10\text{kN/m}^2$，建立等式，先求出 γ_a；p_A 可通过液体静压强方程 $p = p_0 + \gamma h$ 来求知。

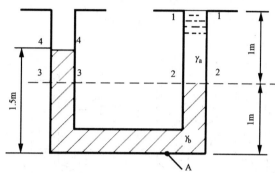

图 1-10　重度为 γ_a 和 γ_b 的两种液体

【解】由于 $p_2 = p_3$，根据静压强的基本方程，有

$$p_2 = B + \gamma_a \times 1$$
$$p_3 = B + \gamma_b \times (1.5 - 1)$$

则

$$\gamma_a = \gamma_b \times (1.5 - 1)$$
$$= 0.5\gamma_b = 0.5 \times 9.81 = 4.91\ \text{kN/m}^3$$

A 点的绝对压强

$$p_A = B + \gamma_a \times 1 + \gamma_b \times 1 = 98.10 + 4.91 \times 1 + 9.81 \times 1 = 112.82\text{kPa}$$

另外，容器底面为一等压面，从容器左端也可求 A 点的压强，即

$$p_A = B + \gamma_b \times 1.5 = 98.10 + 9.81 \times 1.5 = 112.82\text{kPa}$$

2.2.4　流体静压强的测量

(1) 液柱式测压计

测量流体的压强在安装工程上是极其普遍的要求，如锅炉、压缩机、水泵、风机等处均装有压力计或真空计。常用测量压强的仪器有金属式、电测式和液柱式三种。由于液柱式测压计直观、方便和经济，因而在工程上得到广泛的应用。下面介绍几种常用的液柱式测压计。

1) 测压管。测压管是直接利用同种液体的液柱高度来测量液体静压强的仪器。如图1-11（a）所示，测压管中的液柱高度 h_A 即表示容器中 A 点的压强水头。所以 A 点的压强可用下式计算：

$$p_A = \gamma h_A \tag{1-17}$$

若容器 A 中液面绝对压强小于大气压强，如图1-11（b）所示。由于真空作用测压管水面低于 A 点的高度为 h_v，A 点为负压，其真空度为

$$H_A = \gamma h_v \tag{1-18}$$

量测真空的仪器称为真空计。

若容器 A 中需要测定气体压强，可以采用如图1-11（c）所示的测压计。因为气体重度一般远小于液体重度，容器中气体高度不很大时，可忽略气柱高度产生的压强，认为静

止气体充满的空间各点压强相等。则有：

$$p_A = \gamma h_A \tag{1-19}$$

测压管只适用于测量较小的压强，测量较大的压强时，需要的测压管过长，使用不方便，一般采用 U 形水银测压计。如图 1-12 所示，测 A 点压强时，在 A 点的静压强作用下，U 形管内的水银液面形成一高差 h_{Hg}，因 U 形管内液体分界面 N-N 为等压面，水的重度为 γ，水银的重度为 γ_{Hg}，则有：

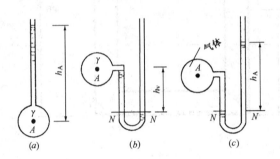

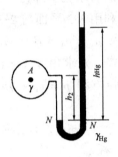

图 1-11　测压管　　　　　　　　　　　　　　图 1-12　水银测压计

$$p_A + \gamma h_2 = \gamma_{Hg} h_{Hg}$$
$$p_A = \gamma_{Hg} h_{Hg} - \gamma h_2 \tag{1-20}$$

2）压差计，又称比压计是一种直接测量液体内两点压强差或测压管水头差的装置。可分为空气压差计、油压差计和水银压差计。

图 1-13 为水银压差计，两端分别连接在需测点 A 及 B 处，根据水银液面的高差 Δh_{Hg} 即可求出 A 及 B 两点的压强差或测压管水头差。

U 形管内液体分界面 N-N 为等压面，则有：

$$p_1 = p_A + \gamma \left(x + \Delta h_{Hg} \right)$$
$$p_2 = p_B + \gamma \left(\Delta z + x \right) + \gamma_{Hg} \Delta h_{Hg}$$

因为　　　　　　　　　$p_1 = p_2$

所以　　　　　$p_A + \gamma \left(x + \Delta h_{Hg} \right) = p_B + \gamma \left(\Delta z + x \right) + \gamma_{Hg} \Delta h_{Hg}$

A 及 B 两点压强差为：

$$p_A - p_B = \left(\gamma_{Hg} - \gamma \right) \Delta h_{Hg} + \gamma \Delta z \tag{1-21}$$

A 及 B 两点的测压管水头差为：

$$\left(z_A + \frac{p_A}{\gamma} \right) - \left(z_B + \frac{p_B}{\gamma} \right) = \left(\frac{\gamma_{Hg}}{\gamma} - 1 \right) \Delta h_{Hg} \tag{1-22}$$

3）微压计。测定微小压强（或压差）时，为了提高量测的精度，可以采用微压计。图 1-14 所示的为倾斜式微压计，右侧的测压管是倾斜放置的，可以绕轴转动，其倾角 α 可根据需要改变。容器中液面与测压管中液面高差 h 在倾斜测压管的读数为 l，$h = l \sin\alpha$，则：

$$p_1 - p_2 = \gamma l \sin\alpha \tag{1-23}$$

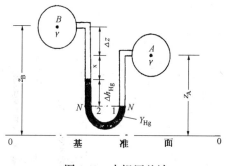

图 1-13 水银压差计

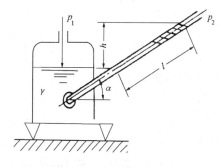

图 1-14 微压计

倾斜角度 α 越小，l 比 h 放大的倍数就越大，量测的精度就越高。另外，测压计内液体重度 γ 越小，读数 l 就越大，量测的精度就越高。工程上微压计内液体常采用重度比水更小的液体，例如酒精（纯度 95% 的酒精，$\gamma = 7.944\text{kN/m}^3$）以提高精度。

（2）金属测压表

工程中常用的是弹簧管式金属测压表，可用来测量相对压强和真空度。弹簧管式金属测压表通过量测弹性材料随压强变化而产生的变形大小，达到量测压强的目的。如图 1-15，测压表内部装有一根截面为椭圆形，一端开口，另一端封闭的黄铜管，黄铜管的开口端与被测液体连通。压力表在工作时，管子上端在压力作用下产生伸缩，同时带动联动结构的指针移动，从而读出压强的数值。

【例 1-5】如图 1-16 所示，测压管内水面比容器内水面低。已知 $h_1 = 4.0\text{m}$，$h_2 = 2.0\text{m}$，试求容器内液面的相对压强和真空压强。

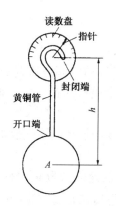

图 1-15 弹簧管式金属
测压表

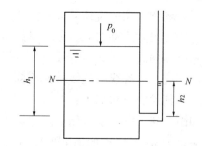

图 1-16 例 1-5 图

【分析】取等压面 $N\text{-}N$，则容器内液面的相对压强即为 $-\gamma(h_1 - h_2)$，液面真空压强即为 $\gamma(h_1 - h_2)$。

【解】液面相对压强为：

$$p_{0x} = -\gamma(h_1 - h_2) = -9.81 \times (4 - 2) = -19.62\text{kPa}$$

而液面真空压强为：

$$H_0 = -p_{0x} = 19.62\text{kPa}$$

对于压强较高的密闭容器，可采用复式水银测压计，如图 1-17 所示。

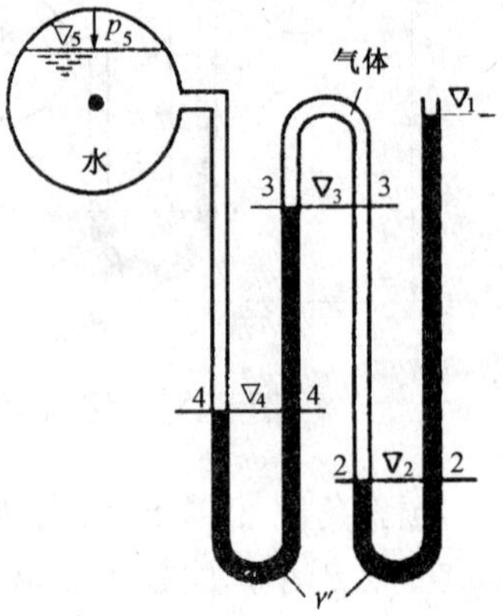

【例 1-6】如图 1-17 所示，已知测压管中各液面高程为 $\nabla_1 = 1.8\text{m}$，$\nabla_2 = 0.4\text{m}$，$\nabla_3 = 1.5\text{m}$，$\nabla_4 = 0.8\text{m}$，$\nabla_5 = 2.1\text{m}$。试求容器内液面压强 p_5。

【分析】可取外界压力 1-1 等压面为参考面，逐步往里推算可知等压面 2-2、3-3、4-4、5-5 的相对压强。因为根据静压强基本方程，可知等压面 2-2 的相对压强 $p_2 = \gamma_{\text{Hg}}(\nabla_1 - \nabla_2)$，忽略气体柱的重力影响，则 $p_2 = p_3$，可知等压面 4-4 上的相对压强 $p_4 = p_3 + \gamma_{\text{Hg}}(\nabla_3 - \nabla_4)$，因此容器内液面上的相对压强 $p_5 = p_4 - \gamma(\nabla_5 - \nabla_4)$。

【解】

$$
\begin{aligned}
p_5 &= p_4 - \gamma(\nabla_5 - \nabla_4) \\
&= p_3 + \gamma_{\text{Hg}}(\nabla_3 - \nabla_4) - \gamma(\nabla_5 - \nabla_4) \\
&= \gamma_{\text{Hg}}(\nabla_1 - \nabla_2) + \gamma_{\text{Hg}}(\nabla_3 - \nabla_4) - \gamma(\nabla_5 - \nabla_4) \\
&= 133.3 \times (1.8 - 0.4) + 133.3 \times (1.5 - 0.8) - 9.81 \times (2.1 - 0.8) \\
&= 267.18\text{kPa}
\end{aligned}
$$

图 1-17　复式水银测压计

课题 3　流体动力学基础

流体动力学的任务是研究流体的运动规律，以及应用这些规律解决各种实际工程问题。

3.1　流体运动的基本概念

3.1.1　流线与迹线

(1) 迹线　某一流体质点运动过程中，在不同时刻流经的空间点所连成的线称为迹线，即流体质点运动的轨迹线。迹线的特点是：对于每一个质点都有一个运动轨迹，所以迹线是一族曲线，迹线只随质点不同而异，与时间无关。

(2) 流线　流线与迹线截然不同，它是在同一瞬时流场中连续的不同位置质点的流动方向线。其绘制方法如下：

如图 1-18，设在某时刻 t_1，流场中有一点 A_1，该点的流速矢量为 u_1，另一质点 A_2 的速度矢量为 u_2，A_3 点的速度矢量为 u_3。以此类推，即可得出在此瞬时流场中的一条折线 $A_1 A_2 A_3 A_4 \cdots\cdots$如果质点间距离趋近于零，就可得到一条光滑曲线，即此瞬时的一条流线。

根据上述流线的概念，可以看出流线具有以下几个基本特性：

1) 流线上各质点的流速都与该流线相切。

2) 流线不能相交，也不能是折线，因为流场内任一固定点在同一瞬时只能有一个速度矢量，流线只是一条光滑的曲线或直线。

用流线图可以描述流体的流动现象，如图 1-19，流线图直观地反映流体的流动特性：流线的疏密程度反映了该处流速的大小。流线密的地方,流速大;流线稀疏的地方,流速小。

16

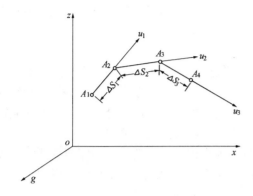

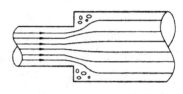

图 1-18　流线的绘制　　　　　　　　图 1-19　流线示意图

3.1.2　压力流与无压流

按照流体运动的作用力不同来分，流体流动可分为压力流和无压流。

当流体流动时，流体充满整个流动空间并依靠压力作用而流动的液流或气流，称为压力流。压力流的特点是：没有自由表面，流体整个周界与固体壁面相接触，对固体壁面有一定的压力。供热、通风和给水管道中的流体流动，一般都是压力流，如图 1-20（a）。

当液体流动时，凡是具有与气体相接触的自由表面，并只依靠液体本身的重力作用而流动的液流，称为无压流。无压流的特点是：液体的部分周界不和固体壁面相接触，自由表面上的压强等于大气压强。天然河流、各种排水管、渠中的流动一般都是无压流，如图 1-20(b)。

3.1.3　恒定流与非恒定流

流体在运动时，按流体的流速、压强、密度等运动要素是否随时间变化，可以分为恒定流与非恒定流。如果在流场中任何空间一点上的所有运动要素都不随时间而改变，这样的流动称为恒定流。如果流场中任何空间一点上的运动要素随时间而变化，这种流动称为非恒定流。恒定流中，流线和迹线是完全重合的，在非恒定流中，流线和迹线不重合，因此，只有在恒定流中才能用迹线来代替流线。

如图 1-21（a）所示，当水从水箱侧孔出流时，由于水箱上部设有充水装置，使水箱中的水位保持不变，因此流速等运动要素均不随时间而发生变化，所以是恒定流。

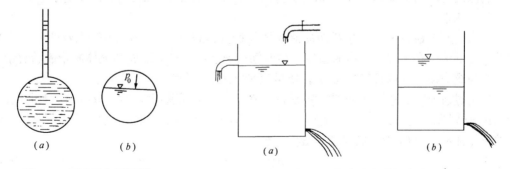

　　　　（a）　　　　　　（b）　　　　　　　　　（a）　　　　　　　　　（b）

图 1-20　压力流与无压流　　　　　　图 1-21　恒定流与非恒定流

如图 1-21（b）所示，当水箱上部无充水装置时，随着水从孔口的不断出流，水箱中的水位不断下降，导致流速等运动要素均随时间发生变化，所以是非恒定流动。

实际工程中，绝对的恒定流并不存在，常见的流动现象，只要其运动要素随时间的变化很缓慢，或在一段时间内其运动要素能保持一个比较稳定的平均值，这些流动按恒定流计算，就能满足实用要求，我们主要研究流体的恒定流动。

3.1.4 元流与总流

在流场内取任意封闭曲线（如图1-22），经此曲线上全部点作流线，这些流线组成的管状流面，称为流管。流管以内的流体称为流束。把面积为 dA 的微小流束，称为元流。

流管的边界由流线组成，根据流线的性质，流线不能相交，因此外部流体不能从流管的侧壁流入，内部流体也不能流出，流体只能从流管的两端流入或流出。

元流断面面积很小，断面上流速和压强就可认为是相等的，任一点的流速和压强代表了断面上其他各点的相应值。在恒定流中，流线形状不随时间改变，所以元流形状也不随时间改变。

无数元流称为总流。在本专业实际中，用以输送流体的管道流动均为总流，总流过流断面上各点的流速、压强等运动要素一般不相等。

3.1.5 过流断面、流量和断面平均流速

（1）过流断面

处处垂直于总流流线的断面称为总流的过流断面。过流断面不一定是平面，流线互不平行时，过流断面是曲面；流线互相平行时，过流断面是平面（如图1-23）。

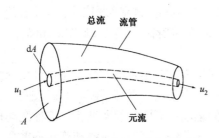

图1-22 元流、总流、流管示意图

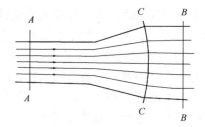

图1-23 过流断面
$(A\text{-}A)$、$(B\text{-}B)$ —平面；$(C\text{-}C)$ —曲面

总流的过流断面面积 A 等于相应位置的所有元流的过流断面面积 dA 的总和。

（2）流量

单位时间内通过某一过流断面的流体体积称为体积流量，一般以符号 Q 表示，常用的单位为 m^3/s。在工程上，有时也以单位时间内通过某一过流断面的流体质量表示流量大小，称为重力流量，以符号 G 表示，质量流量常用的单位为 kg/s 或 t/h。

假定过流断面流速分布如图1-24所示，在断面上取元流面积 dA，u 为 dA 上的流速，所以在 dt 时段内通过元流过流断面的流体体积就是 $udtdA$，单位时间内通过元流过流断面的流体体积 $udtdA/dt$，就是流量 dQ，即

$$dQ = udA \tag{1-24}$$

而单位时间流过总流过流断面 A 的流量等于多个元流流量的总和，即：

$$Q = \int_Q dQ = \int udA \tag{1-25}$$

（3）断面平均流速

在流体力学的某些研究和大量实际工程计算中，往往不需要知道过流断面上每一点的实际流速，只需要知道该过流断面上流速的平均值就可以了，因此引入断面平均流速的概念。如图 1-24 所示，过流断面的平均流速是一种假想的流速，认为过流断面上每一点的流速都相等，单位时间内按断面平均流速 v 计算的过流断面的流量与按实际流速 u 计算的通过同一过流断面的流量相等，即：

$$Q = \int_A u\,\mathrm{d}A = vA \tag{1-26}$$

$$v = \frac{\int_A u\,\mathrm{d}A}{A} = \frac{Q}{A} \tag{1-27}$$

这就使流量公式可简化为：

$$Q = Av \tag{1-28}$$

3.1.6 均匀流与非均匀流

流体流动时，流线如果为相互平行直线的流动称为均匀流，直径不变的直线管道中流体的流动就是均匀流。均匀流具有以下特性；

（1）均匀流的过流断面为平面，且过流断面的形状和尺寸沿程不变。

（2）均匀流中，因同一条流线上的各质点流速均相等，从而各过流断面上的流速分布相同，各过流断面的平均流速相等。

（3）均匀流各过流断面上的动水压强分布规律与静水压强分布规律相同，即在同一过流断面上各点测压管水头为一常数。如图 1-25 所示，在管道均匀流中，分别在两过流断面上安装测压管，同一断面上各测压管水面将上升至同一高程，即 $z + \frac{p}{\gamma} = C$，但不同断面上测压管液面所上升的高程是不相同的。

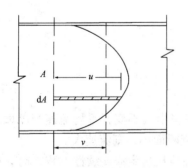

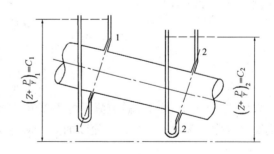

图 1-24　断面平均流速　　　　　　　图 1-25　均匀流断面的压强分布

若流体的流线不是互相平行的直线，该流动称为非均匀流。非均匀流不具有上述性质，它的过流断面为曲面，各过流断面的平均流速不相等，同一过流断面上各点测压管水头不为常数。

在实际工程中，严格意义上的均匀流是极少的，多数流动是近似均匀流的渐变流。渐变流是指流速沿流向变化缓慢，流线是近似平行直线的流动，渐变流的过流断面近似于平面，在渐变流过流断面上的压强分布规律也可认为服从静力学规律，也就是说渐变流的断面可按均匀流断面处理。

3.2 恒定流连续性方程

连续性方程是质量守恒定律在流体运动中的具体应用。

如图 1-26，在总流中，取元流 1-2 流段作为研究对象。设元流过流断面面积分别为 dA_1 和 dA_2，流速分别为 u_1 和 u_2，总流断面 A_1 的平均流速为 v_1，断面 A_2 的平均流速为 v_2。

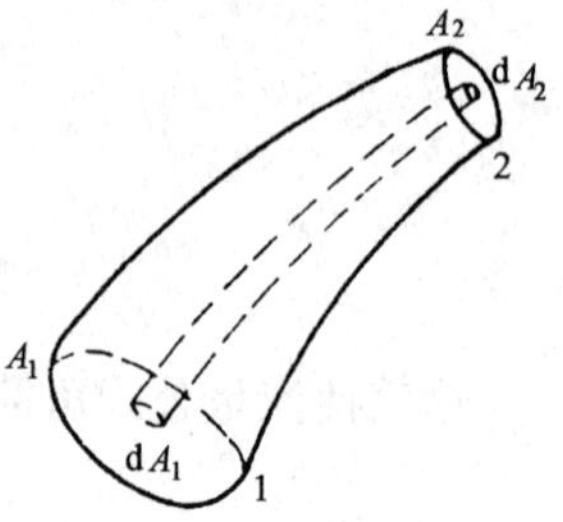

在恒定流条件下，流动是连续的，根据质量守恒定律及元流特性，流入断面 1 的流体质量必等于流出断面 2 的流体质量。单位时间内流入断面 1 的流体质量为 $\rho_1 u_1 dA_1 dt$，流出断面 2 的流体质量为 $\rho_2 u_2 dA_2 dt$。

则　　　　　　　$\rho_1 u_1 dA_1 dt = \rho_2 u_2 dA_2 dt$

即　　　　　　　$\rho_1 u_1 dA_1 = \rho_2 u_2 dA_2$　　　　　　（1-29）

图 1-26

公式（1-29）为恒定流元流的连续性方程。

对于总流，将上式在总流的过流断面上积分：

$$\int_{A_1} \rho_1 u_1 dA_1 = \int_{A_2} \rho_2 u_2 dA_2$$

由于任一断面上 ρ = 常数，而 $Q = \int_A u dA$

则　　　　　　　$\rho_1 Q_1 = \rho_2 Q_2$

或　　　　　　　$\rho_1 v_1 A_1 = \rho_2 v_2 A_2$　　　　　　（1-30）

式（1-30）为恒定流可压缩流体总流的连续性方程（又称质量流量连续性方程）。

当流体不可压缩时，密度为常数，$\rho_1 = \rho_2$，因此，不可压缩流体的连续性方程（或体积流量连续性方程）为：

$$Q_1 = Q_2$$

$$v_1 A_1 = v_2 A_2$$

$$\frac{v_1}{v_2} = \frac{A_2}{A_1}$$　　　　　　（1-31）

方程式（1-31）表明，恒定流不可压缩流体的体积流量沿程不变，平均流速与断面面积呈反比变化。流量一定时，过流断面大，流速小；过流断面小，则流速大。

在应用恒定流连续性方程式时，应注意以下几点：

（1）流体流动必须是恒定流。

（2）流体必须是连续介质。一般情况下流体均看做是连续介质，只有在特殊情况，如局部发生汽化现象，破坏了介质的连续性，则不能采用连续性方程。

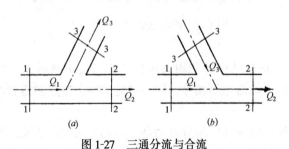
图 1-27　三通分流与合流

（3）要分清是可压缩流体还是不可压缩流体，以便采用相应的公式进行计算。

（4）连续性方程是一个运动方程，它既适用于理想流体，也可适用于实际流体。

（5）对于中途有流量输出或输入的分支管道，如三通管的合流与分流，车间的自然换气管网的总管流入和支管流出，都可应用恒定流连续性方程式，如图1-27（a）、（b）。

分流时：
$$Q_1 = Q_2 + Q_3$$
$$v_1 A_1 = v_2 A_2 + v_3 A_3$$

合流时：
$$Q_1 + Q_3 = Q_2$$
$$v_1 A_1 + v_3 A_3 = v_2 A_2$$

【例1-7】 如图1-28，$d_1 = 30\text{mm}$，$d_2 = 60\text{mm}$，$d_3 = 120\text{mm}$。（1）当流量为5L/s时，求各管段的平均流速。（2)调节阀门，使流量增加至10L/s或使流量减少至2.5L/s时,平均流速如何变化？

【分析】 根据连续性方程 $Q = v_1 A_1 = v_2 A_2 = v_3 A_3$ 来求得各管段的平均流速。

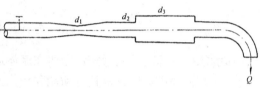

图1-28　例1-7图

【解】（1）
$$v_1 = \frac{Q}{A} = \frac{5 \times 10^{-3}}{\frac{\pi}{4} \times (30 \times 10^{-3})^2} = 7.08\text{m/s}$$

$$v_2 = v_1 \frac{A_1}{A_2} = v_1 \left(\frac{d_1}{d_2}\right)^2 = 7.08 \times \left(\frac{30}{60}\right)^2 = 1.77\text{m/s}$$

$$v_3 = v_1 \frac{A_1}{A_3} = v_1 \left(\frac{d_1}{d_2}\right)^2 = 7.08 \times \left(\frac{30}{120}\right)^2 = 0.44\text{m/s}$$

（2）各断面流速比例保持不变，流量增加至10L时，即流量增加2倍，则各管段流速亦增加2倍。即
$$v_1 = 14.16\text{m/s}, \quad v_2 = 3.54\text{m/s}, \quad v_3 = 0.88\text{m/s}$$

流量减少至2.5L时，即流量减少1/2，各管段流速亦为原值的1/2。即
$$v_1 = 3.54\text{m/s}, \quad v_2 = 0.89\text{m/s}, \quad v_3 = 0.22\text{m/s}$$

【例1-8】 断面为60cm×60cm的送风管，通过a、b、c、d四个30cm×30cm的送风口向室内输送空气（见图1-29），各送风口气流平均速度均为4m/s，求通过送风管1-1，2-2，3-3各断面的流速和流量。

【分析】 根据连续性方程建立流量等式关系，示出1-1、2-2、3-3断面的流量，再由流速、流量、流通截面的关系示出各断面的流速

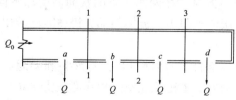

图1-29　例1-8图

【解】 每一送风口流量 $Q = 0.3 \times 0.3 \times 4 = 0.36\text{m}^3/\text{s}$，1-1、2-2、3-3断面的流量根据连续性方程，为：

$$Q_3 = 1Q = 1 \times 0.36 = 0.36 \text{ m}^3/\text{s};$$

$$Q_2 = Q_3 + Q = 2Q = 2 \times 0.36 = 0.72 \text{m}^3/\text{s};$$

$$Q_1 = Q_2 + Q = 3Q = 3 \times 0.36 = 1.08 \text{m}^3/\text{s}$$

各断面流速为:

$$v_3 = \frac{Q_3}{0.6 \times 0.6} = \frac{0.36}{0.6 \times 0.6} = 1 \text{m/s};$$

$$v_2 = \frac{Q_2}{0.6 \times 0.6} = \frac{0.72}{0.6 \times 0.6} = 2 \text{m/s};$$

$$v_1 = \frac{Q_1}{0.6 \times 0.6} = \frac{1.08}{0.6 \times 0.6} = 3 \text{m/s}$$

3.3 恒定流能量方程

流体的能量方程就是能量守恒定律在流体运动中的具体应用。

流体和其他物质一样,也具有动能和势能两种机械能,流体的动能与势能之间,机械能与其他形式的能量之间,也可以互相转化。它们之间的转化关系,同样遵守能量转换与守恒定律。

如图 1-30 所示,水箱中的水经直径不同的管段恒定出流,取水平面 0-0 为基准面,在管段 A、B、C、D 各点分别接测压管,来观察水流的能量变化。

当管段出口阀门 K 关闭,水静止时,各测压管中的水面与水箱水面平齐。它表明,尽管水箱水面及 A、B、C、D 各点具有不同的位置势能(由各点的相对位置所决定)和压力势能,但两者之和均相等,这说明静止流体中各点的测压管水头均相等。

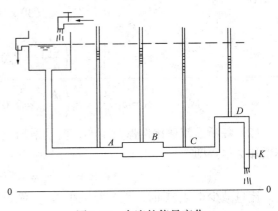

图 1-30 水流的能量变化

当打开阀门 K,水流动时,就会发现各测压管中的水面均有不同程度的下降,它表明已有部分势能转化为动能。其中,A、C 断面面积较小,根据连续性方程,A、C 断面的流速较大,即动能较大,因此,A、C 测压管中的水面下降幅度要比 B 管大些。如果管段 AC 足够长,还会发现,尽管 A 断面与 C 断面的过流面积相等,流速不变,动能也一样,但 A、C 两测压管的水面高度却不同,C 管中的水要稍低些。这表明水流动时,因克服流动阻力,流体的部分机械能已转化为热能散失掉了。

以上讨论说明:流体的机械能包括位能(位置势能)、压能(压力势能)和动能。流体运动时,因克服流动阻力,还会引起机械能的损耗。恒定流能量方程式就是要建立它们之间的关系,并以此来说明流体的运动规律。

3.3.1 恒定流元流的能量方程

在理想液体恒定流中取元流，如图 1-31 所示。在元流流段上沿流向取 1-1′、2-2′两断面，两断面距基准面 0-0 的高度为 z_1、z_2，断面 1-1′、2-2′的面积分别为 dA_1、dA_2，两断面的流速和压强分别为 u_1、u_2 和 p_1、p_2。流体为不可压缩流体，密度不变。

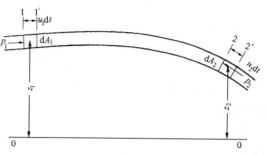

图 1-31　恒定流元流的能量方程

由于实际流体具有黏滞性，在流动过程中，流体的黏滞力作负功，使机械能沿流向不断衰减，以符号 h_{wl-2} 表示元流断面 1-1′、2-2′间单位能量的衰减，h_{wl-2} 称为水头损失。则实际流体元流能量方程式为

$$z_1 + \frac{p_1}{\gamma} + \frac{u_1^2}{2g} = z_2 + \frac{p_2}{\gamma} + \frac{u_2^2}{2g} + h_{wl-2} \tag{1-32}$$

3.3.2 恒定流实际液体总流的能量方程

$$z_1 + \frac{p_1}{\gamma} + \alpha \frac{v_1^2}{2g} = z_2 + \frac{p_2}{\gamma} + \alpha \frac{v_2^2}{2g} + h_{wl-2} \tag{1-33}$$

式中　z_1、z_2——渐变流断面 1-1′、2-2′上的点相对于基准面的高度，m；

p_1、p_2——断面 1-1′、2-2′对应点的压强，Pa，可同时用相对压强或绝对压强表示；

v_1、v_2——断面 1-1′、2-2′的平均流速，m/s；

α_1、α_2——断面 1-1′、2-2′的动能修正系数，常取 $\alpha_1 = \alpha_2 = 1.0$；

h_{wl-2}——断面 1-1′、2-2′间的平均单位水头损失；mH_2O。

恒定流实际液体总流的能量方程式，或称恒定总流伯努利方程式。这一方程式，不仅在整个工程流体力学中具有理论指导意义，而且在工程实际中得到广泛的应用，因此十分重要。

3.3.3 恒定流实际液体总流能量方程式的适用条件

恒定总流能量方程式，应用时应满足下列条件：

（1）流体运动必须是恒定流。

（2）流体是不可压缩的。

（3）建立能量方程选取的断面必须是渐变流段面。需强调的是在所选取的两个渐变流断面之间，可以是急变流。

（4）建立方程式的两断面间如果有能量的输出（例如有水轮机或汽轮机）或输入（例如有水泵或风机），可将输入的单位能量项（$+\Delta H$）或输出的单位能量项（$-\Delta H$）加在方程（1-33）中，以维持能量收支的平衡。即

$$z_1 + \frac{p_1}{\gamma} + \alpha \frac{v_1^2}{2g} \pm \Delta H = z_2 + \frac{p_2}{\gamma} + \alpha \frac{v_2^2}{2g} + h_{wl-2} \tag{1-34}$$

（5）如果建立能量方程的两断面之间有分流或合流，因为能量方程建立的是两断面间单位能量的关系，如图 1-32（a）所示，若断面 1、2 间有分流，可以建立断面 1 和断面 2

之间的能量方程或建立断面 1 和断面 3 之间的能量方程，只不过流到断面 2 时产生的单位能量损失是 h_{w1-2}，而流到断面 3 流体的单位能量损失是 h_{w1-3} 而已；如图 1-32 （b）所示，若断面 1、3 间有合流，可以直接建立断面 1 和断面 3 之间的能量方程或建立断面 2 和断面 3 之间的能量方程，单位能量损失 h_{w1-3} 或 h_{w2-3}。

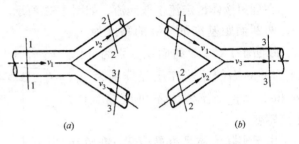

图 1-32　分流与合流管路
（a）流量分出管路；（b）流量汇合管路

3.3.4　应用恒定流能量方程式应注意：

（1）基准面的选取。一般选择通过总流的最低点，或通过两断面中较低一断面的形心作为基准面。应注意同一方程中各断面必须选择同一基准面。

（2）压强基准的选取，可以是相对压强，也可以是绝对压强，但方程式两边必须选取同一基准。工程上一般选用相对压强。压强的单位也要统一。

（3）选择计算断面。计算断面应选在压强已知或压差已知的渐变流断面上，并使我们所计算的未知量出现在方程中。

（4）选择计算点。因在渐变流的同一断面上任意点的测压管水头值均相等，可以选取任意点作为计算点，以计算方便为宜。对于管道一般可选管轴中心点，大容器中选自由表面上的点来计算。

（5）方程式中能量损失一项，在本课题中或者直接给出，或者按理想流体处理不予考虑。关于能量损失的分析和计算，我们将在下一课题专门研究。

3.3.5　能量方程式的意义

（1）物理学意义

不可压缩流体恒定流元流能量方程中的每一项均表示单位重力流体具有的能量。

z——表示单位重力流体相对某一基准面具有的位置势能，称为单位位能；

$\dfrac{p}{\gamma}$——表示压力做功所能提供给单位重力流体的压强势能，称为单位压能；

$\dfrac{u^2}{2g}$——表示单位重力流体的动能，称为单位动能；

$z+\dfrac{p}{\gamma}$——表示单位重力流体具有的总势能称为单位势能，以 H_p 表示；

$z+\dfrac{p}{\gamma}+\dfrac{u^2}{2g}$——表示单位重力流体具有的总能量，称为单位总机械能，以 H 表示；

h_{w1-2}——表示单位重力流体的能量损失。

（2）水力学意义

不可压缩流体恒定流元流能量方程式中的每项表示单位重力流体具有的水头。

z——表示过流断面上流体质点相对于某一基准面的位置水头；

$\dfrac{p}{\gamma}$——表示过流断面上流体质点的压强水头；

$z + \dfrac{p}{\gamma}$——表示过流断面上流体质点的测压管水头；

$\dfrac{u^2}{2g}$——表示过流断面上流体质点的流速水头；

$z + \dfrac{p}{\gamma} + \dfrac{u^2}{2g}$——表示过流断面上流体质点的总水头，是测压管水头与流速水头之和；

h_{w1-2}——表示过流断面上流体质点的平均单位水头损失。

为了进一步说明流速水头，在恒定管流中放置测速管与测压管，如图 1-33 所示，测速管是一根有 90°弯曲管段的细管，其顶端截面正对来流方向，放在测定点 A 处，在恒定流时流体上升至一定高度 $\dfrac{p'}{\gamma}$ 后保持稳定，此时，A 点的运动质点由于受到测速管的阻滞，流速应等于零。测压管置于和 A 点同一过流断面的管壁上，其流体上升高度为 $\dfrac{p}{\gamma}$。

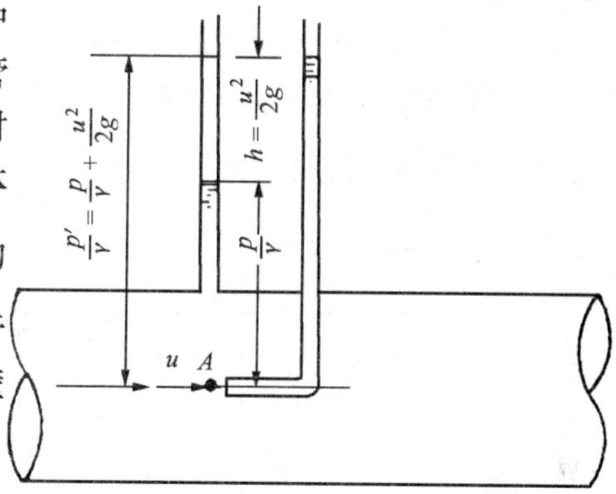

未放测速管前 A 点的单位重力流体的能量为

图 1-33　流速水头测试

$$z + \dfrac{p}{\gamma} + \dfrac{u^2}{2g}$$

放入测速管后，该点的动能全部转化为压能，故单位重力流体的能量为

$$z + \dfrac{p'}{\gamma}$$

由于流体流动是恒定的，A 点的单位重力流体的能量在装测速管前后没有改变，故

$$z + \dfrac{p}{\gamma} + \dfrac{u^2}{2g} = z + \dfrac{p'}{\gamma}$$

得

$$\dfrac{u^2}{2g} = \dfrac{p'}{\gamma} - \dfrac{p}{\gamma} = h_u \qquad (1\text{-}35)$$

式（1-35）表明：流速水头也是可以实测的高度。它等于测速管与测压管内液面的高差 h_u。

（3）几何学意义

能量方程式中的各项以 mH_2O 作单位，表示某种高度。

　z——表示过流断面相对于选定基准面的高度。

　$\dfrac{p}{\gamma}$——表示由于断面压强作用使流体沿测压管上升的高度。

　$\dfrac{u^2}{2g}$——表示以断面流速 u 为初速度的垂直上升射流所能达到的理论高度。

　$z + \dfrac{p}{\gamma}$——表示断面处测压管水面相对于基准面的高度。

$z + \dfrac{p}{\gamma} + \dfrac{u^2}{2g}$——表示断面处测速管水面相对于基准面的高度。

不可压缩流体恒定流元流能量方程说明，位能、压能和动能可以相互转换，流速变小，动能转变为压能，压能将增加；反之，压能亦可转变为动能。

恒定总流的能量方程与恒定流元流的能量方程相比，所不同的是总流能量方程中的动能项 $\alpha\dfrac{v^2}{2g}$ 是用断面平均动能来表示的；而 h_{w} 则代表总流单位重量流体由一个断面流至另一个断面的平均能量损失。

3.3.6 能量方程式的几何图示

为了形象地反映总流中各种能量的变化规律，用几何图形来表示能量方程式的方法，称为能量方程的几何图示。因为单位重量流体所具有的各种能量都具有长度的量纲，于是可先选定基准面，再用水头为纵坐标，按一定的比例尺沿流程把过流断面的 z、$\dfrac{p}{\gamma}$ 及 $\dfrac{v^2}{2g}$ 分别绘于图上（如图 1-34）。

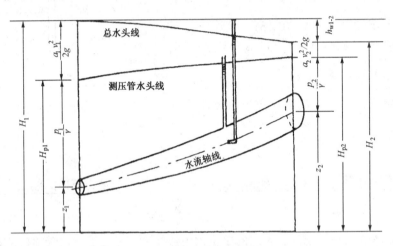

图 1-34 能量方程式的几何图示

z 值一般选取断面形心点来标绘，表示各断面中心到基准面的高度，其连线即是管道的轴线。

$\dfrac{p}{\gamma}$ 选用形心点压强来标绘。把各断面的 $z+\dfrac{p}{\gamma}$ 值的点连接起来可以得到一条测压管水头线，测压管水头线反映总流各断面平均势能的变化情况。测压管水头线与位置水头线之间的距离反映了总流各断面平均压强的变化情况。

把各断面 $H=z+\dfrac{p}{\gamma}+\dfrac{v^2}{2g}$ 描出的点连接起来可以得到一条总水头线。总水头线反映了总流各断面平均总机械能的变化情况。

任意两断面之间的总水头线高度的差值，即为两断面间的水头损失 h_{w}。

由于实际流体在流动中总能量沿程减小，所以实际流体的总水头线总是沿程下降。而测压管水头线沿程可能下降，也可能是一条水平直线，甚至是一条上升曲线，这取决于水头损失及流体的动能与势能间互相转化的情况。

【例 1-9】如图 1-35，用直径 $d=80\mathrm{mm}$ 的管道从水箱中引水。如水箱中的水面恒定，

26

水面高出管道出口中心的高度 $H = 5\text{m}$，管道的损失假设沿管长均匀发生，$h_\text{w} = 2\dfrac{v^2}{2g}$。求通过管道出口的流速 v 和流量 Q。

【分析】流动是从水箱水面通过水箱经管道流入大气中。可取管道出口断面形心 0-0 的水平面为基准面，水箱水面为 1-1 断面，管道出口断面为 2-2 断面，列出 1-1、2-2 断面的能量方程，即可求出管道出口的流速 v，进而解出所求流量 Q。

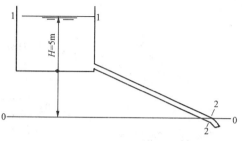

图 1-35 例 1-9 图

【解】1-1、2-2 断面的能量方程为：

$$z_1 + \frac{p_1}{\gamma} + \alpha \frac{v_1^2}{2g} = z_2 + \frac{p_2}{\gamma} + \alpha \frac{v_2^2}{2g} + h_{\text{wl}-2}$$

式中，$z_1 = 5\text{m}$，$z_2 = 0$；断面 1-1 与大气相接触 $p_1 = 0$，断面 2-2 处直通大气，$p_2 = 0$；水箱断面面积比管道断面面积大得多，流速较小，流速水头数值更小，一般可忽略不计，则

$\alpha \dfrac{v_1^2}{2g} \approx 0$，$\alpha \dfrac{v_2^2}{2g} = \alpha \dfrac{v^2}{2g}$，$h_{\text{wl}-2} = 2\dfrac{v^2}{2g}$ 代入方程

$$5 + 0 + 0 = 0 + 0 + \alpha \frac{v^2}{2g} + 2\frac{v^2}{2g}$$

取 $\alpha = 1$，则

$$5 = 3\frac{v^2}{2g}$$

$$v = 5.72\text{m/s}$$

$$Q = vA = 5.72 \times \frac{3.14 \times 0.08^2}{4} = 0.03\text{m}^3/\text{s}$$

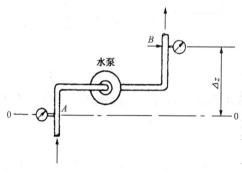

图 1-36 例 1-10 图

【例 1-10】如图 1-36 所示，为了测定水泵的功率，在水泵的压水管和吸水管上分别安装压力表和真空表。当流量 $Q = 60\text{L/s}$ 时，压力表读数 $p_B = 0.3\text{MPa}$，真空表读数 $h_\text{v} = 220\text{mmHg}$，已知两表位置高差 $\Delta z = 0.6\text{m}$，吸水管直径 $d_A = 200\text{mm}$，压水管直径 $d_B = 150\text{mm}$ 不计损失，且 $\alpha = 1.0$，试求水泵提供的水头 H_i。

【分析】可取吸水管安装真空表的水平面 0-0 为基准面，安装真空表处的断面为 A-A 断面，安装压力表处的断面为 B-B 断面，列出 A-A、B-B 断面能量方程式来解。

【解】A-A、B-B 断面能量方程为：

$$z_A + \frac{p_A}{\gamma} + \alpha \frac{v_A^2}{2g} + H_i = z_B + \frac{p_B}{\gamma} + \alpha \frac{v_B^2}{2g} + h_{\text{w}A-B}$$

式中 $z_A - z_B = \Delta z = 0.6\text{m}$

$$\frac{p_A}{\gamma} = -\frac{\gamma_{\text{Hg}}}{\gamma_{\text{H}_2\text{O}}} h_\text{v} = -13.6 \times 0.22 = -3\text{m}$$

$$\frac{p_B}{\gamma} = \frac{0.3 \times 10^6}{9810} = 30.58\text{m}$$

$$\alpha_A = \alpha_B = 1.0$$

$$h_{wA-B} = 0$$

$$v_A = \frac{Q}{A} = \frac{4Q}{\pi d_A^2} = \frac{4 \times 0.06}{3.14 \times 0.2^2} = 1.91\text{m/s}$$

根据连续性方程

$$v_B = \left(\frac{d_A}{d_B}\right)^2 v_A = 3.38\text{m/s}$$

则水泵提供的水头

$$H_i = z_A - z_B + \left(\frac{p_B}{\gamma} - \frac{p_A}{\gamma}\right) + \left(\frac{v_B^2 - v_A^2}{2g}\right) + h_{wA-B}$$

$$= 0.6 + (30.58 + 3) + \left(\frac{3.38^2 - 1.91^2}{2 \times 9.81}\right) + 0 = 34.58\text{m}$$

【例1-11】如图1-37，水由水箱经管路恒定出流。已知出流管道水平放置，水箱水面至管道轴线距离 $H = 8\text{m}$，管道直径分别为 $d_1 = 25\text{mm}$，$d_2 = 20\text{mm}$，$d_3 = 15\text{mm}$。

(1) 假定流体为理想流体，试绘制该管流的水头线。

(2) 当管段 AB、BC、CD 段的水头损失为 0.4m、0.5m、0.6m，且 A、B、C 点处的水头损失为 0.2m、0.3m、0.4m 时，绘制管流的实际水头线。

【分析】应先绘制理想流体的水头线，从理想总水头线（图1-37中虚线1）顺次减去管段 AB、BC、CD 及节点 A、B、C 的水头损失，得到实际管

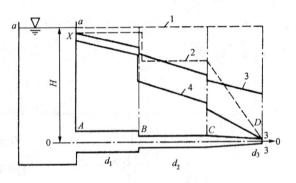

图1-37 例1-11图

流的总水头线（图1-37中实线3），再从实际总水头线减去各管段的流速水头，即可得到实际管流的测压管水头线（图1-37中实线4）。

【解】(1) 绘制理想流体的水头线

通过能量方程求出各管段流速水头，选取管轴线为基准面0-0，列水箱水面 a-a 和管道出口断面3-3能量方程

$$z_a + \frac{p_a}{\gamma} + \alpha\frac{v_a^2}{2g} = z_3 + \frac{p_3}{\gamma} + \alpha\frac{v_3^2}{2g} + h_{wa-3}$$

将已知参数代入，得：

$$8 + 0 + 0 = 0 + 0 + \frac{v_3^2}{2g} + 0$$

$$v_3 = 12.53\text{m/s}$$

再根据连续性方程：$v_1 A_1 = v_2 A_2 = v_3 A_3$，可求得 AB、BC 管段的流速及流速水头

$$v_1 = v_3\left(\frac{d_3}{d_1}\right) = 12.53 \times \left(\frac{15}{25}\right)^2 = 4.51\text{m/s}$$

$$\frac{v_1^2}{2g} = \frac{4.51^2}{2 \times 9.81} = 1.04\text{m}$$

$$v_2 = v_3\left(\frac{d_3}{d_2}\right) = 12.53 \times \left(\frac{15}{20}\right)^2 = 7.05\text{m/s}$$

$$\frac{v_2^2}{2g} = \frac{7.05^2}{2 \times 9.81} = 2.53\text{m}$$

假定的流体为理想流体，忽略水头损失，沿程总水头 $H = z + \frac{p}{\gamma} + \frac{v^2}{2g}$ 为定值，总水头线为 $H = 8\text{mH}_2\text{O}$ 的水平直线，如图 1-37 中虚线 1。

因为测压管水头为各管段总水头与流速水头之差，各管段的测压管水头为：

$$H_{p(AB)} = 8 - 1.04 = 6.96\text{mH}_2\text{O}$$

$$H_{p(BC)} = 8 - 2.53 = 5.47\text{mH}_2\text{O}$$

AB、*BC* 管段内管径不变，流速水头不变，测压管水头线亦为水平线。*CD* 管段为渐缩管，管段内流速水头沿程逐渐增大，直至出口断面，总水头全部转化为流速水头，该处测压管水头为 0，即 $H_{p(D)} = 0$，因此 *CD* 段中测压管水头线为一向下的斜直线。各管段的测压管水头线如图 1-37 中虚线 2。

（2）绘制实际流体的水头线

通过能量方程求出各管段流速水头

同样选取管轴线为基准面 0-0，列水箱水面 *a-a* 和管道出口断面 3-3 能量方程

$$z_a + \frac{p_a}{\gamma} + \alpha\frac{v_a^2}{2g} = z_3 + \frac{p_3}{\gamma} + \alpha\frac{v_3^2}{2g} + h_{wa-3}$$

由于实际运动中产生能量损失，能量方程中

$$h_w = 0.4 + 0.5 + 0.6 + 0.2 + 0.3 + 0.4 = 2.4\text{mH}_2\text{O}$$

代入能量方程

$$8 + 0 + 0 = 0 + 0 + \frac{v_3^2}{2g} + 2.4$$

$$\frac{v_3^2}{2g} = 5.6$$

$$v_3 = 10.48\text{m/s}$$

再根据连续性方程：$v_1 A_1 = v_2 A_2 = v_3 A_3$，可求得 *AB*、*BC* 管段的流速及流速水头

$$v_1 = v_3\left(\frac{d_3}{d_1}\right) = 10.48 \times \left(\frac{15}{25}\right)^2 = 3.77\text{m/s}$$

$$\frac{v_1^2}{2g} = \frac{3.77^2}{2 \times 9.81} = 0.72\text{mH}_2\text{O}$$

$$v_2 = v_3\left(\frac{d_3}{d_2}\right) = 10.48 \times \left(\frac{15}{20}\right)^2 = 5.9\text{m/s}$$

$$\frac{v_2^2}{2g} = \frac{5.9^2}{2 \times 9.81} = 1.77\text{mH}_2\text{O}$$

从理想总水头线（图 1-37 中虚线 1）顺次减去管段 *AB*、*BC*、*CD* 及节点 *A*、*B*、*C* 的水头损失，可得一倾斜向下的折线，图 1-37 中实线 3 即为实际流体管流的总水头线，再减去各管段的流速水头，图 1-37 中实线 4 即为实际管流的测压管水头线。

3.3.7 实际气体总流的能量方程

在流速不高，压强变化不大的情况下，能量方程同样可以应用于气体。

液体在管中流动时，由于液体的重度远大于空气重度，一般可以忽略大气压强在不同高度处的差异。对于气体流动，特别是在高差较大，气体重度 γ 和空气重度 γ_a 不等的情况下，必须考虑大气压强因高度不同而产生的差异，式中的压强应采用绝对压强。如图1-38，设断面在高程 z_1 处，大气压强为 B；在高程为 z_2 的断面，大气压强将减至 $B - \gamma_a(z_1 - z_2)$。气体在过流断面上的流速分布一般比较均匀，动能修正系数可以采用 $\alpha = 1.0$。公式（1-33）改写为：

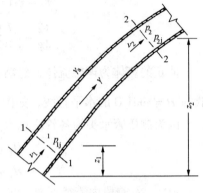

图1-38　气体总流的能量方程

$$\gamma z_1 + B + p_1 + \gamma \frac{v_1^2}{2g} = \gamma z_2 + B - \gamma_a(z_1 - z_2) + p_2 + \gamma \frac{v_2^2}{2g} + p_{wl-2} \tag{1-36}$$

整理得：

$$p_1 + \rho \frac{v_1^2}{2} + (\gamma_a - \gamma)(z_1 - z_2) = p_2 + \rho \frac{v_2^2}{2} + p_{wl-2} \tag{1-37}$$

上式即为用相对压强表示的恒定气流能量方程式。该方程中各项单位为压强的单位 Pa，表示气体单位体积的平均能量，其中：

p_1、p_2——断面1、2的相对压强，称为静压。相对压强是以各自高程处大气压强为零点计算的，不同的高程引起大气压强的差异，已经计入方程的位压项了；

$\rho \dfrac{v_1^2}{2}$、$\rho \dfrac{v_2^2}{2}$——为1、2断面的动压；

$(\gamma_a - \gamma)(z_1 - z_2)$——称为位压，与水流的位置水头差相对应；位压是以断面2为基准量度的断面1的单位体积位能，不同的高程引起大气压强的差异，计入此项。

p_{wl-2}——1、2两断面间的压强损失。

静压和位压相加，称为势压，以 p_s 表示，势压与管中水流的测压管水头相对应。即

$$p_s = p + (\gamma_a - \gamma)(z_1 - z_2) \tag{1-38}$$

静压和动压之和，专业中习惯称为全压，以 p_q 表示。即

$$p_q = p + \rho \frac{v^2}{2} \tag{1-39}$$

静压、动压和位压三项之和称为总压，以 p_z 表示，与管中水流的总水头相对应，即

$$p_z = p + \rho \frac{v^2}{2} + (\gamma_a - \gamma)(z_1 - z_2) \tag{1-40}$$

由上式可知，存在位压时，总压等于位压加全压。位压为零时，总压就等于全压。

在多数问题中，特别是空气在管中的流动问题，或高差甚小，或重度差甚小，$(\gamma_a - \gamma)(z_1 - z_2)$ 可以忽略不计，则气流的能量方程简化为：

$$p_1 + \rho \frac{v_1^2}{2} = p_2 + \rho \frac{v_2^2}{2} + p_{\text{wl}-2} \tag{1-41}$$

【例 1-12】如图 1-39 所示，空气由炉口 a 流入，燃烧后的烟气由烟囱出口 d 排出。已知烟气重度 $\gamma = 5.89\text{N/m}^3$，空气的重度 $\gamma_a = 11.77\text{N/m}^3$，烟气进出口间总损失为 $25\rho \frac{v_2^2}{2}$，烟囱的总高度为 60m，试求烟囱出口 d 处空气的流速 v_2。

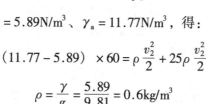

【分析】如图，列出烟囱进口前空气断面 1-1 和烟囱出口断面 2-2 的能量方程，代入有关已知量，即可解得流速 v_2。

【解】断面 1-1 和烟囱出口断面 2-2 的能量方程为：

$$p_1 + \rho \frac{v_1^2}{2} + (\gamma_a - \gamma)(z_1 - z_2)$$
$$= p_2 + \rho \frac{v_2^2}{2} + p_{\text{wl}-2}$$

图 1-39　例 1-12 图

将已知参数代入 $p_1 = 0$、$v_1 = 0$、$z_1 = 0$、$p_2 = 0$、$p_{\text{wl}-2} = 25\rho \frac{v_2^2}{2}$、$z_2 = 60\text{m}$、$\gamma = 5.89\text{N/m}^3$、$\gamma_a = 11.77\text{N/m}^3$，得：

$$(11.77 - 5.89) \times 60 = \rho \frac{v_2^2}{2} + 25\rho \frac{v_2^2}{2}$$

$$\rho = \frac{\gamma}{g} = \frac{5.89}{9.81} = 0.6\text{kg/m}^3$$

烟囱出口 d 处空气的流速：$v_2 = 6.73\text{m/s}$

3.3.8　能量方程式的实际应用

（1）文丘里流量计

文丘里流量计是以能量方程为计算原理设计的。

文丘里流量计如图 1-40 所示，是由一段渐缩管，一段喉管和一段渐扩管组成。当水流通过此流量计时，由于喉管断面缩小，流速增加，压强相应降低，用压差计测定压强水头的变化 Δh，即可计算出管道中的流量。

假设管道水平放置，取管轴线为基准面 0-0，列安装测压管的 1、2 两渐变流断面能量方程：

$$z_1 + \frac{p_1}{\gamma} + \alpha \frac{v_1^2}{2g} = z_2 + \frac{p_2}{\gamma} + \alpha \frac{v_2^2}{2g} + h_{\text{wl}-2}$$

其中：$z_1 = z_2 = 0$，暂不考虑能量损失 $h_w = 0$，取动能修正系数 $\alpha_1 = \alpha_2 = 1.0$。

$$\frac{p_1}{\gamma} - \frac{p_2}{\gamma} = \frac{v_2^2}{2g} - \frac{v_1^2}{2g} = \Delta h$$

由连续性方程式可得：

$$v_1 \times \frac{\pi d_1^2}{4} = v_2 \times \frac{\pi d_2^2}{4}$$

$$\frac{v_2}{v_1} = \left(\frac{d_1}{d_2}\right)^2$$

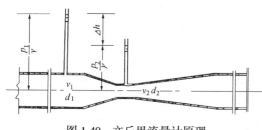

图 1-40　文丘里流量计原理

代入能量方程式

$$\left(\frac{d_1}{d_2}\right)^4\frac{v_1^2}{2g}-\frac{v_1^2}{2g}=\Delta h$$

解出流速

$$v_1=\frac{1}{\sqrt{\left(\frac{d_1}{d_2}\right)^4-1}}\sqrt{2g\Delta h}$$

流量为

$$Q=v_1A_1=\frac{\pi d_1^2}{4}\frac{\sqrt{2g}}{\sqrt{\left(\frac{d_1}{d_2}\right)^4-1}}\sqrt{\Delta h}$$

令
$$K=\frac{\pi d_1^2}{4}\frac{\sqrt{2g}}{\sqrt{\left(\frac{d_1}{d_2}\right)^4-1}} \tag{1-42}$$

则
$$Q=K\sqrt{\Delta h} \tag{1-43}$$

很显然，K 只与管径 d_1 和 d_2 有关，对于一个流量计，它是一个常数，可以预先算出。只要测出两断面测压管高差 Δh，就可求出流量 Q 值。

由于在上面的分析计算中，没有考虑水头损失，而水头损失将会促使流量减小，为此，需乘修正系数 μ。μ 值为流量系数，其值由实验确定，值约在 0.95 ~ 0.98 之间。则：

$$Q=\mu K\sqrt{\Delta h} \tag{1-44}$$

如果在测量水流量的文丘里流量计上直接安装水银压差计（如图 1-41)，由压差计原理可知：

$$\frac{p_1}{\gamma}-\frac{p_2}{\gamma}=\left[\frac{\gamma_{Hg}-\gamma}{\gamma}\right]\Delta h=12.6\Delta h$$

式中 Δh 为水银压差计液面高差，此时文丘里流量计的流量为：

$$Q=\mu K\sqrt{12.6\Delta h} \tag{1-45}$$

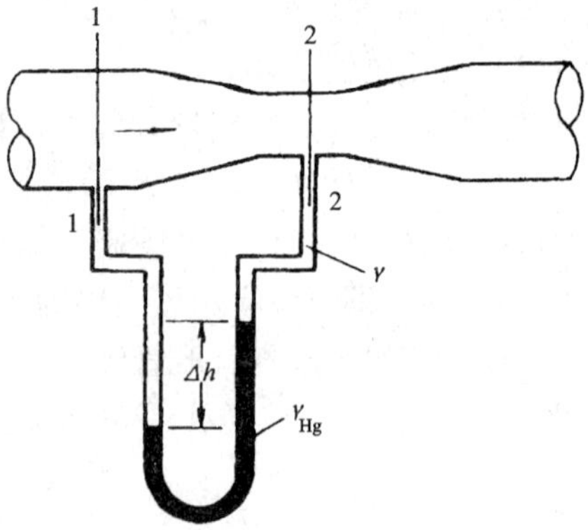

图 1-41　例 1-13 图

【例 1-13】 如图 1-41，文丘里水流量计的两管直径 $d_1=100\text{mm}$，$d_2=50\text{mm}$，测得两断面的压强差 $h=0.4\text{m}$，流量系数 $\mu=0.98$，求管中流量。

【解】 据公式（1- 42)，流量系数

$$K=\frac{\pi d_1^2}{4}\frac{\sqrt{2g}}{\sqrt{\left(\frac{d_1}{d_2}\right)^4-1}}$$

$$=0.00898$$

根据公式（1-45)，流量

$$\begin{aligned}Q&=\mu K\sqrt{12.6\Delta h}\\&=0.98\times0.00898\times\sqrt{12.6\times0.4}\\&=19.8\times10^{-3}\text{m}^3/\text{s}=19.8\text{L/s}\end{aligned}$$

（2）毕托管

毕托管是广泛用于测量水流和气流流速的一种仪器。如图 1-42 所示，毕托管是一根很细的弯管，前端有开孔 a，侧面有多个开孔 b，当需要测量流体中某点流速时，将弯管前端 a 正对气流或水流，前端小孔 a 与上部测速管 a' 相通，侧面小孔 b 与上部测压管 b' 相通。当测定水流时，a'、b' 两管水面差 h_v 反映 a、b 两处压差。当测定气流时，a'、b' 两端接液柱压差计，以测定 a、b 两处的压差，并由此求所测点流速。

根据公式（1-45）

$$\frac{u^2}{2g} = \frac{p'}{\gamma} - \frac{p}{\gamma} = h_v$$

$$u = \sqrt{2gh_v} \tag{1-46}$$

管中实际流速

$$u = \varphi \sqrt{2gh_v} \tag{1-47}$$

式中　u——流体中任一点的实际流速，m/s；

　　　φ——流速系数，一般采用 $\varphi = 1.0 \sim 1.04$。

如果用毕托管测定气体，则根据液体压差计所测得的压差，$p' - p = B - p_b = \gamma' h_v$，代入（1-47）式计算气流速度：

$$u = \varphi \sqrt{2gh_v \frac{\gamma'}{\gamma}} \tag{1-48}$$

式中　γ'——液体压差计所用液体的重度，N/m^3；

　　　γ——流动气体本身的重度，N/m^3。

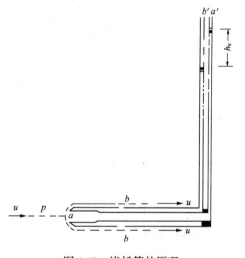

图 1-42　毕托管的原理

应当指出，用毕托管所测定的流速，只是过流断面上某一点的流速 u，若要测定断面平均流速 v，可将过流面积分成若干等分，用毕托管测定每一小等分面积上的流速，然后计算各点流速的平均值，以此作为断面平均流速。显然，面积划分愈小，测点愈多，计算结果愈符合实际。

【例 1-14】如图 1-42 用毕托管测定（1）风道中的空气流速；（2）管道中水流速。两种情况均测得水柱 $h_v = 50$mm。空气的重度 $\gamma = 11.8$N/m^3，取 $\varphi = 1.0$，分别求其流速。

【解】（1）风道中空气流速根据公式（1-48）

$$u = \varphi \sqrt{2gh_v \frac{\gamma'}{\gamma}} = 1.0 \times \sqrt{2 \times 9.81 \times 0.05 \times \frac{9810}{11.8}} = 28.56\text{m/s}$$

（2）水管中的水流速

根据公式（1-47）

$$u = \varphi \sqrt{2gh_v} = 1.0 \times \sqrt{2 \times 9.81 \times 0.05} = 0.99\text{m/s}$$

课题 4 流动阻力与能量损失

实际流体具有黏滞性，在流动过程中会产生流动阻力，克服流动阻力就要损耗一部分机械能，这部分机械能将不可逆转地转化为热能，造成能量损失。只有确定了能量损失之后，能量方程才能广泛地用来解决实际工程问题，因此，能量损失的计算是本专业中重要的计算问题之一。

4.1 基本概念

4.1.1 流动阻力与能量损失的形式

根据流体运动时与流体接触的边壁条件和流体本身黏滞作用的影响，可将能量损失分为两类：沿程能量损失 h_f 和局部能量损失 h_j。

在边壁沿程不变的管段上（如图 1-43 中的 1-2、2-3、3-4、4-5 段），阻碍流体流动的阻力是沿程发生的，称这类阻力为沿程阻力。克服沿程阻力引起的能量损失称为沿程能量损失。图中的 h_{f12}、h_{f23}、h_{f34}、h_{f45} 就是相应 1-2、2-3、3-4、4-5 各管段的沿程能量损失。

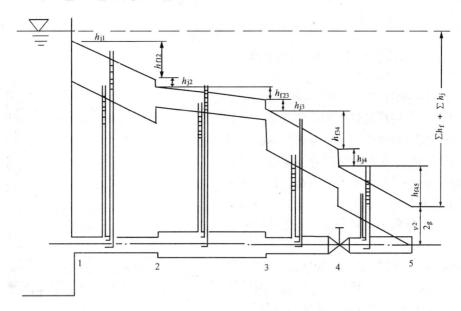

图 1-43 沿程能量损失和局部能量损失

在边界急剧变化的区域，如管道中的阀门、突然扩大和缩小等，阻力主要集中在该区域内及其附近，这种集中分布的阻力称为局部阻力。克服局部阻力的能量损失称为局部能量损失。如图 1-43 中管道进口、变径管和阀门等处均产生局部阻力，h_{j1}、h_{j2}、h_{j3}、h_{j4} 就是相应的局部能量损失。

4.1.2 过流断面的水力要素

引起沿程损失的沿程阻力与固体边壁的接触面积有直接关系，而接触面积的大小又与过流断面的几何形状有关。通常把反映过流断面上影响流动阻力的几何条件称为过流断面的水力要素。

(1) 过流面积：指流体过流断面的面积，用符号 A 表示。根据恒定流连续性方程式（$Q = vA$），过流面积与流量成正比，与断面平均流速成反比。

(2) 湿周：指过流断面上流体和固体壁面相接触的周界，用符号 X 表示。图 1-44 是几种不同断面管道的湿周。

对于不同断面的管道，在流量、流速相等的条件下，即使各管道的过流面积相等，湿周也并不相等，圆形断面湿周最小，长方形断面湿周最大。湿周愈小，表明流体与管壁接触的长度愈小，即流体受管壁的影响相对小些，因而流动阻力也就小。因此当流量和断面面积等条件相同时，正方形管道的沿程损失小于矩形管道的沿程能量损失，而圆形管道的沿程能量损失又小于正方形管道的沿程能量损失。从减少水头损失的观点来看，圆形断面是最佳的。

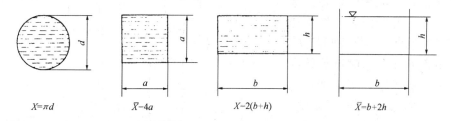

图 1-44　几种不同断面管道的湿周

(3) 水力半径：指过流断面面积 A 与湿周 X 之比，用符号 R 表示。

$$R = \frac{A}{X} \tag{1-49}$$

直径为 d 的圆管水力半径为

$$R = \frac{A}{X} = \frac{\pi d^2}{4\pi d} = \frac{d}{4}$$

边长为 a 和 b 的矩形断面水力半径为

$$R = \frac{A}{X} = \frac{ab}{2(a+b)}$$

边长为 a 的正方形断面的水力半径为

$$R = \frac{A}{X} = \frac{a^2}{4a} = \frac{a}{4}$$

若管道的过流面积 A 一定，湿周 X 越小，流动阻力就越小，这时水力半径 R 大；若两种管道具有不同断面形式，但具有相同的湿周，相同的平均流速，则面积 A 越大，通过流体的数量就越多，因而单位重量流体的能量损失就越小，这时水力半径 R 也大。所以水力半径 R 是一个基本上能反映过流断面大小、形状对沿程能量损失综合影响的物理量，沿程能量损失随水力半径的加大而减少。

(4) 当量直径：对于正方形、矩形等非圆形管道，计算沿程能量损失时，也需要确定它们的直径，因此，引入非圆管道当量直径的概念。在流速相等的条件下，当非圆管的水力半径和圆管的水力半径相等时，将圆管的直径作为非圆管道的当量直径，用符号 D_d 表示。

由于圆管 $D = 4R$，因此当量直径的计算公式：

$$D_d = 4R \tag{1-50}$$

即：非圆管道当量直径为非圆管道水力半径的 4 倍。

矩形管道的当量直径为 $D_d = \dfrac{2ab}{(a+b)}$

方形管道的当量直径为 $D_d = a$

4.1.3 流体流动的两种流态

英国物理学家雷诺的试验研究，使人们认识到流体运动有两种结构不同的流动状态，沿程能量损失的产生规律与流态密切相关。

雷诺试验的装置如图 1-45 所示。由水箱 A 引出玻璃管 B，阀门 C 用于调节流量，容器 D 内盛有重度与水相近的颜色水，经细管 E 流入玻璃管 B，阀门 F 用于控制颜色水量。

试验时水箱 A 内装满水，水位保持不变，水流为恒定流。液面稳定后先打开阀门 C，使管 B 内水流速度很小，再打开阀门 F，放出少量颜色水。这时可见管内颜色水成一股界限分明的细直流束，这表明各液层间毫不掺混，这种分层有规则的流动状态称为层流，如图 1-45（a）所示。当阀门 C 逐渐开大流速增加到某一临界流速 v_k' 时，颜色水出现摆动，如图 1-45（b）所示。继续开大阀门，增大流速，颜色水迅速与周围清水混合，使管内全部水流都带有颜色，如图 1-45（c）所示，

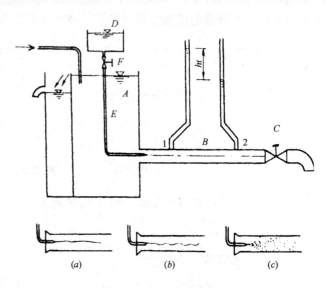

图 1-45　流态实验的装置

这表明液体质点的运动轨迹是极不规则的，各部分流体互相剧烈掺混，这种流动状态称为紊流。

若实验按相反的程序进行时，流速由大变小，则上述观察到的流动现象以相反程序重演，但由紊流转变为层流的临界流速 v_k 小于由层流转变为紊流的临界流速 v_k'。称 v_k' 为上临界流速，v_k 为下临界流速。

实验进一步表明：上临界流速 v_k' 是不固定的，随着流动的起始条件和实验条件的扰动程度不同，v_k' 值有很大的差异，扰动愈强，v_k' 愈小。但是下临界流速 v_k 却是不变的流速，小于 v_k 后，流动就进入层流状态。在实际工程中，扰动普遍存在，上临界流速 v_k' 没有实际意义，以后所指的临界流速均指下临界流速 v_k。

雷诺实验揭示了流体流动存在着两种性质不同的形态即层流和紊流。它们的内在结构完全不同，因而水头损失的规律也不同，因此，要计算水头损失，首先必须判别流体的形态。

临界流速的大小与管径 d、流体的密度 ρ 和动力黏度 μ 有关，用临界流速判别流态并不方便，因此，将这四个参数组合成一个无因次数，叫雷诺数，用 Re 表示。

$$\text{Re} = \frac{vd\rho}{\mu} = \frac{vd}{\nu} \tag{1-51}$$

对应于临界流速的雷诺数称临界雷诺数，用 Re_k 表示。圆管压力流的临界雷诺数 Re_k 是不随管径大小和流体种类改变的常数，其值约为 2000。即

$$\text{Re}_k = \frac{v_k d}{\nu} = 2000 \tag{1-52}$$

因此，流态的判别条件是：当 $\text{Re} = \frac{vd}{\nu} \leqslant 2000$ 时，流动为层流；当 $\text{Re} = \frac{vd}{\nu} > 2000$ 时，流动为紊流。

由雷诺实验可知，层流与紊流的主要区别在于紊流时各流层之间流体质点存在不断地互相掺混作用，而层流则没有。由于紊流质点掺混，互相碰撞，除了黏滞阻力外，还存在着惯性阻力，因此，紊流阻力比层流阻力大得多。

雷诺数之所以能判别流态，正是因为它反映了惯性力和黏性力的对比关系。流体在运动过程中，当雷诺数较小时，黏滞力占主导地位，当雷诺数较大时，惯性力占主导地位，层流就转变成为紊流。

4.2　沿程水头损失的计算

沿程水头损失公式是经过长期工程实践总结、归纳出来的通用经验公式，通常称为达西公式。沿程水头损失按下式计算，以 mH_2O 为单位

$$h_f = \lambda \frac{L}{d} \frac{v^2}{2g} \tag{1-53}$$

式中　L——管长，m；

　　　d——管径，m；

　　　v——断面平均流速，m/s；

　　　g——重力加速度，m/s^2；

　　　λ——沿程阻力系数。

达西公式把求能量损失的问题转化为求沿程阻力系数 λ 的问题。

圆管层流运动的沿程阻力系数 λ 仅与雷诺数有关，而与管壁粗糙度无关。即：

$$\lambda = \frac{64}{\text{Re}} \tag{1-54}$$

【例 1-15】设圆管的直径 $d = 15mm$，流速 $v = 12cm/s$，水温 $t = 10℃$，试求在管长 $L = 30m$ 上的沿程水头损失。

【解】首先判别流态，查得 $t = 10℃$ 时，水的运动黏滞系数 $\nu = 0.013cm^2/s$。

$$\text{Re} = \frac{vd}{\nu} = \frac{12 \times 15}{0.013} = 1385 < 2000 \text{ 为层流}$$

求沿程阻力系数 λ

$$\lambda = \frac{64}{\text{Re}} = \frac{64}{1385} = 0.046$$

沿程损失为：

$$h_f = \lambda \frac{L}{d} \frac{v^2}{2g} = 0.046 \times \frac{30}{0.015} \times \frac{0.12^2}{2 \times 9.81} = 0.068 mH_2O$$

实际工程中，管内层流运动主要存在于某些小管径、小流量的室内管路或黏性较大的机械润滑系统和输油管路中，大部分管流为紊流。想要研究紊流运动能量损失规律，首先要讨论紊流运动的特征。

4.2.1 紊流运动的特征

(1) 运动参数的脉动与时均流速

流体在作紊流运动时，质点的运动杂乱无章，相互混杂。流体的运动参数如速度、压强等均随时间作无规则的变化，并围绕某平均值上下波动，运动参数的这种波动叫做运动参数的脉动。紊流运动的两个基本特征是运动参数的脉动和流体质点的掺混。

紊流运动参数随时间脉动的现象，表明它不属于恒定流，这对于紊流的研究带来一定困难。但由实验发现，紊流中空间任意点上运动参数虽然有变化，但在足够长的时间段内，运动参数的时间平均值是不变的，并有一定的规律性。运动参数的时均化，把复杂的紊流运动简化为一种时均流动，凡运动参数的时均值不随时间变化的流动，就可以看成是恒定流。紊流运动要素的时均化，不仅为紊流的研究提供了方便，而且使恒定流基本方程式对于紊流仍然适用。

(2) 层流边层与紊流核心

在紊流中，邻近管壁的极小区域存在着很薄的一层流体，由于固体壁面的阻滞作用，流速较小，因而仍保持为层流运动，该流层称为层流边层。管中心部分称为紊流核心。如图1-46所示。

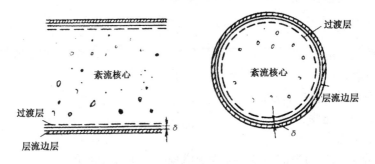

图1-46 层流边层与紊流核心

层流边层的厚度 δ 的影响因素是雷诺数 Re，δ 随着 Re 的不断加大而越来越薄。层流边层的厚度一般很小，只有几毫米或十分之几毫米，但它对沿程阻力和沿程损失却有很大的影响。

在实际工程中，不论管壁是什么材料制成的，都会有不同程度的凸凹不平。管壁表面粗糙凸出的平均高度叫做管壁的绝对粗糙度，用 K 表示。绝对粗糙度 K 与管径 d 的比值，称为相对粗糙度，用 $\dfrac{K}{d}$ 表示。

如图1-47，当层流边层的厚度 δ 明显大于管壁的绝对粗糙度 K 时，管壁的粗糙突出部分完全被掩盖在层流边层以内，管壁的粗糙对紊流核心部分的流动没有影响，流体就像在壁面绝对光滑的管中流动一样，因而沿程损失与管壁的粗糙度无关，这种情况的管内紊流流动称为水力光滑管，如图1-47（a）。如果层流边层厚度 δ 小于绝对粗糙度 K，管壁的粗糙突起有一部分或大部分暴露在紊流核心区内，紊流区中的流体流过管壁粗糙突出部分时将会引起旋涡，随着旋涡的不断产生和扩散，流体的紊动加大，造成更大的能量损失，这时沿程损失与管壁的粗糙度有关，这种情况管内的流动称为水力粗糙管，如图1-47（b）。由此可见，所谓光滑管或粗糙管，并不完全取决于管壁粗糙的突起高度 K，还取决于层流边层的厚度，对同一管道，随着雷诺数的增大，层流边层的厚度不断减小，就会由水力光滑管转变为水力粗糙管。

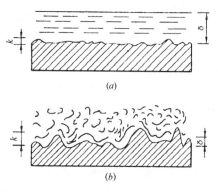

图1-47 水力光滑与粗糙

4.2.2 紊流沿程阻力系数 λ 的确定

紊流运动的沿程阻力系数 λ，主要取决于 Re 和壁面粗糙度 K 这两个因素。下面介绍尼古拉兹和莫迪的沿程阻力系数实验及一些常用的经验公式。

（1）尼古拉兹实验

为便于分析粗糙的影响，尼古拉兹在实验中使用了一种简化的粗糙模型。他用人工方法把大小基本相同，形状近似球体，粒径均匀的砂粒用胶粘附于管内壁上，这种管道称为人工粗糙管。用糙粒的突起高度 K（即相当于砂粒直径）来表示壁面的绝对粗糙度 K。绝对粗糙度 K 与管道直径（或半径）之比 $\frac{K}{d}$（或 $\frac{K}{r}$）称为管壁相对粗糙度，它是一个能够在不同直径的管道中来反映管壁粗糙影响的量。尼古拉兹采用多种管径和多种粒径的砂粒，得到了六种不同相对粗糙度的管道，其相对粗糙度为 $\frac{K}{d} = \frac{1}{30} \sim \frac{1}{1014}$，把这些管道放在类似雷诺实验的装置中，量测不同流量时的断面平均流速 v 和沿程水头损失 h_f，并计算出相应的雷诺数 Re 和沿程阻力系数 λ，把试验结果点绘在对数坐标纸上，得到图1-48。

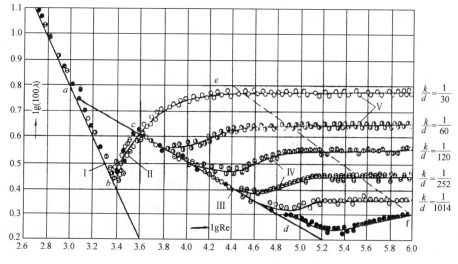

图1-48 尼古拉兹实验曲线

根据 λ 变化的特征，图中曲线可分为五个区域：

第 I 区，Re < 2000 时，所有的实验点，不论其相对粗糙度大小，都集中在一条直线上。这表明 λ 仅与 Re 有关，而与相对粗糙度无关，即 $\lambda = f$ (Re)，数值关系为 $\lambda = \dfrac{64}{Re}$，该区称为层流区。

第 II 区，2000 < Re < 4000，是由层流向紊流的转变过程，λ 只与 Re 有关，而与相对粗糙度无关，该区称为过渡区或临界区，该区范围很小，实用意义不大。

第 III 区，Re > 4000 以后，不同相对粗糙的实验点，起初都集中在曲线 III 线，表明 λ 与相对粗糙度无关，只与 Re 有关，该区称为紊流光滑区。在光滑区，层流边层的厚度 δ 显著大于管壁的绝对粗糙度 K，粗糙完全被淹盖在层流边层以内，粗糙对紊流核心的流动几乎没有影响，流体好像在完全光滑的管道中流动一样。随着 Re 的加大，相对粗糙度较大的管道，其实验点在较低的 Re 时就偏离曲线 III，而相对粗糙度较小的管道，其实验点在较大的 Re 时才偏离此线。

第 IV 区，实验点已偏离光滑区曲线。不同相对粗糙度的实验点各自分散成一条条波状曲线，该区称为紊流过渡。在过渡区，层流边层的厚度 δ 变薄，粗糙开始影响紊流核心区内的流动，λ 既与 Re 有关，又与相对粗糙度 $\dfrac{K}{d}$ 有关。

第 V 区，不同相对粗糙度的实验点，分别落在一些与横坐标平行的直线上，该区称为紊流粗糙区。在粗糙区，层流边层更薄，$\delta \ll K$，粗糙几乎全部暴露在紊流核心中，此时 Re 的变化对紊流的影响已微不足道，λ 只与 $\dfrac{K}{d}$ 有关，而与 Re 无关。当 λ 与 Re 无关时，沿程能量损失与流量的平方成正比，因此该区又称为阻力平方区。

综上所述，沿程阻力系数 λ 的变化可归纳如下：

I 层流区 $\qquad\qquad\qquad\qquad \lambda = f_1$ (Re)

II 临界过渡区 $\qquad\qquad\qquad \lambda = f_2$ (Re)

III 紊流光滑区 $\qquad\qquad\qquad \lambda = f_3$ (Re)

IV 紊流过渡区 $\qquad\qquad\qquad \lambda = f_4\left(Re, \dfrac{K}{d}\right)$

V 紊流粗糙区（阻力平方区）$\qquad \lambda = f_5\left(\dfrac{K}{d}\right)$

尼古拉兹实验比较完整地反映了沿程阻力系数 λ 的变化规律，揭示了不同情况下沿程阻力系数 λ 的主要影响因素，它为推导紊流 λ 的半经验公式提供了可靠的依据。

（2）莫迪的沿程阻力系数实验

由于尼古拉兹实验是在人工均匀粗糙管内进行的，而工业管道的实际粗糙是千变万化的，与均匀粗糙有很大不同，尼古拉兹结果不能直接用于工业管道。为此，莫迪以尼古拉兹实验的人工粗糙管为标准，把工业管道的不均匀粗糙折合成尼古拉兹粗糙，引入当量糙粒高度的概念（或称当量绝对粗糙度）。所谓当量糙粒高度是指和工业管道在紊流粗糙区 λ 值相等的同直径尼古拉兹粗糙管的糙粒高度，几种常用工业管道的 K 值，见表1-6。

莫迪在尼古拉兹实验的基础上对大量的实际工业管道进行实验，获得实际管道的 λ – Re 曲线，称为莫迪图，见附录1-1。

管 道 材 料	*K*（mm）	管 道 材 料	*K*（mm）
钢板制风管	0.15	墙内砌筑风道	5～10
塑料制风管	0.01	铅管、铜管、玻璃管	0.01
矿渣石膏板风道	1.0	镀锌钢管	0.15
表面光滑砖风道	4.0	钢　　管	0.046
矿渣混凝土板风道	1.5	涂沥青铸铁管	0.12
钢丝网抹灰风道	10～15	铸 铁 管	0.25
地面沿墙砌制风道	3～6	混凝土管	0.3～3.0

在过渡区，莫迪实验曲线和尼古拉兹曲线存在较大的差异，莫迪实验曲线的过渡区曲线在较小的 Re 下就偏离光滑曲线，随着 Re 的增加平滑下降，而尼古拉兹曲线则存在着上升部分。造成这种差异的原因在于两种管道粗糙的均匀性不同，在实际工业管道中，粗糙是不均匀的，雷诺数较小，层流边层较厚，当其比当量糙粒高度还大很多时，粗糙中的最大糙粒提前伸入到紊流核心对紊流流动产生影响，使 λ 开始与 $\frac{K}{d}$ 有关，实验曲线也就较早地脱离紊流光滑区。随着 Re 的增大，层流边层越来越薄，对核心区内的流动产生影响的糙粒越来越多，粗糙的作用逐渐增加，因而过渡曲线比较平缓。而尼古拉兹人工粗糙管是均匀的，随着雷诺数的增大，层流边层厚度减小，当层流边层的厚度开始小于糙粒高度之后，全部糙粒同时开始直接伸入紊流核心，其作用几乎是同时产生，使紊流光滑到紊流粗糙过渡比较突然，因而过渡曲线变化比较急剧，而且，暴露在紊流核心内的糙粒部分随 Re 的增大而不断加大，沿程能量损失急剧增加。

莫迪实验揭示了实际工业管道沿程阻力系数 λ 的变化规律，在图上可根据 Re 和 $\frac{K}{d}$ 直接查出 λ，可直接用于工业管道的计算。

（3）沿程阻力系数 λ 的计算公式

1）紊流光滑区

$$\frac{1}{\sqrt{\lambda}} = 2\lg\frac{\mathrm{Re}\sqrt{\lambda}}{2.51} \tag{1-55}$$

式（1-55）是半经验公式，称为尼古拉兹光滑管公式。

此外，还有仅适用于 $\mathrm{Re} < 10^5$ 的布拉修斯公式

$$\lambda = \frac{0.3164}{\mathrm{Re}^{0.25}} \tag{1-56}$$

布拉修斯光滑管公式形式简单，计算方便，因此得到了广泛应用。

2）紊流过渡区

$$\frac{1}{\sqrt{\lambda}} = -2\lg\left(\frac{K}{3.7d} + \frac{2.51}{\mathrm{Re}\sqrt{\lambda}}\right) \tag{1-57}$$

式（1-57）称为柯列勃洛克公式。

3）紊流粗糙区

$$\frac{1}{\lambda} = 2\lg\frac{3.7d}{K} \tag{1-58}$$

式（1-58）是半经验公式，称为尼古拉兹粗糙管公式。

也可采用纯经验公式，希弗林松公式

$$\lambda = 0.11\left(\frac{K}{d}\right)^{0.25} \tag{1-59}$$

由于它的形式简单，计算方便，工程上也常采用。

紊流粗糙区 λ 的计算，也可采用洛巴耶夫公式，即

$$\lambda = \frac{1.42}{\left[\lg\left(\mathrm{Re}\cdot\frac{d}{K}\right)\right]^2} \tag{1-60}$$

沿程阻力系数 λ 还可以采用阿里特苏里综合公式进行计算

$$\lambda = 0.11\left(\frac{K}{d} + \frac{68}{\mathrm{Re}}\right)^{0.25} \tag{1-61}$$

上式适用于紊流三个区，在供热工程中用于室内供暖管道 λ 值的计算，已编有专用计算图表。

在采用紊流阻力系数分区公式计算沿程阻力系数 λ 时，应首先判别紊流所处的流动区域，然后选用相应的公式进行计算。常用的紊流区域的判别式为洛巴耶夫判别式（适用于光滑钢管和铁皮风管）：

紊流光滑区： $\qquad\qquad v < 11\frac{\nu}{K}$ $\qquad\qquad$ (1-62a)

紊流过渡区： $\qquad\qquad 11\frac{\nu}{K} \le v \le 445\frac{\nu}{K}$ $\qquad\qquad$ (1-62b)

紊流粗糙区： $\qquad\qquad v > 445\frac{\nu}{K}$ $\qquad\qquad$ (1-62c)

在给水排水工程的钢管和铸铁管的水力计算中，由于钢管和铸铁管，使用后会发生锈蚀或沉垢，管壁粗糙加大，λ 也会加大，所以工程设计一般按旧管计算，采用舍维列夫公式计算。

过渡区公式（$v < 1.2\mathrm{m/s}$，水温 283K）

$$\lambda = \frac{0.0179}{d^{0.3}}\left(1 + \frac{0.867}{\nu}\right)^{0.3} \tag{1-63}$$

粗糙区公式（$v \ge 1.2\mathrm{m/s}$）

$$\lambda = \frac{0.021}{d^{0.3}} \tag{1-64}$$

式中 d ——管道内径，m。

【例 1-16】某工业管道，为管径 $d = 100\mathrm{mm}$，管长 $L = 300\mathrm{m}$ 的圆管，其当量糙粒高度 $K = 0.15\mathrm{mm}$，输送 $t = 10℃$ 的水，管中流速为 $v = 3\mathrm{m/s}$，求管中的沿程水头损失。

【解】首先判别流态，查得 $t = 10℃$ 时，水的运动黏滞系数 $\nu = 0.013\mathrm{cm}^2/\mathrm{s}$。

$$\mathrm{Re} = \frac{vd}{\nu} = \frac{3 \times 0.1}{0.013 \times 10^{-4}} = 230769 > 2000 \text{ 为紊流}$$

根据判别式判别流动区域

$$11 \frac{\nu}{K} = 11 \times \frac{0.013 \times 10^{-4}}{0.15 \times 10^{-3}} = 0.095$$

$$445 \frac{\nu}{K} = 3.86$$

$$11 \frac{\nu}{K} < v < 445 \frac{\nu}{K} \quad \text{处于紊流过渡区}$$

求沿程阻力系数 λ，采用阿里特苏里综合公式

$$\lambda = 0.11 \left(\frac{K}{d} + \frac{68}{\mathrm{Re}} \right)^{0.25} = 0.11 \left(\frac{0.15}{100} + \frac{68}{230769} \right)^{0.25}$$

$$= 0.023$$

由附录 1-1 莫迪图，查得 $\lambda \approx 0.023$，与计算结果一致
沿程损失为：

$$h_\mathrm{f} = \lambda \frac{L}{d} \frac{v^2}{2g} = 0.023 \times \frac{300}{0.1} \times \frac{3^2}{2 \times 9.81} = 31.65 \mathrm{mH_2O}$$

4.3　局部水头损失的计算

实际工程中用于输送流体的管道都要安装一些阀门、弯头、三通……等配件，用以控制和调节流体在管内的流动。流体经过这些配件时，由于边壁条件或流量的改变，均匀流在这一局部区域遭到破坏，引起流速方向或分布的变化，由此产生旋涡区，引起能量损失，称为局部能量损失，如图 1-49 所示，局部水头损失用符号 h_j 表示。

局部水头损失 h_j 按下式计算，以 $\mathrm{mH_2O}$ 为单位：

$$h_j = \zeta \frac{v^2}{2g} \tag{1-65}$$

式中　ζ——局部阻力系数。

各种局部阻碍的局部阻力系数 ζ 值，除了少数可用理论推导出公式计算，多数均通过实验确定，并由此编制成专用计算图、表，供计算时查用。附录 1-2 列出了各种常用管件的局部阻力系数 ζ 值。

应当注意，附录 1-2 中的 ζ 值，都是针对某一过流断面上的平均流速而言的，查表时必须与指定的断面流速相对应，凡未注明的，均应采用局部阻碍以后的流速。

以上我们分别讨论了管路沿程能量损失及局部能量损失的计算问题，在实际工程中，一个管路系统往往是由许多规格不同的管子及一些必要的局部阻碍组成，在计算管路中流体的总能量损失时，应分别计算各管段的沿程能量损失及各种局部能量阻力损失，然后按能量损失的叠加原则进行计算。即

$$h_\mathrm{w} = \Sigma h_\mathrm{f} + \Sigma h_j \tag{1-66}$$

【例 1-17】如图 1-50 所示，水箱 A 内的水，经过直径 $d = 20\mathrm{mm}$ 的管道流入水箱 B，若水箱 A 液面上的相对压强 $p_0 = 49.05\mathrm{kPa}$，且 $H_1 = 2\mathrm{m}$，$H_2 = 6\mathrm{m}$，不计沿程水头损失，试求管内水的流量。

【解】取 0-0 为基准面，列断面 1-1 与断面 2-2 的能量方程式

$$z_1 + \frac{p_1}{\gamma} + \alpha \frac{v_1^2}{2g} = z_2 + \frac{p_2}{\gamma} + \alpha \frac{v_2^2}{2g} + h_{\mathrm{w}1-2}$$

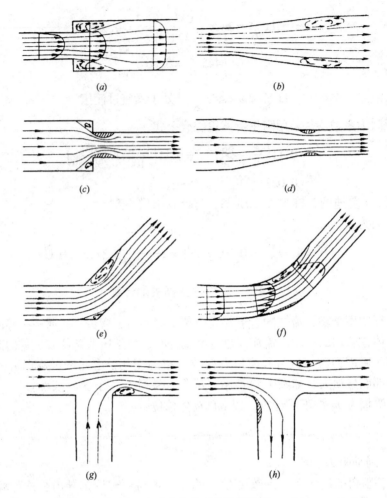

图 1-49　几种典型的局部阻碍

式中　$z_1 = H_1 = 2\text{m}$，$z_2 = H_2 = 6\text{m}$；$p_1 = p_0 = 49.05\text{kPa}$；$p_2 = 0$；$h_w = h_j$

$$2 + \frac{49.05}{9.81} + 0 = 6 + 0 + 0 + h_j$$

即　$h_j = 1\text{mH}_2\text{O}$

2-2 断面间各局部阻力系数 ζ 查附录 1-2。管子入口 $\zeta_1 = 0.5$，闸阀（$d = 20\text{mm}$）$\zeta_2 = 0.5$，弯头（$d = 20\text{mm}$）$\zeta_3 = 2.0 \times 3 = 6.0$，管子出口 $\zeta_4 = 1.0$，则

$$\Sigma\zeta = 0.5 + 0.5 + 6.0 + 1.0 = 8.0$$

根据式（1-65），局部水头损失

$$h_j = \zeta \frac{v_2^2}{2g}$$

$$1 = 8 \frac{v_2^2}{2g}$$

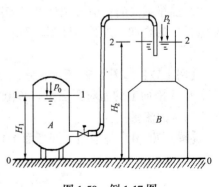

图 1-50　例 1-17 图

$$v_2 = 1.57\text{m/s}$$

管内水的流量

$$Q = \frac{\pi d^2}{4} v_2 = \frac{3.14 \times 0.02^2}{4} \times 1.57 = 4.9 \times 10^{-4} \text{m}^3/\text{s}$$

【例1-18】如图1-51所示，水从管道中 A 点向 D 点流动，管中流量 $Q = 0.01\text{m}^3/\text{s}$，各管段的沿程阻力系数 $\lambda = 0.015$，B 处为阀门，$\zeta = 0.5$；C 处为

图1-51　例1-18图

渐缩管，$\zeta = 0.1$。已知管长 $L_{AB} = 80\text{m}$，$L_{BC} = 100\text{m}$，$L_{CD} = 150\text{m}$，管径 $d_{AB} = d_{BC} = 150\text{mm}$，$d_{CD} = 125\text{mm}$。若 A 点总水头 $H_A = 5\text{m}$，试求 D 点总水头。

【解】由于整个管路直径不等，计算水头损失时，AC 与 CD 两段需分别进行计算。

AC 段

$$h_{wAC} = \left(\lambda \frac{L_{AC}}{d_{AC}} + \Sigma \zeta_{AC} \right) \frac{v_{AC}^2}{2g}$$

其中

$$L_{AC} = L_{AB} + L_{BC} = 80 + 100 = 180\text{m}, \quad d_{AC} = 150\text{mm}, \quad \zeta_{AC} = \zeta_B = 0.5$$

$$v_{AC} = \frac{4Q}{\pi d_{AC}^2} = \frac{4 \times 0.01}{3.14 \times 0.15^2} = 0.57\text{m/s}$$

所以

$$h_{wAC} = \left(0.015 \times \frac{180}{0.15} + 0.5 \right) \times \frac{0.57^2}{2 \times 9.81} = 0.31 \text{ mH}_2\text{O}$$

CD 段

$$h_{wCD} = \left(\lambda \frac{L_{CD}}{d_{CD}} + \Sigma \zeta_{CD} \right) \frac{v_{CD}^2}{2g}$$

其中

$$L_{CD} = 150\text{m}, \quad d_{CD} = 125\text{mm}, \quad \zeta_{CD} = \zeta_C = 0.1$$

$$v_{CD} = \frac{4Q}{\pi d_{CD}^2} = \frac{4 \times 0.01}{3.14 \times 0.125^2} = 0.82\text{m/s}$$

所以

$$h_{wCD} = \left(0.015 \times \frac{150}{0.125} + 0.1 \right) \times \frac{0.82^2}{2 \times 9.81} = 0.62 \text{ mH}_2\text{O}$$

于是整个管路的总水头损失

$$h_{wAD} = h_{wAC} + h_{wCD} = 0.31 + 0.62 = 0.93\text{mH}_2\text{O}$$

由于

$$H_A = H_D + h_{wAD}$$

$$H_D = H_A - h_{wAD} = 5 - 0.93 = 4.07\text{mH}_2\text{O}$$

课题 5 管路的水力计算

5.1 管路水力计算的类型

在实际工程管路的设计计算中，可以利用能量方程和水头损失的公式解决下面几个问题：

(1) 已知水流量 Q，管长 L，管径 d，需要确定水泵的扬程 H。这实际上是要计算沿程压力损失和局部压力损失。

(2) 如果水泵扬程已经限定，而水流量 Q 也已确定，则需要计算管道直径 d。这类问题由于受客观条件的限制，往往达不到最佳的经济效果。

(3) 已知管径 d 和水泵扬程 H，需确定流量 Q。这类问题属校核计算，一般改建或扩建工程中会遇到这类问题。

实际工程中的管道，根据其布置情况可分为简单管路和复杂管路，复杂管路又可分为串联管路和并联管路等。

5.2 管路的水力计算

5.2.1 简单管路

简单管路是指管径和流量沿途不变的管路系统。该系统的组成是最简单的，它是各种复杂管路的基本组成部分。

如图 1-52 所示的简单管路系统，水泵将水从水池中抽上来，经吸水管、压水管送入锅炉。

取吸水池水面为基准面 0-0，列水池水面 0-0 与锅炉水面 1-1 的能量方程。

$$z_0 + \frac{p_0}{\gamma} + \alpha \frac{v_0^2}{2g} + H = z_1 + \frac{p_1}{\gamma} + \alpha \frac{v_1^2}{2g} + h_{w0-1}$$

由于 $z_0 = 0$，$z_1 = z$，$p_0 = 0$，$\frac{v_0^2}{2g} \approx 0$，$\frac{v_1^2}{2g} \approx 0$，$\alpha_1 = \alpha_2 = 1.0$，设锅炉内蒸汽的相对压强 $p_1 = p_g$

所以
$$H = z + \frac{p_g}{\gamma} + h_w \qquad (1\text{-}67)$$

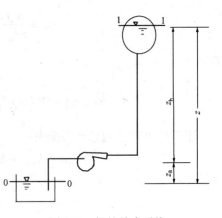

式中 H——水泵应产生的总水头，m；

z——水泵对单位重量流体（水）所提供的位置水头，m；

$\frac{p_g}{\gamma}$——锅炉内蒸汽的压强水头，m；

h_w——单位重量流体（水）通过整个管路的全部水头损失，m。

在上述系统中，由于是简单管路流速沿程不变，所以水头损失 h_w 为：

图 1-52 锅炉给水系统

$$h_w = h_f + h_j = \left(\lambda \frac{L}{d} + \Sigma \zeta \right) \frac{v^2}{2g}$$

又由于 $v = \dfrac{Q}{A} = \dfrac{4Q}{\pi d^2}$，因此

$$h_w = \left(\lambda \frac{L}{d} + \Sigma \zeta \right) \frac{16Q^2}{\pi^2 d^4 2g} = \left(\lambda \frac{L}{d} + \Sigma \zeta \right) \frac{Q_2}{1.23 d^4 g}$$

令 $S = \left(\lambda \dfrac{L}{d} + \Sigma \zeta \right) \dfrac{1}{1.23 d^4 g}$，即

$$h_w = SQ^2 \tag{1-68}$$

式中　h_w——管路的水头损失，m；

　　　　Q——管路的流量，m^3/s；

　　　　S——管路的特性阻力数，s^2/m^5。

对于气体管路：

$$p_w = \gamma SQ^2 \tag{1-69}$$

式中　p_w——气体管路的压头损失，Pa。

从公式（1-68）可以看出，对于确定的流体，即 γ 一定，当管路直径 d 和长度 L 已经确定，各种配件已经选定，即 $\Sigma \zeta$ 已定的情况下，S 只与 λ 有关。如前所述，本专业的流体流动一般都处于紊流粗糙区和紊流过渡区，当流态处于紊流粗糙区，λ 与雷诺数 Re 无关，也就是与流速无关；而在紊流过渡区，λ 虽然与 Re 有关，但在流速变化不大时，特别是局部阻力所占比例较大时，λ 也接近于常数，因此，在工程计算中，可以把 S 视为常数。这样从公式（1-68）可以看出，水头损失（压头损失）与流量的平方成正比，该式综合地反映了流体在管路中的构造特性和流动特性规律，称为管路特性方程式。

【例 1-19】如图 1-52 所示的锅炉给水系统，开口水池液面位于水泵下 4m 处，水泵将水提升送到距水泵 15m 高的锅炉中，流量 $Q = 10m^3/h$，锅炉水面的压强为 $p_1 = 486.55kPa$，炉水平均温度取为 $t = 40℃$。管路的管径 $d = 50mm$，总长 100m，管路的沿程阻力系数 $\lambda = 0.015$，管路上有 2 个弯头，2 个闸阀，试确定管路的特性阻力数 S 和水泵应提供的扬程 H。

【解】此系统属于简单管路系统

取水池水面为基准面 0-0，列水池水面 0-0 和锅炉水面 1-1 的能量方程

$$z_0 + \frac{p_0}{\gamma} + \alpha \frac{v_0^2}{2g} + H = z_1 + \frac{p_1}{\gamma} + \alpha \frac{v_1^2}{2g} + h_{w0-1}$$

由于 $z_0 = 0$，$z_1 = 4 + 15 = 19m$，$p_0 = 0$，$\dfrac{v_0^2}{2g} \approx 0$，$\dfrac{v_1^2}{2g} \approx 0$，$\alpha_1 = \alpha_2 = 1.0$，

水温 $t = 40℃$ 时，$\gamma = 9731N/m^3$，$\dfrac{p_1}{\gamma} = \dfrac{486.55}{9.731} = 50m$，沿流向各管件的局部阻力系数：

2 个弯头　　　　　　　　　$\zeta = 2 \times 1.0 = 2.0$

2 个闸阀　　　　　　　　　$\zeta = 2 \times 0.5 = 1.0$

$$\Sigma \zeta = 3.0$$

管路特性阻力数

$$S = \left(\lambda \frac{L}{d} + \Sigma \zeta \right) \frac{1}{1.23 d^4 g}$$

$$= \left(0.015 \times \frac{100}{0.05} + 3 \right) \frac{1}{1.23 \times 0.05^4 \times 9.81}$$

$$= 4.38 \times 10^5 \, \text{s}^2/\text{m}^5$$

管中断面平均流速

$$v = \frac{4Q}{\pi d^2} = \frac{4 \times 10}{3600 \times 3.14 \times 0.05^2} = 1.42 \text{m/s}$$

整个管路的水力损失

$$h_w = SQ^2 = 4.38 \times 10^5 \times \left(\frac{10}{3600} \right)^2 = 3.38 \ \text{mH}_2\text{O}$$

因此水泵应提供的扬程

$$H = z_1 + \frac{p_1}{\gamma} + h_w = 19 + 50 + 3.38 = 72.38 \text{m}$$

5.2.2 复杂管路

(1) 串联管路的计算

串联管路是由许多长度不同,直径不同的简单管路首尾相接组合而成的。

串联管路的特点是:

1) 串联管路中,各个简单管路相连接的点称为"节点",通过各节点的流量符合连续性方程,即流入的体积流量等于流出的体积流量。以流入流量为正,流出为负,则在每一节点处都有:

$$\Sigma Q = 0 \tag{1-70}$$

如图 1-53,设管中总流量为 Q,节点流量为 q,末端出流流量为 Q_0,则各管段的流量为:

$Q_D = Q_0$

$Q_C = Q_D + q_1 = Q_0 + q_1$

$Q_B = Q_C + q_2 = Q_0 + q_1 + q_2$

$Q = Q_A = Q_B = Q_0 + q_1 + q_2$

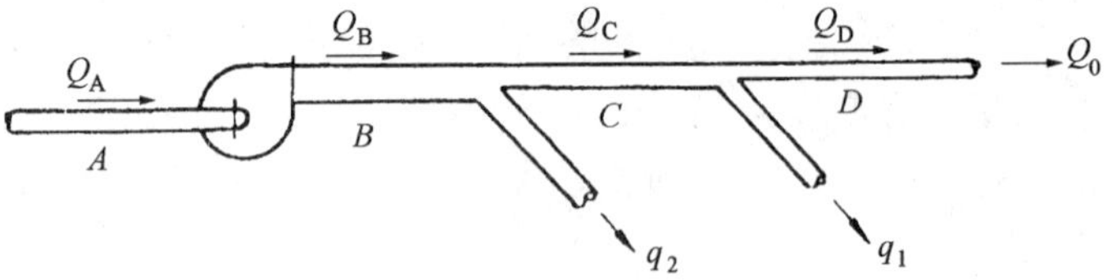

如果管路中途无流体的流入或流出,各管段的流量就相等。即:

图 1-53 串联管路

$$Q = Q_A = Q_B = Q_C = Q_D \tag{1-71}$$

2) 根据阻力叠加的原则,管路的总水头(压头)损失等于各管段的水头(压头)损失之和。

$$h_w = h_{w(A)} + h_{w(B)} + h_{w(C)} + \cdots \cdots \tag{1-72}$$

$$SQ^2 = S_A Q_A^2 + S_B Q_B^2 + S_C Q_C^2 + \cdots \cdots$$

如果管路中途无流体流入或排出,各管段流量 Q 相等,则:

$$S = S_A + S_B + S_C + \cdots \cdots \tag{1-73}$$

串联管路中,管路总的特性阻力数等于各管段的特性阻力数之和。

48

（2）并联管路的计算

并联管路是由若干条管路在同一处分出，又在另一处汇集而成的，图1-54就是由三条管路组成的并联管路。

并联管路的特点是：

1）在并联节点上，根据恒定连续方程，流入节点的体积流量等于流出的体积流量。

$$Q = Q_1 + Q_2 + Q_3 \qquad (1-74)$$

并联管路的总流量等于各并联管路的流量之和。

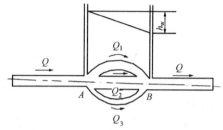

图1-54　并联管路

2）并联管道 AB 之间由于有共同的起点和终点，因此各并联管道的水头损失也是相同的。即：

$$h_w = h_{w1} = h_{w2} = h_{w3} \qquad (1-75)$$

$$SQ^2 = S_1 Q_1^2 = S_2 Q_2^2 = S_3 Q_3^2$$

$$\frac{1}{\sqrt{S}} = \frac{1}{\sqrt{S_1}} + \frac{1}{\sqrt{S_2}} + \frac{1}{\sqrt{S_3}} \qquad (1-76a)$$

并联管路总特性阻力数平方根的倒数等于各并联管路特性阻力数平方根的倒数和。

另外还可写成以下关系式：

$$\frac{Q_1}{Q_2} = \frac{\sqrt{S_2}}{\sqrt{S_1}}; \quad \frac{Q_2}{Q_3} = \frac{\sqrt{S_3}}{\sqrt{S_2}}; \quad \frac{Q_3}{Q_1} = \frac{\sqrt{S_1}}{\sqrt{S_3}} \qquad (1-76b)$$

$$Q_1 : Q_2 : Q_3 = \frac{1}{\sqrt{S_1}} : \frac{1}{\sqrt{S_2}} : \frac{1}{\sqrt{S_3}} \qquad (1-76c)$$

以上两式即为并联管路流量分配规律，由于特性阻力数 $S = \left(\lambda \dfrac{L}{d} + \Sigma \zeta \right) \dfrac{1}{1.23 d^4 g}$，当各分支管路的几何尺寸和局部构件确定后，各支管段上的流量是按照并联管路阻力损失相等的原则分配的，即 S 大的支管流量小，S 小的支管流量大。

在专业上进行并联管路的设计计算时，必须进行"阻力平衡"计算，其实质就是应用并联管路中的流量分配规律，在满足用户需要的流量下，选择合适的管路尺寸和局部构件，使各支管段的阻力损失相等。

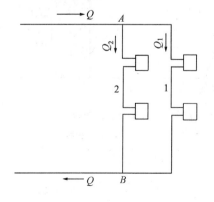

图1-55　并联管路的计算

【例1-20】某热水供暖系统如图1-55，并联节点 A、B 间的管段1的直径 $d_1 = 20\text{mm}$，长度 $L_1 = 15\text{m}$，局部阻力系数 $\Sigma \zeta_1 = 30$；管段2的直径 $d_2 = 20\text{mm}$，长度 $L_2 = 10\text{m}$，局部阻力系数 $\Sigma \zeta_2 = 20$。管路的沿程阻力系数 $\lambda = 0.025$，干管总流量 $Q = 0.25\text{L/S}$，求各立管流量 Q_1 和 Q_2。

【解】管段1和管段2并联
则有：

$$S_1 Q_1^2 = S_2 Q_2^2; \quad \frac{Q_1}{Q_2} = \frac{\sqrt{S_2}}{\sqrt{S_1}}$$

$$S_1 = \left(\lambda \frac{L_1}{d_1} + \Sigma \zeta_1 \right) \frac{1}{1.23 d_1^4 g}$$

$$= \left(0.025 \times \frac{15}{0.02} + 30 \right) \frac{1}{1.23 \times 0.02^4 \times 9.81}$$

$$= 2.53 \times 10^7 \, s^2/m^5$$

$$S_2 = \left(\lambda \frac{L_2}{d_2} + \Sigma \zeta_2 \right) \frac{1}{1.23 d_2^4 g}$$

$$= \left(0.025 \times \frac{10}{0.02} + 20 \right) \frac{1}{1.23 \times 0.02^4 \times 9.81}$$

$$= 1.68 \times 10^7 \, s^2/m^5$$

则

$$\frac{Q_1}{Q_2} = \frac{\sqrt{S_2}}{\sqrt{S_1}} = \frac{\sqrt{1.68 \times 10^7}}{\sqrt{2.53 \times 10^7}} = 0.81$$

$$Q_{\text{总}} = Q_1 + Q_2 = 0.81 Q_2 + Q_2 = 1.81 Q_2 = 0.25 \text{L/s}$$

$$Q_2 = 0.14 \text{L/s}$$

$$Q_1 = 0.11 \text{L/s}$$

从计算可以看出，特性阻力数 S 大的支管流量小，S 小的支管流量大。如果对该题进行"阻力平衡"计算，即要求两个并联立管中的流量相等，就需要改变管径 d 和局部阻力系数 $\Sigma \zeta$，在 $Q_1 = Q_2$ 的条件下，使 $S_1 = S_2$，$h_{w1} = h_{w2}$。

5.3　并联循环管路的水力计算

图 1-56 是热水采暖的并联循环管路系统。经水泵加压的水送入锅炉，被锅炉加热后通过供水干管送至并联节点 3，一部分流量 Q_1，通过管段 3-4-5-6，流到并联节点 6；另一部分流量 Q_2，通过管段 3-6，也流到并联节点 6。两分支流量在节点 6 汇合后，被水泵吸入，经加压后送入锅炉，如此循环往复。

在图 1-56 中，取水泵吸入口中心线为基准面，按流向列出水泵出口至水泵吸入口断面的能量方程。

$$z_1 + \frac{p_1}{\gamma} + \alpha \frac{v_1^2}{2g} = z_8 + \frac{p_8}{\gamma} + \alpha \frac{v_8^2}{2g} + h_{w1-8}$$

设 $H_1 = z_1 + \frac{p_1}{\gamma} + \alpha \frac{v_1^2}{2g}$，即水泵出口断面

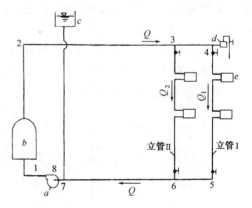

图 1-56　热水采暖管路系统
a—水泵；b—锅炉；c—膨胀水箱；
d—集气罐；e—散热器

的总水头；$H_8 = z_8 + \frac{p_8}{\gamma} + \alpha \frac{v_8^2}{2g}$，即水泵入口

断面的总水头。则 $H = H_1 - H_8$，H 为水泵出口与吸入口的总水头之差，也就是水泵的总水头（总扬程）。因此：

$$H = h_{w1-8} = h_{w1-2} + h_{w2-3} + h_{w3-6} + h_{w6-8}$$

其中立管 I 和立管 II 并联

$$h_{w3-6} = h_{w3-4-5-6}$$

所以

$$H = \Sigma h_{w(i)} \tag{1-77}$$

该式表明，在并联循环管路系统中，系统运行时，水泵的扬程是用来克服流体在管路中流动时产生的全部水头损失，与系统各设备（如水箱、散热器、管道）的安装高度无关。应注意，系统充水时，水泵的扬程就与安装高度有关，这属于运行前的充水情况，与系统的运行工况不同。

【例 1-21】接【例 1-20】，如图 1-56，管段长度 $L_{(1-2-3)} = 30m$，管径 $d_{(1-2-3)} = 25mm$；$L_{(6-7-8)} = 20m$，$d_{(6-7-8)} = 25mm$，局部阻力系数 $\Sigma\zeta_{(1-2-3)} = 20$，$\Sigma\zeta_{(6-7-8)} = 15$。求水泵的扬程 H。

【解】水泵的扬程

$$H = \Sigma h_{w(i)} = h_{w1-2-3} + h_{w3-6} + h_{w6-7-8}$$

根据【例 1-20】的计算结果

$$Q_2 = 0.14L/s$$

$$v_2 = \frac{4Q_2}{\pi d_2^2} = \frac{4 \times 0.14 \times 10^{-3}}{3.14 \times 0.02^2} = 0.45m/s$$

$$v_{1-2-3} = v_{6-7-8} = \frac{4 \times 0.25 \times 10^{-3}}{3.14 \times 0.025^2} = 0.51m/s$$

$$h_{w1-2-3} = \left(\lambda \frac{L_{1-2-3}}{d_{1-2-3}} + \Sigma\zeta_{1-2-3} \right)\frac{v_{1-2-3}^2}{2g}$$

$$= \left(0.025 \times \frac{30}{0.025} + 20 \right)\frac{0.51^2}{2 \times 9.81}$$

$$= 0.66 mH_2O$$

$$h_{w3-6} = \left(\lambda \frac{L_{3-6}}{d_{3-6}} + \Sigma\zeta_{1-6} \right)\frac{v_2^2}{2g}$$

$$= \left(0.025 \times \frac{10}{0.02} + 20 \right)\frac{0.45^2}{2 \times 9.81}$$

$$= 0.34 \ mH_2O$$

$$h_{w6-7-8} = \left(\lambda \frac{L_{6-7-8}}{d_{6-7-8}} + \Sigma\zeta_{6-7-8} \right)\frac{v_{6-7-8}^2}{2g}$$

$$= \left(0.025 \times \frac{20}{0.025} + 15 \right)\frac{0.51^2}{2 \times 9.81}$$

$$= 0.46 mH_2O$$

循环水泵的扬程

$$H = h_{w1-2-3} + h_{w6-6} + h_{w6-7-8}$$

$$= 0.66 + 0.34 + 0.46$$

$$= 1.46 \ mH_2O$$

思考题与习题

1. 如图，供暖系统在顶部设置一个膨胀水箱，系统内的水在温度升高时可自由膨胀进入水箱。若系统内水的总体积为 $10m^3$，温度最大升高为 $60℃$，水的热膨胀系数 $\alpha = 0.0005$，问膨胀水箱至少有多大容积？

2. 温度为 $20℃$ 的空气，在直径为 $25mm$ 的管中流动，距管壁上 $1mm$ 处的空气速度为 $0.03m/s$，求作用于单位长度管壁上的黏滞切应力为多少？

3. 如图所示一封闭容器，水面的绝对压强 $p_{0j} = 105kPa$，当地大气压强为 $98.1kPa$，中间玻璃管两端是开口的，当既无空气通过玻璃管进入容器，又无水进入玻璃管时，玻璃管应该伸入水面的深度 h 是多少？

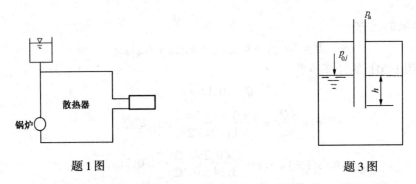

题 1 图   题 3 图

4. 一盛水的封闭容器，其两侧各接一根玻璃管，如图所示。一管顶端封闭，其水面绝对压强 $p_{1j} = 80kN/m^2$。一管顶端敞开，水面与大气接触。已知 $h_1 = 2.5m$。求：（1）容器内的水面压强 p_c；（2）敞口管与容器内的水面高差 x；（3）以真空值表示 p_{1j}。

5. 一封闭水箱，如图所示。金属测压计测得的压强值为 $4900N/m^2$，测压计中心比 A 点高 $0.6m$，而 A 点在液面下 $2.0m$，求液面压强 p_0。

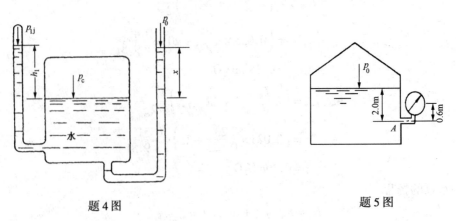

题 4 图   题 5 图

6. 封闭容器如图所示，水面的绝对压强 $p_{0j} = 120.5kN/m^2$，当地大气压强 $B = 98.10kN/m^2$。试求（1）水深 $h_1 = 1.2m$ 时，A 点的绝对压强和相对压强。（2）若 A 点距任选基准面的高度

$z=5\text{m}$，求 A 点的测压管高度及测压管水头，并图示容器内液体各点的测压管水头线。(3) 压力表 M 和酒精（$\gamma_{酒精}=7.944\text{kg/m}^2$）测压计 h 读数为何值？

7. 如图所示，管路上安装一 U 形测压计，测得 $h_1=80\text{cm}$，$h_2=40\text{cm}$，当（1）γ 为油（$\gamma_{油}=8.354\text{kN/m}^3$），$\gamma_1$ 为水银时；(2) γ 为油，γ_1 为水时；(3) γ 为气体，γ_1 为水时；分别求 A 点压强的水柱高度。

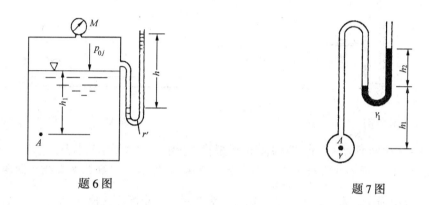

题 6 图   题 7 图

8. 如图所示，一容器内有稀薄空气，在容器两处分别装有水银测压计，已知开口测压计水银面上升的高度 $h_1=200\text{mm}$，密闭测压计水银表面压强 $p_{0j}=12.5\text{kPa}$，求水银面上升高度 h_2。

9. 如图所示，有一直径相等的立管，两断面的间距 $h=20\text{m}$，能量损失 $h_w=2\text{m}$，断面 $A\text{-}A$ 处压强 $p_A=98.1\text{kPa}$，在下列情况下，试求断面 $B\text{-}B$ 处压强。(1) 水向上流动；(2) 水向下流动。

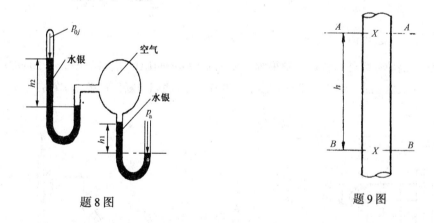

题 8 图   题 9 图

10. 如图，水箱上接有一虹吸管，直径为 100mm，喷嘴出口直径为 50mm，不计水头损失。求 A、B、C、D 各点的压强及出口处的流速和流量。

11. 如图，阀门关闭时的压力表读数为 55kN/m²，阀门打开后，压力表读数为 0.98kN/m²，由管进口到阀门的水头损失为 1.5m，求管中的平均流速。

12. 如图，风管直径 $D=100\text{mm}$，空气重度 $\gamma=11.77\text{N/m}^3$，在直径 $d=50\text{mm}$ 的喉部装一细

管与水池相接，高差 $H = 150mm$，当水银测压计中读数 $\Delta h = 25mmHg$ 时，开始从水池中将水吸入管中，能量损失不计，问此时的空气流量多大？

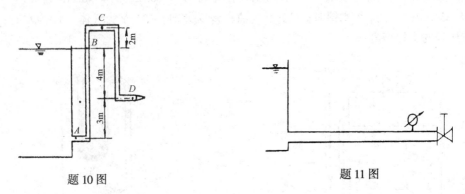

题 10 图　　　　　　　　　　　题 11 图

13. 如图，水由断面为 $0.2m^2$ 和 $0.1m^2$ 的两根管子所组成的水平输水管从水箱流入大气中，不计局部损失。(1) 若不计沿程损失，①求断面流速 v_1 及 v_2；②绘总水头线及测压管水头线。(2) 计入沿程损失，第一段为 $3\dfrac{v_1^2}{2g}$，第二段为 $2\dfrac{v_2^2}{2g}$，①求断面流速 v_1 及 v_2；②绘总水头线及测压管水头线。

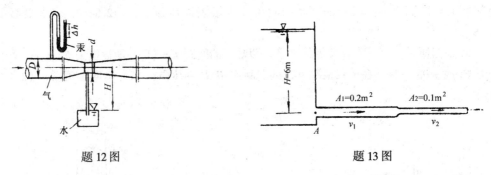

题 12 图　　　　　　　　　　　题 13 图

14. 如图，锅炉省煤器的进口处测得烟气负压 $h_1 = 10mmH_2O$，出口负压 $h_2 = 20mmH_2O$。炉外空气密度 $\rho = 1.2kg/m^3$，烟气的平均密度 $\rho' = 0.6kg/m^3$，两测压断面高差 $H = 6m$，试求烟气通

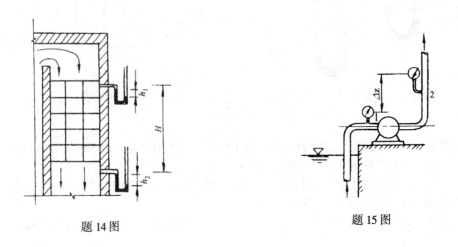

题 14 图　　　　　　　　　　　题 15 图

过省煤器的压强损失。

15. 如图，水泵的进水管直径 $d_1 = 200mm$，断面 1 处真空表读数为 500mmHg，出水管直径 $d_2 = 100mm$，断面 2 处压力表读数为 40.5kN/m²，两表高差 $\Delta z = 0.6m$，管内水流量为 $Q = 15L/s$，不计水头损失，求水泵应提供的扬程。

16. 如图，给水管道上安装水平放置的流量计，两管直径 $d_1 = 200mm$，$d_2 = 100mm$，若水银比压计上的读数 $\Delta h = 700mm$，流量系数 $\mu = 0.98$，试求管内通过的流量。

17. 如图，量测通风管道中空气的流速，若水银比压计上的读数 $\Delta h = 15mm$，空气重度 $\gamma = 11.77N/m^3$，流速系数 $\phi = 1.0$，试求管内的风速。

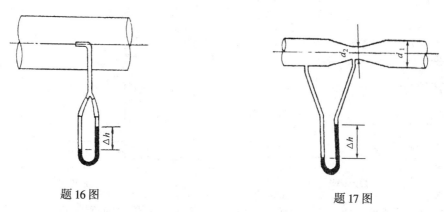

题 16 图　　　　　　　　　　　　　題 17 图

18. 由薄钢板制作的通风管道，直径 $d = 500mm$，空气流量 $Q = 800m^3/h$，长度 $L = 20m$，沿程阻力系数 $\lambda = 0.02$，空气的密度 $\rho = 1.2kg/m^3$，试求风道的沿程压头损失。又问当其他条件相同时，将上述风管改为矩形风道，断面尺寸为：高 $h = 400mm$，宽 $b = 500mm$，其沿程压头损失为多少？

19. 如图，油在管中以 $v = 0.8m/s$ 的速度作层流流动，油的密度 $\rho = 920kg/m^3$，管长 $L = 3m$，管径 $d = 20mm$；水银压差计测得 $h = 80mm$，试求油的运动黏度 $\nu = ?$

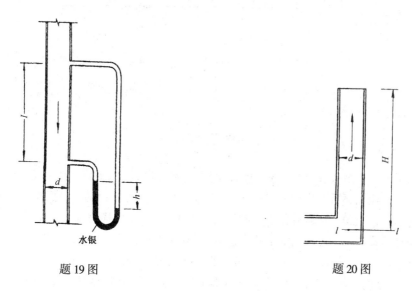

题 19 图　　　　　　　　　　题 20 图

20. 如图所示，烟囱的直径 $d = 1.5\text{m}$，烟气质量流量为 20000kg/h，烟气的密度 $\rho = 0.7\text{kg}/\text{m}^3$，外界空气密度 $\rho = 1.2\text{kg}/\text{m}^3$，如烟道的 $\lambda = 0.03$，要保证烟囱底部 1-1 断面的负压不小于 $100\text{N}/\text{m}^2$，烟囱的高度至少应为多少？

21. 如图所示，水箱 A 中的水通过管路流入敞口水箱 B 中，已知水箱 A 内液面上气体的相对压强 $p_0 = 2\text{kPa}$，$H_1 = 12\text{m}$，$H_2 = 3\text{m}$，管径 $d_1 = 100\text{mm}$，$d_2 = 150\text{mm}$，阀门全开，转弯处采用 90°搋弯，若不计沿程水头损失，试求管内水的流量。

22. 如图所示，水箱侧壁接出一根由两段不同管径所组成的管道。已知 $d_1 = 200\text{mm}$，$d_2 = 100\text{mm}$，$l = 50\text{m}$，管道的当量糙度 $K = 0.4\text{mm}$，水温为 20℃。若管道的出口流速 $v_2 = 1.5\text{m/s}$，求（1）水位 H。（2）绘出总水头线和测压水头线。

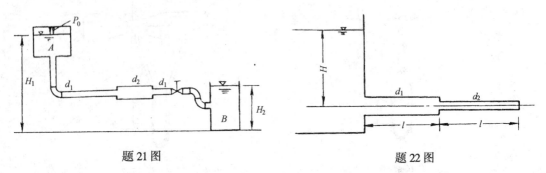

题 21 图　　　　　　　　　　　題 22 图

23. 某通风管路系统，通风机的总压头 $p = 400\text{N}/\text{m}^2$，各管段的流量、长度、局部阻力系数均标注在图中，沿程阻力系数 $\lambda = 0.018$，各管段的流速可在 $6 \sim 12\text{m/s}$ 范围内选用。试求各管段直径及系统总压头损失为多少？

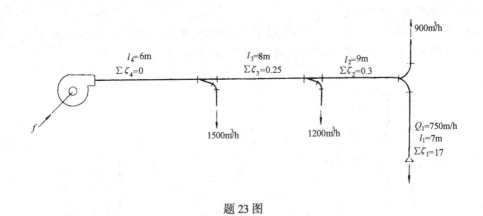

题 23 图

24. 如图所示，水泵从 A 池向 B 池输水，两水池水面高差 $z = 15\text{m}$，水泵吸水管 $l_1 = 25\text{m}$，$d_1 = 500\text{mm}$，局部阻力系数 $\zeta_{进口} = 0.5$；压水管 $l_2 = 150\text{m}$，$d_2 = 300\text{m}$，局部阻力系数 $\zeta_{弯头} = 0.5 \times 2 = 1.0$，$\zeta_{出口} = 1.0$，管路沿程阻力系数均为 $\lambda = 0.02$，试求通过水泵的流量。

25. 某采暖系统如图所示，立管 1 的直径 $d_1 = 20\text{mm}$，长度 $l_1 = 25\text{m}$，局部阻力系数 $\Sigma\zeta_1 = 20$，立管 2 的直径 $d_2 = 20\text{mm}$，长度 $l_2 = 15\text{m}$，$\Sigma\zeta_2 = 12$，沿程阻力系数均为 $\lambda = 0.025$，试求各立管的流量分配比例。若两立管间进行阻力平衡计算，要使两立管热媒流量相等，则立管 2 的

直径 d_2 应调整为多少?

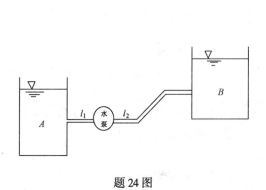

题 24 图

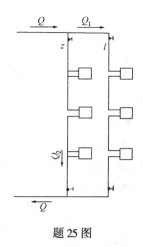

题 25 图

单元 2 泵 与 风 机

知识点： 泵与风机的基本构造、工作原理、性能参数，泵与风机的正确选用，泵或风机的运行与调节，其他常用泵与风机。

教学目标： 使学生掌握泵与风机的基本构造、工作原理、性能参数，掌握泵与风机的选用原则，掌握泵或风机的运行与调节方法，了解其他常用泵与风机。

课题 1 离心式泵与风机的基本知识

泵与风机是把原动机的机械能转化为被输送流体的能量，使流体获得动能或势能的机械，这种机械称为流体机械。水泵是输送和提升液体，并提高液体能量的流体机械。风机是输送和提升气体（空气或烟气），并提高气体能量的流体机械。

1.1 离心式泵与风机的工作原理、基本构造及分类

1.1.1 离心式泵的工作原理、基本构造及分类

（1）离心式泵的工作原理

图 2-1 是一台单级单吸式离心泵的构造示意图。离心式泵是依靠装于泵轴 3 上旋转的叶轮 1 的高速旋转，使液体在叶轮中流动时受到离心力的作用而获得能量的。水泵的叶轮由两个圆形盖板组成，如图 2-2 所示，盖板之间有弯曲的叶片，叶片之间的槽道为过水叶槽。叶轮的前盖板上有一圆孔，这就是叶轮的进水口，它装在泵壳的吸水口内，与水泵吸

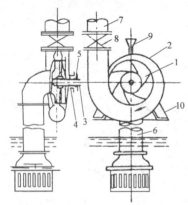

图 2-1 单级单吸离心泵构造示意图
1—叶轮；2—泵壳；3—泵轴；4—轴承；
5—轴封；6—吸水管；7—压水管；
8—闸阀；9—灌水漏斗；
10—泵座

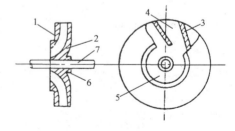

图 2-2 单吸式叶轮
1—前盖板；2—后盖板；3—叶片；4—叶槽；
5—吸水口；6—轮毂；7—泵轴

水管路相连通。离心泵启动之前必须使泵内和进水管中充满水，然后启动电动机，带动叶轮在泵壳内高速旋转，水在离心力的作用下甩向叶轮边缘，经蜗壳形泵壳中的流道被甩入水泵的压水管中，沿压水管输送出去。水被甩出后，水泵叶轮中心就会形成真空，水池中的水在大气压的作用下，沿吸水管流入水泵吸入口，受叶轮高速旋转的作用，水又被甩出叶轮进入压水管道，如此作用下就形成了水泵连续不断的吸水和压水过程。

离心泵输送液体的过程，实际上完成了能量的传递和转化，电动机高速旋转的机械能转化为被抽升液体的动能和势能。在这个能量的传递与转化过程中，伴随着能量损失，损失越大，该泵的性能越差，效率越低。

（2）离心式泵的基本构造

离心泵一般由叶轮、泵壳、泵轴、轴承、轴封、减漏环，轴向力平衡装置等部件组成。

1）叶轮

叶轮是离心泵的最主要部件之一，它由盖板、叶片和轮毂等组成。多数叶轮采用铸铁、铸钢或青铜制成。

叶轮一般可分成单吸式叶轮和双吸式叶轮两种。单吸式叶轮是单侧吸水，叶轮的前盖板与后盖板呈不对称状，如图 2-2 所示，泵内产生的轴向力方向指向进水侧，一般小口径离心泵才采用这种叶轮型式。双吸式叶轮是两侧进水，叶轮盖板呈对称状，相当于两个背靠背的单吸式叶轮装在同一根转轴上并联工作。由于双侧进水，轴向推力基本上可以相互抵消，一般大流量离心泵多采用双吸式叶轮。

叶轮按盖板情况可分为封闭式叶轮、敞开式叶轮和半开式叶轮三种形式。两侧都有盖板的叶轮，称为封闭式叶轮，如图 2-3（a）所示，这种叶轮应用最广，抽送清水的离心泵，多采用装有 6~8 个叶片的封闭式叶轮，它具有较高的扬程和效率。只有叶片没有完整盖板的叶轮称为敞开式叶轮，如图 2-3（b）所示。

只有后盖板没有前盖板的叶轮，称为半开式叶轮，如图 2-3（c）所示。在抽送含有悬浮物的污水时，为了避免堵塞，离心泵常采用敞开式或半开式叶轮，这种叶轮叶片少，一般仅为 2~5 片，但水泵效率较低。

2）泵壳

泵壳的主要作用是以最小的损失汇集由叶轮流出的液体，使其部分动能转变为压能，并均匀地将液体导向水泵出口，泵壳通常铸成蜗壳形，其过水部分要求有良好的水力条件。泵壳多采用铸铁材料，除了考虑腐蚀和磨损以外，还应考虑泵壳作为耐压容器应有足够的机械强度。泵壳顶部通常设有灌水漏斗和排气栓，以便启动前灌水和排气。底部有放水方头螺栓，以便停用或检修时泄水。

3）泵轴、轴套及轴承

泵轴是用来带动叶轮旋转的，它将电动机的能量传递给叶轮。泵轴应有足够的抗扭强度和刚度，常

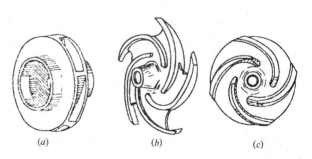

图 2-3　叶轮形式
（a）封闭式叶轮；（b）敞开式叶轮；（c）半开式叶轮

用碳素钢或不锈钢材料制成。为了防止轴的磨损和腐蚀，在轴上装有轴套，轴套磨损锈蚀后可以更换。泵轴与叶轮用键连接。轴承用来支承泵轴，以便于泵轴旋转，常用的轴承有滚动轴承和滑动轴承两类，用润滑脂或润滑油进行润滑。

4）减漏装置

叶轮进口外缘与泵壳内壁的接缝处存在一个转动接缝，如图2-4，这个缝隙是高低压流体的交界面，而且是具有相对运动的部位，很容易发生泄漏，降低水泵的工作效率，为了减小回流量，一般要求环形进口与泵壳之间的缝隙控制在 1.5～2.0mm 为宜。由于加工安装以及轴向力等问题，在接缝间隙处很容易发生叶轮和泵壳之间的磨损现象，从而引起叶轮和泵壳的损坏，因此，通常在间隙处的泵壳内安装一道金属环，或在叶轮和泵壳内各安装一道金属环，这种环具有减少漏损和防止磨损的作用，称为减漏环或承磨环。这种环磨损到漏损量太大时，必须更换，减漏环一般用铸铁或青铜制成。

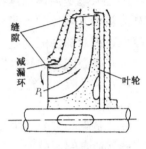

图 2-4 减漏装置

5）轴向力平衡措施

单吸式离心泵或某些多级泵的叶轮有轴向推力存在，产生轴向推力的原因是作用在叶轮两侧的流体压强不平衡造成的。

图 2-5 表明了作用于单级单吸泵叶轮两侧的压强分布情况。当叶轮旋转时，叶轮进水侧上部压强高，下部压强低，而叶轮背面全部受到高压的作用，叶轮前后两侧形成压强差 Δp 而产生轴向推力。如果不消除轴向推力，将导致泵轴及叶轮的窜动和受力引起的相互研磨而损伤部件。

如图 2-6 所示，单级单吸离心泵一般在叶轮的后盖板上加装减漏环，减漏环与前盖板上的减漏环直径相等，高压水流经在此增设的减漏环后压强降低，再经过平衡孔流回叶轮中去，使叶轮后盖板上的压力与前盖板接近，这样就消除了轴向推力。这种方法简单易行，但叶轮流道中的水流受到平衡孔回流水的冲击，水力条件变差，效率降低。

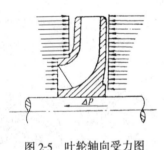

图 2-5 叶轮轴向受力图

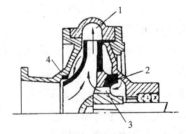

图 2-6 轴向力平衡措施
1—排出压力；2—加装的减漏环；
3—平衡孔；4—泵壳上的减漏环

钻开平衡孔的办法不能完全消除轴向推力，同时，还应采用止推轴承平衡剩余压力。

6）轴封装置

泵轴伸出泵体外，在旋转的泵轴和固定的泵体之间应设轴封，用来减少泵内压强较高的液体流向泵外，并借以防止空气侵入泵内。填料轴封是最常采用的轴封机构，常用的填料为浸透石墨或黄油的棉织物（或石棉）。为防漏水，填料用压盖压紧，应注意，填料压得过松，会引起漏水；填料压得过紧，会造成轴封与填料间的摩擦增大，降低水泵的效率，松紧程度以每秒钟滴水 1~2 滴为宜。

（3）离心式泵的管路及附件

采用离心式泵提升输送液体时，除离心式泵外，常配有管路及其他必要的附件。典型的离心泵管路附件装置如图 2-7 所示。

从吸液池液面下方的底阀开始到泵的吸入口法兰为止，这段管段叫做吸入管段。底阀的作用是阻止水泵启动前灌水时漏水，避免破坏吸水管的真空状态。

泵的吸入口处装有真空计，以便观察吸入口处的真空度。吸入管水平段的阻力应尽可能降低，其上一般不设阀门。水平管段要向泵方向抬升（$i = 0.02$），以便于排除空气。过长的吸入管段还要装设防振件。

泵出口以外的管段是压水管段。水泵出口装有压力表，以观察出口压强。止回阀用来防止压出管段中的液体倒流。闸阀用来调节流量的大小。当两台或两台以上的水泵吸水管路彼此相连时，或当水泵处于自灌式灌水，即水泵的安装标高低于水池水面时，吸入管上应安装闸阀。

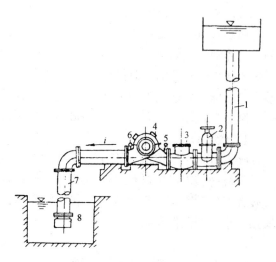

图 2-7　离心水泵管路附件装置
1—压出管；2—闸阀；3—止回阀；4—水泵；5—压力表；
6—真空表；7—吸水管；8—底阀

（4）离心泵的分类

离心式泵按照主轴的方向可分为卧式泵和立式泵，卧式泵的主轴水平设置，立式泵的主轴垂直于地面。

按照吸入方式分为单吸泵和双吸泵。

按照叶轮级数分为单级泵和多级泵。单级泵只有一个叶轮，分段式多级泵是将几个叶轮装在同一根转轴上，每个叶轮叫一级，一台泵可以有两级到十几级，叶轮之间设有固定的导叶，流体经第一级加压后经导叶依次进入下一级，泵的总扬程等于各级叶轮产生的扬程之和。分段式多级泵具有较高的扬程，常用于高扬程地提升液体或蒸汽锅炉给水。

最常用的离心泵是单级单吸泵，它能提供的流量范围约为 4.5~300m³/h，扬程约为 8~150m。

另一种广泛应用的离心泵是双吸单级泵，我国生产的双吸单级泵的流量范围为 120~20000m³/h，扬程约为 10~110m。

IS 型泵是参照国际标准研制的单级单吸悬臂式清水离心泵，用于吸送清水及理化性质与水类似的液体，吸送液体温度不超过 80℃，该泵适用于工矿企业、城乡的给排水和农田灌溉。

型号举例：

IS 50-32-125

其中 IS——国际标准 ISO 的代号；

50——吸入口直径，mm；

32——出口直径，mm；

125——叶轮外径为 125mm。

1.1.2 离心式风机的工作原理、基本构造及分类

（1）离心式风机的工作原理及基本构造

离心式风机的工作原理与上述离心泵的工作原理基本相同，当叶轮随轴旋转时，叶片间的气体随叶轮旋转而获得离心力，气体被甩出叶轮。被甩出的气体挤入机壳，机壳内的气体压强增高被导向出口排出。气体被甩出后，叶轮中心处压强降低，外界气体从风机的吸入口，即叶轮前盘中央的孔口吸入，源源不断地输送气体。

图 2-8 是离心式风机主要结构分解示意图。

1）吸入口

吸入口有集气作用，可以直接从大气中吸气，使气流以最小的压头损失均匀流入机内。

风机的吸入口主要有三种形式，如图 2-9（a）是圆筒形吸入口，制作简单，压头损失较大；（b）是圆锥形吸入口，制作较简单，压头损失较小；（c）是圆弧形吸入口，压头损失小，但制作复杂。

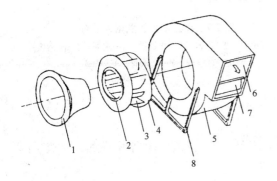

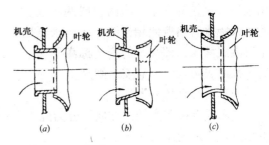

图 2-8 离心式风机主要结构分解示意图

1—吸入口；2—叶轮前盘；3—叶片；

4—后盘；5—机壳；6—出口；

7—截流板（风舌）；8—支架

图 2-9 离心式风机吸入口形式

（a）圆筒形吸入口 （b）圆锥形吸入口 （c）圆弧形吸入口

2）叶轮

离心式风机的叶轮由叶片和连接叶片的前盘、后盘组成，叶轮的后盘与轴相连。

叶轮可分为三种不同的叶型，如图 2-10。

前向叶型叶轮，叶片出口安装角度 $\beta_2 > 90°$，叶片出口方向和叶轮旋转方向相同。多叶型叶轮流道很短，出口宽度较宽。

径向叶型叶轮，叶片出口安装角度 $\beta_2 = 90°$，叶片出口是径向方向。直线形径向叶轮制作简单，而损失较大，曲线形径向叶轮则反之。

后向叶型叶轮，叶片出口安装角度 $\beta_2 < 90°$，叶片出口方向与叶轮旋转方向相反。中

空机翼型后向叶轮的空气动力性能较好。

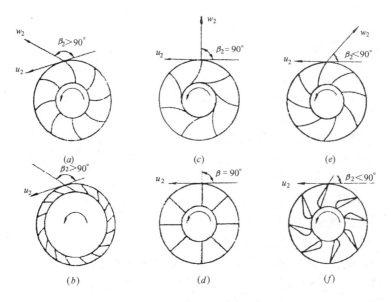

图 2-10　离心式风机叶轮形式

（a）前向叶型叶轮；（b）多叶前向叶型叶轮；（c）曲线形径向叶轮；
（d）直线形径向叶轮；（e）薄板后向叶轮；（f）中空机翼型后向叶轮

3）机壳

中压和低压离心式风机的机壳一般是用钢板制成的蜗壳状箱体，用来收集来自叶轮的气体。由于蜗壳截面积逐渐扩大，气体的部分动能转化为压能，气体平顺地沿旋转方向被引至风机出口。

4）支承和传动

我国离心式风机的传动方式共分六种，即 A、B、C、D、E、F 型，见表 2-1。

离心式风机的支承与传动方式　　　　　　　　　　　　　　　　表 2-1

型式	A 型	B 型	C 型	D 型	E 型	F 型
结构						
特点	叶轮装在电机轴上	叶轮悬臂，皮带轮在两轴承中间	叶轮悬臂，皮带轮悬臂	叶轮悬臂，联轴器直联传动	叶轮在两轴承中间，皮带轮悬臂传动	叶轮在两轴承中间，联轴器直联传动

（2）离心式风机的分类

根据增压值的大小，离心式风机可分为：

63

低压风机：增压值小于 1000Pa（约为 100mmH₂O）；

中压风机：增压值 1000～3000Pa（约为 100～300mmH₂O）；

高压风机：增压值大于 3000Pa（约为 300mmH₂O 以上）。

低压和中压风机大都用于通风换气、排尘系统和空气调节系统；高压风机常用于锻冶设备的强制通风及某些气体输送系统。

常用风机还有排尘离心通风机，用于排送含灰尘的空气。煤粉离心通风机用于热电厂输送煤粉用。锅炉离心通风机用于热电站和其他工业蒸汽锅炉送风及排烟。

用于锅炉送风的风机常称为通风机。用于锅炉排烟的风机常称为引风机。

日常通风换气用的中低压通风机是 T4-72 型及 T4-79 型，其型号举例：

T4-72-11No8C 右旋 90°

其中　T——一般通风换气用离心通风机，可省略；

　　　4——全压系数乘 10 后的整数值；

　　72——风机的比转数为 72；

　　1——风机的进风型式是单侧吸风，如是双侧吸风用 0 表示；

　　1——该风机的设计顺序为第一次设计，第二次用 2 表示；

　No.8——机号为第 8 号，表示叶轮外径 $D_2 = 800$mm；

　　C——传动方式是 C 型，皮带传动；

　右旋——叶轮旋转方向是顺时针；

　　90°——出风口位置是垂直向上的。

1.2　离心式泵与风机的性能参数及性能曲线

1.2.1　离心式泵与风机的性能参数

(1) 流量：是指泵与风机在单位时间内输送的流体体积，即体积流量，以符号 Q 表示，单位为 L/s 或 m³/h。

(2) 扬程(全压或压头)：单位重量流体通过泵与风机后获得的能量增量。对于水泵，此能量增量叫做扬程，单位是 mH₂O；对于风机，此能量增量叫做全压或压头，单位是 Pa。

(3) 功率：功率主要有两种，有效功率和轴功率。

有效功率：是指在单位时间内通过泵与风机的全部流体获得的能量。这部分功率完全传递给通过的流体，以符号 Ne 表示，常用的单位是 kW，可按下式计算：

$$Ne = \gamma Q H \tag{2-1}$$

式中　γ——通过泵与风机的流体重度，kN/m³。

轴功率：是指原动机加在泵或风机转轴上的功率，以符号 N 表示，常用的单位是 kW。泵或风机不可能将原动机输入的功率完全传递给流体，还有一部分功率被损耗掉了，这些损耗包括：①转动时，由于摩擦产生的机械损失；②克服流动阻力产生的水力损失；③由于泄漏产生的能量损失等。

(4) 效率：效率反映了泵或风机将轴功率 N 转化为有效功率 Ne 的程度，有效功率 Ne 与轴功率 N 的比值称为效率 η，即

$$\eta = \frac{Ne}{N} \times 100\% \tag{2-2}$$

效率是衡量泵与风机性能好坏的一项指标。

轴功率的计算公式为：

$$N = \frac{Ne}{\eta} = \frac{\gamma Q H}{\eta} \tag{2-3}$$

(5) 转速：是指泵与风机叶轮每分钟转动的次数，以符号 n 表示，单位是 r/min。

(6) 允许吸上真空度：以符号 Hs 表示，是确定水泵安装高度的主要参数，后面将对其做专门介绍。

1.2.2　离心式泵与风机的性能曲线

在泵与风机的基本性能参数中，转速 n 是一个常量，泵或风机的扬程、流量和功率等性能是相互影响的，通常用函数关系式来表示这些性能参数之间的关系：

泵或风机流量和扬程之间的关系用 $H = f_1(Q)$ 表示；

泵或风机流量和外加轴功率之间的关系用 $N = f_2(Q)$ 表示；

泵或风机流量与设备本身效率之间的关系，用 $\eta = f_3(Q)$ 表示。

这几种关系以曲线形式绘在以流量 Q 为横坐标的坐标图上，这些曲线叫做泵或风机的性能曲线。在无损失流动的理想条件下的曲线叫做理想性能曲线。计入各项损失，能得到实际性能曲线。

图 2-11 为离心式水泵的实际性能曲线，图中包括 Q-H，Q-N，Q-H_s、Q-η 四条曲线。

从性能曲线可以看出，当流量 Q 变化时，扬程 H 随之发生变化，轴功率 N 也随之发生变化。由于流量增大时，扬程减小得较慢，所以轴功率 N 一般随流量 Q 的增加而增加。

当流量 $Q = 0$ 时，轴功率不等于零，此时功率主要消耗于机械摩擦损失上，作用结果使机壳、轴承发热，机壳内温度上升。因此，在实际运行中，离心式泵与风机只允许在短时间内进行 $Q = 0$ 的运行。

另外，离心式泵与风机的启动一般是闭闸启动，相当于是 $Q = 0$ 的情况下启动，此时泵与风机的轴功率较小，而扬程值却是最大，完全符合电动机轻载启动的要求。

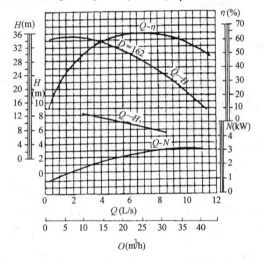

图 2-11　离心式水泵的实际性能曲线

每一台泵或风机的铭牌上的性能参数是指效率最高时的参数。

1.2.3　相似律

泵或风机的设计制造通常是按系列进行的，同一系列中，大小不等的泵或风机都是相似的，泵或风机的相似律表明了同一系列相似的泵与风机在各种条件变化时，其性能变化的规律。

(1) 泵或风机的相似条件

几何相似条件：两台相似的泵与风机，其叶轮主要过流部分的相对应尺寸成一定比值，所有的对应角相等。

运动相似条件：两台相似的泵与风机，相似工况点的流速比值相等，方向相同，也就是相似工况点的速度三角形具有相似性。

动力相似条件：两台相似的泵与风机，作用于流体的同名力之间的比值相等。作用在流体上的各种力中，主要考虑压力，因雷诺数很大，黏滞力的影响可以忽略不计。

（2）相似定律

在上述相似条件下，相似的泵与风机相似工况点的性能参数之间的关系是：

流量关系：

$$\frac{Q}{Q_{\mathrm{m}}} = \frac{n}{n_{\mathrm{m}}} \left(\frac{D_2}{D_{2\mathrm{m}}} \right)^3 \tag{2-4}$$

扬程关系：

水泵

$$\frac{H}{H_{\mathrm{m}}} = \left(\frac{n}{n_{\mathrm{m}}} \right)^2 \left(\frac{D_2}{D_{2\mathrm{m}}} \right)^2 \tag{2-5}$$

风机

$$\frac{\Delta p}{\Delta p_{\mathrm{m}}} = \frac{\gamma}{\gamma_{\mathrm{m}}} \left(\frac{n}{n_{\mathrm{m}}} \right)^2 \left(\frac{D_2}{D_{2\mathrm{m}}} \right)^2 \tag{2-6}$$

轴功率关系：

$$\frac{N}{N_{\mathrm{m}}} = \frac{\gamma}{\gamma_{\mathrm{m}}} \left(\frac{n}{n_{\mathrm{m}}} \right)^2 \left(\frac{D_2}{D_{2\mathrm{m}}} \right)^2 \tag{2-7}$$

以上各式中，D_2 为叶轮外径。这就是相似系列泵与风机主要性能参数间的关系，即相似律。

（3）相似律的应用

当某一台泵或风机输送介质的温度或压强发生变化时，介质重度 γ（密度）也将改变，而泵与风机的尺寸与转速均未发生变化，于是必须利用上述相似律进行性能参数换算。

泵或风机的运行转速改变时，其性能参数也将变化，样本上往往只提供几种转速的性能参数，如果实际条件不能保证规定转速时，可利用相似律求出新转速下的性能参数。

1.2.4 比转数

相似律说明的是同一相似系列泵或风机相似工况点性能参数间的关系，并没有涉及不同系列不相似的泵或风机之间的比较问题。对不同系列的泵或风机进行比较时，就提出一个代表整个系列泵或风机的单一的综合性能系数，即比转数，用符号 n_{s} 表示。同一系列泵或风机具有惟一的比转数，不同系列的泵或风机因不相似而具有不同的比转数。

我国规定，在相似系列水泵中，确定某种标准水泵，该标准水泵在最高效率的情况下，扬程 $H_{\mathrm{m}} = 1\mathrm{m}$，流量 $Q_{\mathrm{m}} = 0.075\mathrm{m}^3/\mathrm{s}$ 时，此标准水泵的转速 n_0 称为该系列泵的比转数 n_{s}，在数值上 $n_0 = n_{\mathrm{s}}$。

水泵的比转数公式为

$$n_{\mathrm{s}} = 3.65 n \frac{Q^{\frac{1}{2}}}{H^{\frac{3}{4}}} \tag{2-8}$$

我国规定，在相似系列风机中，确定某种标准风机，该标准风机在最高效率的情况下，全压 $\Delta p_{\mathrm{m}} = 1\mathrm{mmH_2O}$，流量 $Q_{\mathrm{m}} = 1\mathrm{m}^3/\mathrm{s}$ 时，此标准风机的转速 n_0 称为该系列风机的比转数 n_{s}，即 $n_0 = n_{\mathrm{s}}$。

风机的比转数公式为

$$n_s = n \frac{Q^{\frac{1}{2}}}{\Delta p^{\frac{3}{4}}}$$

(2-9)

式中 Δp 的单位为 mmH_2O。

比转数反映了某系列泵或风机性能上的特点。比转数大，表明流量大而扬程小；比转数小表明流量小而扬程大。

比转数反映某系列泵或风机在结构上的特点。比转数大的泵或风机，流量大而扬程小，所以其出口叶轮面积必然较大，即进口直径 D_1 与出口宽度 b_2 较大，而轮径 D_2 则较小，因此叶轮厚而小。反之，比转数小的泵或风机，流量小而扬程大，叶轮的进口直径 D_1 与出口宽度 b_2 小，而轮径 D_2 较大，故叶轮扁而大。

1.2.5 离心泵的气蚀与安装高度

（1）离心泵的气蚀现象

离心泵的工作原理是叶轮旋转工作时，叶轮入口处压强低于大气压强，入口处产生真空，使液体源源不断地流入泵内。由物理学可知，液面压强降低时，相应的汽化温度也降低，水在低温下就开始沸腾。

如果水泵叶轮入口处的压强低于该处液体温度下的汽化压强时，部分液体开始汽化，形成气泡。同时，由于压强降低，原来溶解于水中的某些活泼气体，如水中的氧也会逸出形成气泡，这些气泡随水流进入泵内高压区，由于该处压强较高，气泡迅速破灭，于是在局部地区产生高频率、高冲击力的水力冲击现象，不断打击泵内部件，特别是工作叶轮，使其表面成蜂窝状或海绵状。另外，活泼气体还对金属发生化学腐蚀，以至于金属表面逐渐脱落而遭破坏，这就是气蚀现象。

当气泡不太多，气蚀不严重时，对泵的运行和性能还不至于产生明显的影响。如果气泡大量产生，气蚀持续发展，就会影响正常流动，产生剧烈的噪声和振动，甚至造成断流现象。此时，泵的扬程、流量和效率会显著下降，这必将缩短泵的寿命。因此，泵在运行中应严格防止气蚀现象。

（2）离心泵的安装高度

如图 2-12，以吸水池水面为基准面，列吸水池水面 0-0 和水泵吸入口断面 1-1 的能量方程。

$$0 + \frac{p_a}{\gamma} + 0 = H_g + \frac{p_{1j}}{\gamma} + \frac{v_1^2}{2g} + h_w$$

式中　H_g——水泵的安装高度，m。

$$\frac{p_a - p_{1j}}{\gamma} = H_g + \frac{v_1^2}{2g} + h_w$$

令 $H_B = \frac{p_a - p_{1j}}{\gamma}$，$H_B$ 表示吸水池水面与水泵吸入口断面之间的压强差，也就是水泵吸入口处真空计所表示的真空度，此值用来：将水提升到某一高度 H_g、克服吸水管道的水头损失 h_w、建立吸入口

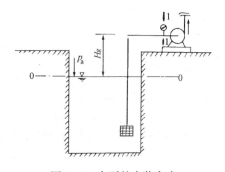

图 2-12　水泵的安装高度

流速水头 $\dfrac{v_1^2}{2g}$，则有

$$H_B = H_g + \frac{v_1^2}{2g} + h_w \tag{2-10}$$

为避免水泵产生气蚀现象，必须对水泵吸入口处的真空度 H_B 做出规定，这个规定的真空度就是水泵铭牌上提供的允许吸上真空高度，以符号 H_S 表示，则有

$$H_B = H_g + \frac{v_1^2}{2g} + h_w \leqslant H_S$$

水泵的最大安装高度可按下式计算：

$$H_{gmax} = H_S - \frac{v_1^2}{2g} - h_w \tag{2-11}$$

计算中必须注意以下两点：

1）流量增加时，流动阻力和流速水头都增加，允许吸上真空度 H_S 将随流量的增加而降低，计算水泵的安装高度时，应按水泵在运行中可能出现的最大流量所对应的 H_S 值进行计算。

2）H_S 值是制造厂在大气压为 101.325kPa、水温为 20℃ 的清水条件下试验得出的，当泵的使用条件与上述情况不符时，应对允许吸上真空度 H_S 进行修正。

$$H'_S = H_S - (10 - h_A) + (0.24 - h_v) \tag{2-12}$$

式中　H'_S——修正后的允许吸上真空度，m；

　　　　H_S——水泵铭牌上的允许吸上真空度，m；

　　　　h_A——水泵装置地点的大气压强水头，随海拔高度而变化，见表 2-2；

　　　0.24——水温为 20℃ 的汽化压强水头；

　　　　h_v——实际工作水温的汽化压强水头，见表 2-3。

不同海拔高度大气压强水头 h_A 　　　　　表 2-2

海拔高度（m）	-600	0	100	200	300	400	500
大气压强水头（mH$_2$O）	11.3	10.3	10.2	10.1	10.0	9.8	9.7
海拔高度（m）	600	700	800	900	1000	1500	2000
大气压强水头（mH$_2$O）	9.6	9.5	9.4	9.3	9.2	8.6	8.4

不同温度水的汽化压强 h_v 　　　　　表 2-3

温度（℃）	5	10	20	30	40	50	60	70	80	90	100
汽化压强（mH$_2$O）	0.09	0.12	0.24	0.43	0.75	1.25	2.00	3.17	4.82	7.14	10.33

【**例 2-1**】某离心式水泵的输水量为 $Q = 20$L/s，水泵进口直径 $D = 100$mm，经计算，吸水管的水头损失 $h_{w(1)} = 4.0$mH$_2$O，铭牌上的允许吸上真空度 $H_S = 8$m，输送水温 50℃ 清水，当地海拔高度为 1000m，求水泵的最大安装高度 H_{gmax}。

【**分析**】水泵的最大安装高度 H_{gmax} 是铭牌上的允许吸上真空度考虑水泵安装地点的大

气压强水头，实际工作水温的汽化压强水头，吸水管的水头损失和所需的吸入口流速水头 $\dfrac{v_1^2}{2g}$ 后具有的水头高度。

【解】修正水泵的允许吸上真空度

$$H_S' = H_S - (10 - h_A) + (0.24 - h_v)$$

查表当海拔高度为 1000m 时，$h_A = 9.2m$

当水温为 50℃时，$h_v = 1.25m$

因此　　　　　$H_S' = 8 - (10 - 9.2) + (0.24 - 1.25) = 6.19m$

水泵的安装高度 H_{gmax}

$$H_{gmax} = H_S' - \frac{v_1^2}{2g} - h_{w(1)}$$

其中 $h_{w(1)} = 4.0mH_2O$，$v_1 = \dfrac{4Q}{\pi D^2} = = \dfrac{4 \times 0.02}{3.14 \times 0.1^2} = 2.55m/s$

代入上式

$$H_{gmax} = 6.19 - \frac{2.55^2}{2 \times 9.81} - 4 = 1.86m$$

所以，水泵的最大安装高度为 1.86m。

1.3　离心式泵与风机的选择

1.3.1　离心式泵与风机的综合性能图与性能表

水泵的综合性能图就是将水泵厂所生产的某种型号、不同规格的水泵性能曲线，在高效区（$\eta \geqslant 0.9\eta_{max}$）的部分，绘在同一张坐标图上，又称为性能曲线的型谱图。

如图 2-13 是 Sh 型泵的综合性能图。图中一个框表示一种规格水泵的高效工作区，框

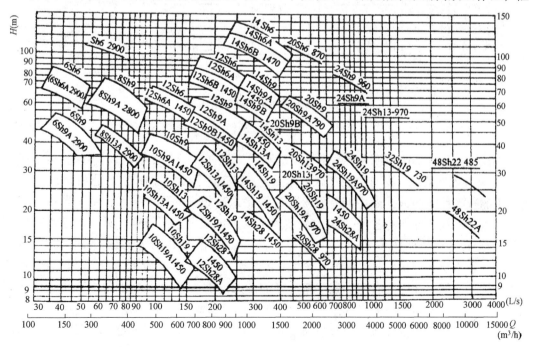

图 2-13　Sh 型泵综合性能图

内注明该水泵的型号和转速，其上边是标准叶轮高效工作区的性能曲线，中边及下边依次是切削一次及两次的高效区的性能曲线，两侧边是等效率线；图 2-14 是 IS 型单级单吸泵的系列型谱图，此图与图 2-13 有所不同，它只画出方框的上边即标准叶轮高效率区的性能曲线和右边框等效率线，但增加了不同规格水泵的等效率线，该线为直线。利用综合性能图（型谱图）选择水泵时，只需看所需工况点落在哪一区域内，即选哪一种规格水泵，十分方便简明。一般水泵的样本在水泵的性能曲线高效区上选择了三个工况点，将这些点的性能参数编成水泵的性能表，附录 2-1 是 IS 型单级单吸离心泵性能表，供选择水泵用。

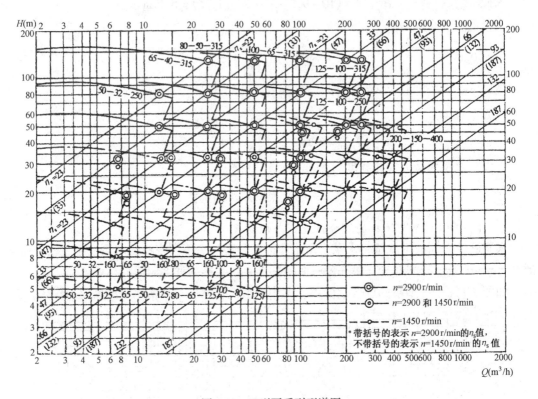

图 2-14　IS 型泵系列型谱图

风机的选择性能曲线就是将某型号风机不同机号（叶轮直径不同）、不同转速下高效区的 $Q\text{-}p$ 性能曲线的一部分绘在一张坐标图上，供选择风机用。图 2-15 是 8-22-11 型离心通风机的选择性能曲线，图中标有机号的直线是最高效率的等效率线，由于采用对数坐标，所以是直线，此线与各 $Q\text{-}p$ 线的交点表示某一风机在不同转速下具有的最高效率相等的相似工况点，如图中的 A、B 及 C 点，三点的转速分别为 2500r/min、2000r/min、2800r/min。为便于查找，图上将等效率线上转速相同的各点连结起来组成等转速线，还加绘了等轴功率线，在图的右侧标有叶轮外径的圆周速度 u_2，此图右下角绘有图的使用方法，不另说明。有些风机的样本在风机的选择性能曲线高效率的 $Q\text{-}p$ 曲线上选择了 6~8 个工况点，将这些点的性能参数编成风机的性能表，附录 2-2 是 4-72-11 型风机性能表，供选择风机用。

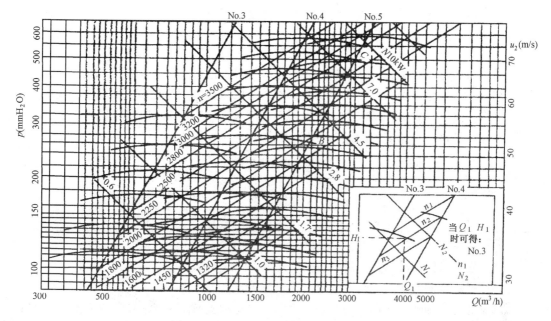

图 2-15　8-22-11 型通风机选择性能曲线

1.3.2　水泵的选择

水泵的选择可按以下几个步骤进行。

(1) 首先分析水泵的工作条件，如液体杂质情况、温度、腐蚀性等及需要的流量和扬程，确定水泵的种类及形式。常用各类水泵性能及适用范围，见附录 2-3。

(2) 确定系统需要的最大流量，进行管路计算，求出需要水泵的最大扬程。选择水泵的流量和扬程时一般考虑 10% ~ 20% 安全附加值（考虑渗漏、计算误差等）。

(3) 利用泵的综合性能图进行初选，确定泵的型号、尺寸及转速。

(4) 利用泵的性能曲线或性能表，再绘制管路性能曲线找出工作点，进行校核。注意使工作点处在高效率区，还要注意泵的工作稳定性，也就是应使工作点位于 Q-H 曲线最高效率点的右侧下降段。样本中性能曲线上的数据点，都是处在高效率区域而又是稳定工作的，可以直接选用。

(5) 确定泵的效率及功率，选用电动机及其他附属设备。有的性能表上列有所配用的电机型号可以直接套用。

(6) 查明允许吸上真空高度，核算水泵的安装高度。

(7) 结合具体情况，考虑是否采用并联或串联工作方式，是否应有备用设备。

1.3.3　风机的选择

风机的选择方法同水泵选择基本一致，其步骤如下。

(1) 分析风机的工作条件，包括气体含尘、含纤维或其他杂质，易燃易爆，温度等情况，确定风机种类及型号。常用各类风机性能及适用范围，见附录 2-4。

(2) 确定用户需要的风量 Q_{max}，由管路水力计算得到需要的风压 p_{max}，选择风机的风量及风压时，一般考虑 10% ~ 20% 安全附加值（考虑渗漏、计算误差等）。如当地工作条件与标准条件不符，应根据相似律换算为标准条件下的风压。

（3）由风量和风压利用风机的选择性能曲线或风机性能表确定风机的机号与转速。

（4）核算圆周速度 $u_2\left(u_2 = \dfrac{n\pi D_2}{60}\right)$ 是否符合噪声规定。

通风机运行时产生的噪声，被流体通过风管传到室内，使工作条件恶化，因此在选择风机时，除了满足系统的风量、风压要求外，还要防止过大的噪声。噪声的强度用声功率级（单位为分贝）表示，其大小一般与圆周速度 u_2 及气流在叶轮中的阻力成正比，在选用风机时，规定圆周速度不超过表 2-4 的规定。

通风机最大圆周速度 u_2 表 2-4

建筑性质	居住建筑	公共建筑	工业建筑 I	工业建筑 II
u_2（m/s）	20 ~ 25	25 ~ 30	30 ~ 35	35 ~ 45

（5）根据风机的功率，选用电机。

（6）确定传动方式、旋转方向及出风口位置。

风机叶轮的旋转方向用"左、右"表示。从电动机或皮带轮一端正视，顺时针方向旋转为"右"，逆时针为"左"、出风口位置用右（左）及角度表示如图 2-16 所示。

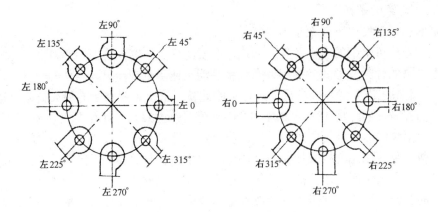

图 2-16 离心式通风机出风口位置图

【例 2-2】某工厂供水系统由清水池往水塔充水，如图 2-17 所示，清水池最高水位标高为 112.00m，最低水位 108.00m，水塔地面标高 115.00m，最高水位标高为 150.00m，水塔容积为 30m³，要求 1h 内充满水，经计算管路水头损失：吸水管路 $h_{w1} = 1.0$m，压水管路 $h_{w2} = 2.5$m，试选择水泵。

【解】确定系统需要的最大流量及水泵的最大扬程，选择水泵的流量和扬程时，一般考虑 10% ~ 20% 的安全附加值。

$$Q = 1.1 \times 30 = 33 \text{m}^3/\text{h}$$

$$H = 1.15 \times \left[(150 - 108) + h_{w1} + h_{w2} \right]$$

$$= 1.15 \times (42 + 1.0 + 2.5) = 52.3 \text{m}$$

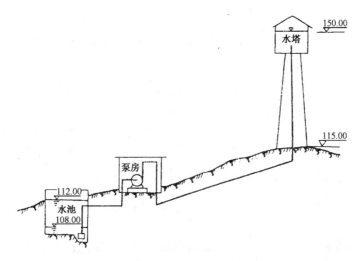

图 2-17　某工厂供水系统

根据已知条件，查附录 2-3，可选用 IS 型单级单吸离心式清水泵。查附录 2-1，IS 型离心泵的性能表，可采用 IS80-50-200 型水泵，参数范围为流量 30～50m³/h，扬程 53～50m，能满足系统工况要求。

从性能表上可以看出，当 $n = 2900$r/min 时，配用电机功率 15kW，泵的效率为 55%～69%，泵的气蚀余量为 2.5m。

此管路系统为工厂的供水管路，为不至于影响生产，保证用水的可靠性，可增设同样型号的水泵一台作为备用泵，两台泵并联安装。

【例 2-3】有一工业厂房，当地海拔高程为 500m，夏季温度 40℃，通风需要风量为 2.4m³/s，风压为 86mmH₂O，试选用一台风机。

【解】该厂房为一般工业厂房，无特殊要求，查附录 2-4，选用 4-72-11 型离心式通风机。风量与风压分别考虑一定安全值，则为

$$Q = 1.05 \times 2.4 \times 3600 = 9072 \text{m}^3/\text{h}$$

$$p = 1.10 \times 86 \times 9.81 = 928 \text{Pa}$$

由于当地大气压及温度与标准条件（标准大气压、20℃）不符，风压需进行换算，查表 2-2，海拔高程 500m 的当地大气压强为 9.7m × 9.81 = 95.16kPa。

则标准条件的风压 $p_0 = 928 \times \dfrac{101.325}{95.16} \times \dfrac{273 + 40}{273 + 20} = 1056 \text{Pa}$

查附录 2-2，T4-72-11 型 No6A 风机，转速 $n = 1450$r/min 时，第 4 工况点的风压为 1060Pa，风量为 9360m³/h，可满足此厂房的通风需要。

核算圆周速度

$$u_2 = \frac{n\pi D_2}{60} = \frac{1450 \times 3.14 \times 0.6}{60} = 45.53 \text{m/s}$$

对于 II 类工业建筑基本满足噪声规定。

该风机传动方式为 A 型，叶轮悬臂，风机叶轮直接装在电机轴上，电机为 Y112M-4 型，功率 4kW，配用地脚螺栓四套，代号为 F2120，规格 M10 × 250。

课题 2　离心式泵或风机的运行与调节

2.1　管路性能曲线和工作点

2.1.1　管路性能曲线

流体在管路系统中流动时，因克服阻力而消耗泵或风机提供的能量。一般其阻力有：

（1）管路系统两端的位差 Hz 和压差 $\frac{p_2 - p_1}{\gamma}$，如图 2-18。

$$H_1 = H_z + \frac{p_2 - p_1}{\gamma} \qquad (2\text{-}13)$$

对于一个管路系统，H_1 是一个不变的常数。

（2）流体在管路系统中的流动阻力 H_2，此流动阻力包括全部的沿程阻力和局部阻力，以及管路末端出口的流速水头，总称为作用水头。即

$$H_2 = H_e = \Sigma h_f + \Sigma h_j + \frac{v^2}{2g} \qquad (2\text{-}14)$$

无论管路末端是否具有流速水头，均可以将作用水头归结为水头损失的问题进行处理，可将水头损失表示为流量的函数关系式，即

$$H_2 = H_e = SQ^2 \qquad (2\text{-}15)$$

于是，流体在管路系统中所需的总水头 H 为

$$H = H_1 + H_2 = H_1 + SQ^2 \qquad (2\text{-}16)$$

如果将这一关系式绘在以流量 Q 与水头 H 组成的直角坐标系图上，如图 2-18，就可得到图中的曲线 CE，曲线 CE 就称为管路性能曲线。

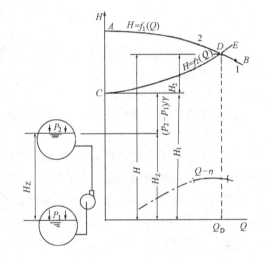

图 2-18　管路系统的性能曲线与泵或风机工作点

2.1.2　泵或风机的工作点

将泵或风机的性能曲线 $H = f_1（Q）$ 和管路系统性能曲线 $H = f_2（Q）$ 按同一比例绘在同一坐标系内。如图 2-18，曲线 CE 为管路的性能曲线，曲线 AB 为所选用的泵或风机的性能曲线，AB 与 CE 相交于 D 点，D 点就称为泵或风机的工作点。D 点表明被选定的泵或风机可以在流量为 Q_D 的条件下向该管路系统装置提供的扬程为 H_D，D 点是稳定的工作点，如果 D 点参数（Q_D、H_D）能满足工程提出的要求，又处于泵或风机的高效率区（图中 $Q\text{-}\eta$ 曲线上的实线部分）范围内，这样的选择就是恰当的、经济的。

2.2　泵或风机的联合运行

两台或两台以上的泵或风机在同一管路系统中工作称为联合运行，联合运行分为并联运行和串联运行两种情况。

2.2.1 泵或风机的并联运行

两台或两台以上的泵或风机向同一压出管路供水供气，称为并联，如图 2-19 是两台泵或风机的并联运行情况，并联一般应用于以下情况：当用户需要流量大，而大流量的泵或风机制造困难或造价太高时；流量要求变化幅度较大，需通过停开并联机器台数以调节流量时；当有一台机器损坏，仍需保证供水或供气，作为检修及事故备用时；单台运行虽能满足流量需要，但多台并联运行效率比单台运行效率高。

绘制并联泵或风机总性能曲线，可采用等扬程下流量叠加的方法，先把并联的各台机器的 Q-H 曲线绘在同一坐标图上，然后把对应于同一扬程 H 值的各个流量 Q 叠加起来。如图 2-20，把 I 号泵 Q-H 曲线上的 1、1′、1″分别与 II 号泵的 Q-H 曲线上的 2、2′、2″各点的流量相加，则得到 I、II 号水泵并联后的流量 3、3′、3″，然后连接 3、3′、3″各点即得水泵并联后的总性能曲线 $(Q$-$H)_{1+2}$。

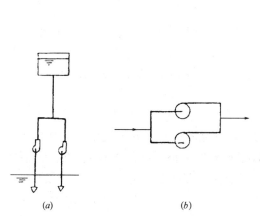

图 2-19 并联运行

（a）两台泵的并联；（b）两台风机的并联

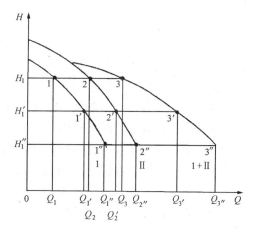

图 2-20 水泵并联 Q-H 曲线

泵或风机并联运行时的工作点为并联后总性能曲线与并联管路性能曲线的交点。如图 2-21，两台同型号水泵并联，曲线 AB 为单机的性能曲线，因两台水泵性能相同，故性能曲线彼此重合在一起，AB' 为并联运行时总性能曲线，该曲线是在同一扬程下进行流量叠加而成的。管路性能曲线为 CE，与 AB' 相交于 D' 点，D' 点即为并联运行的工作点。

通过 D' 点做横轴平行线，交单泵性能曲线于 D'' 点，此 D'' 点即为并联工作时各单机的工作点，其流量 $Q_1 = Q_2 = Q_{D''}$，扬程 $H_1 = H_2 = H_{D'}$，e'、f' 点为并联时各单机的效率点和轴功率点。管路性能曲线 CE 与 AB

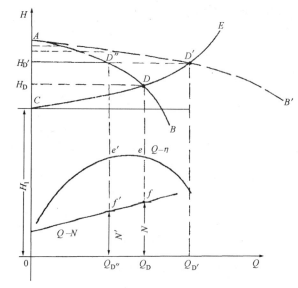

图 2-21 两台同型号水泵并联

相交于 D 点，D 点是单机运行时，即将一台泵停车，只开一台泵时的工作点，这时水泵的流量为 Q_D、扬程为 H_D，轴功率为 N。

由图可以看出，单台泵工作时的功率 N 大于并联工作时各单台泵的功率 N'，因此选配电机时，需要根据单台泵单独工作时的功率来进行。另外一台泵单独工作时流量 Q_D 大于并联工作时每一台泵的流量 $Q_{D'}$，即两台泵并联工作时，其流量 $Q_{D'}$ 并不是每台泵单独工作时流量 Q_D 的叠加，而是要小于每台泵单独工作时流量 Q_D 之和。由此可见，随着并联台数增多，每并联上一台泵所增加的流量就愈小，每台泵的工作点，随着并联台数的增多，而向高扬程的一侧移动，台数过多，就可能使工况点移出高效区的范围。

泵与风机并联时，还应注意：如果所选的泵是以经常单独运行为主的，并联工作时，各单机的流量会减少，扬程会提高；如果各台机器经常并联运行，各单机单独运行时，相应的流量将会增大，轴功率也会增大。

2.2.2 泵或风机的串联运行

串联运行就是将第一台机器的压出管作为第二台机器的吸入管，流体以同一流量依次流过各台机器，如图 2-22 所示为两台泵或风机的串联运行。串联工作常用于以下情况：单台泵或风机不能提供所需的较高的扬程或风压；高压泵或风机制造困难或造价太高；在改建或扩建时，管道阻力加大，需要提高压头。

泵或风机串联运行时，流体获得的能量为各台机器所供给的能量之和，其性能曲线是在同一流量下进行扬程的叠加而成的。图 2-23 为两台相同的泵或风机串联工作的工况分析，图中 $A'B'$ 是一台机器的性能曲线，根据相同流量下扬程叠加的原理，得到曲线 AB 为两台机器串联工作的总性能曲线，曲线 CE 是管路性能曲线，与 AB 交于 D 点，D 点就是串联工作的工作点，流量为 Q_D，扬程为 H_D。由 D 点做垂线与单机性能曲线交于 D''，D'' 点是串联机组中一台机器的工作点，流量 $Q_{D''} = Q_{D'}$，扬程 $H_{D''} = \frac{1}{2} H_D$。单机性能曲线 $A'B'$ 与管路性能曲线 CE 的交点 D' 是系统中只有一台机器工作时的工作点，$Q_D > Q_{D'}$，$H_D = 2H_{D''} < 2H_{D'}$。

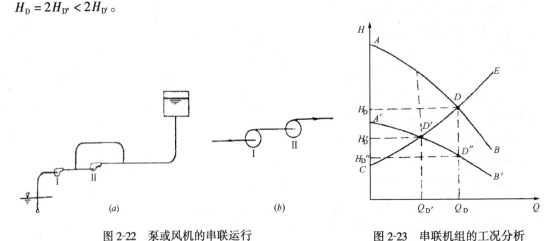

图 2-22　泵或风机的串联运行　　　　　图 2-23　串联机组的工况分析

以上表明，两台机器串联工作时，扬程比单机增加了（增加了 $\Delta H = H_D - H_{D'}$），但总扬程 H_D 要小于两单机单独运行的扬程 $H_{D'}$ 之和（$2H_{D'}$），同时因为串联后压头增加，使管路中的流体速度加大，流量随之增加。

　　一般说来，泵或风机的联合运行要比单机运行的效果差，运行工况复杂，调节困难，联合运行的台数不宜过多，两台最好，同时，用来联合运行的泵或风机以具有相同的性能曲线为宜。

2.3　泵或风机的工况调节

　　泵或风机运行时的工作点是泵或风机的性能曲线与管路性能曲线的交点，要改变这个工作点，应从改变泵或风机性能曲线和改变管路性能曲线这两个途径着手进行。

2.3.1　改变管路性能的调节方法

　　改变管路性能曲线最常用的方法是改变阀门的开启度，从而改变管路的特性阻力数 S，使管路的性能曲线改变，达到调节流量的目的，通常也称为节流法。这种调节方法十分简单，应用很广，但是由于增加了阀门的阻力，额外增加了水头损失。这种方法常用于频繁的、临时性的调节。

　　（1）压出管上阀门节流

　　图 2-24 为泵或风机压出管上阀门节流，曲线 I 是原来的管路性能曲线，阀门关小后，阻力增大，管路性能曲线变陡变为曲线 II。阀门关小后，泵或风机的性能曲线不变，仍是曲线 III。工作点由 A 移到 B，相应地流量由 Q_A 减至 Q_B，由于阀门关小额外增加的水头损失为 $\Delta H = H_B - H_C$（H_C 是在原来管路中流量为 Q_B 时需要的压头），相应地多消耗的功率为 $\Delta N = \dfrac{\gamma Q_B \Delta H}{\eta_B}$。

　　（2）吸入管上阀门节流

　　如图 2-25 所示，当风机吸入管上用阀门节流时，管路的性能曲线 CE 变为 CE'。同时，由于风机入口气体压强降低，气体密度减小，风机的性能曲线由 AB 变为 AB'。节流后工作点由 D 点变为 D' 点，其节流的额外水头损失也相应减小，比压出端节流有利。

　　应注意，水泵通常只能采用压出端节流，因为调节阀装在吸入管上会使泵吸入口的真空度增加，容易引起气蚀。

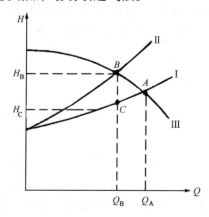

图 2-24　压出管上阀门节流

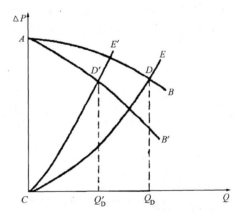

图 2-25　吸入管上阀门节流

2.3.2　改变泵或风机性能的调节方法

　　（1）变速调节

由相似律可知，改变泵或风机的转速，可以改变泵或风机的性能曲线，从而改变工作点，流量也随之改变。转速改变时，泵或风机的性能参数变化见下式：

$$\frac{n}{n'} = \frac{Q}{Q'} = \sqrt{\frac{H}{H'}} = \sqrt[3]{\frac{N}{N'}} \tag{2-17}$$

如图 2-26，图中曲线 I 为转速 n 时泵或风机的性能曲线。曲线 II 为管路性能曲线，因管路及阀门都没有改变，所以曲线 II 不变。曲线 III 为改变转速后泵或风机的性能曲线，工作点由 A 点变至 B 点。

改变泵或风机转速的方法有：

1）改变电动机的转速

用电动机带动的泵或风机，可以在电动机的转子电路中串接变阻器来改变电动机的转速，这种方法需增加附属设备，且在变速时增加额外的电能消耗。也可以采用可变极数的电动机，这种电动机调速是跳跃式的，调速范围一般只有两级，且价格较贵。

2）调换皮带轮

改变风机或电动机的皮带轮大小，可以在一定范围内调节转速，这种方法不增加额外的能量损失，但调速范围有限，并且要停机换轮，调速措施复杂，一般作为季节性或阶段性的调节。

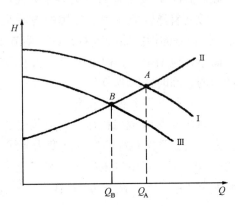

图 2-26　变速调节工况分析

在理论上可以用增加转速的办法来提高流量，但是当转速增加以后，也使叶轮圆周速度增加，因而可能增大振动和噪声，且可能发生机械强度和电动机超载等问题，所以一般不采用增速方法来调节工况。

3）切削叶轮的调节

泵或风机的叶轮经过切削，外径变小，其性能随之改变。叶轮经过切削后与原来叶轮不符合几何相似条件，切削前后的性能参数不符合相似律，应采用切削定律。即

$$\frac{Q}{Q'} = \frac{D_2}{D_2'} \tag{2-18}$$

$$\frac{H}{H'} = \left(\frac{D_2}{D_2'}\right)^2 \tag{2-19}$$

$$\frac{p}{p'} = \left(\frac{D_2}{D_2'}\right)^3 \tag{2-20}$$

切削叶轮的调节方法，其切削量不能太大，否则泵或风机的效率将明显下降。水泵的最大切削量与比转速 n_s 有关，如表 2-5。通常制造厂对同一型号的泵除提供标准尺寸叶轮外，还提供几种经过切削的叶轮供用户选用，切削后泵性能参数的变化可参考水泵厂提供的泵的性能曲线。在水泵的选用样本中，水泵型号后标有 A 为一次切削，标有 B 为两次切削，切削后的叶轮仍装于原机壳内，调节时只需换用叶轮即可。

叶轮最大切削量 表 2-5

泵的比转数 n_s	60	120	200	300	350	> 350
允许最大切削量	20%	15%	11%	9%	7%	0
效率下降值	每切 10% 下降 1%			每切 4% 下降 1%		

切削叶轮的调节方法，不增加额外的能量损失，机器效率下降很少，是一种节能的调节方法，只是需要停机换叶轮，一般常用于泵的季节性调节。

4）设进口导流器的调节

某些大型风机的进口处常设进口导流器，通过改变导流器叶片的转角，使气流进入叶轮之前产生预旋，导致进入叶轮的气流方向有所改变，从而使风机的性能发生变化。当导流叶片全开时转角为 0°，气流无旋进入叶轮，此时风机在设计流量下工作，风压最大。当向旋转方向转动导流叶片，气流产生预旋，切向分速度增大，风压降低。导流叶片转动角度越大，产生的预旋越强烈，风压越低。

采用导流器的调节方法，增加了进口的撞击损失，从节能角度看，不如变速调节，但比阀门调节消耗功率小，因而也是一种比较经济的调节方法，而且可以在不停机的情况下进行调节，操作方便。

【例 2-4】已知水泵性能曲线如图 2-27（a），泵的转速 $n = 2900 \text{r/min}$，叶轮直径 $D_2 = 200 \text{mm}$，管路的性能曲线为 $H = 19 + 0.076Q^2$（Q 的单位为 L/s），试求：

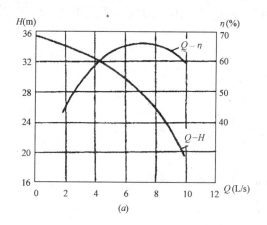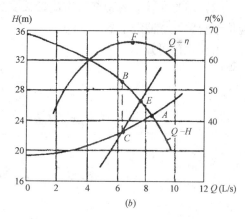

图 2-27 例 2-4 图

（1）水泵工作点的流量 Q、扬程 H、效率 η 及轴功率 N；

（2）在压出管路中用阀门调节方法使流量减少 25%，求此时水泵的流量、扬程、轴功率和阀门消耗的功率；

（3）用改变转速的调节方法使流量减少 25%，转速应调至多少？

【解】（1）由管路性能曲线 $H = 19 + 0.076Q_2$，代入适当流量可得如下表的数据

Q（L/s）	0	2	4	6	8	10
H（m）	19	19.3	20.22	21.74	23.86	26.60

根据表中数据,可绘出管路性能曲线,如图 2-27(b),与泵的性能曲线交于 A 点,A 点即为工作点。从图中可查得该泵的工作参数为:

$$Q_A = 8.5 \text{L/s}; \quad H_A = 24.5 \text{m}; \quad \eta_A = 65\%$$

所需轴功率计算如下

$$N_A = \frac{\gamma Q_A H_A}{\eta_A} = \frac{9810 \times 0.0085 \times 24.5}{0.65} = 3143 \text{W}$$

(2)用阀门调节流量时,泵的性能曲线不变,流量变为 $Q_B = (1 - 0.25)$,$Q_A = 0.75 \times 8.5 = 6.38 \text{L/s}$,工作点位于图 2-27(b)上的 B 点。

从图中可查得:$H_B = 28.8 \text{m}$,$\eta_B = 65\%$,而

$$N_B = \frac{\gamma Q_B H_B}{\eta_B} = \frac{9810 \times 0.00638 \times 28.8}{0.65} = 2773 \text{W}$$

由 B 点做垂直线与管路性能曲线交于 C 点

$$H_C = 19 + 0.076 \times 6.38^2 = 22.09 \text{m}$$

阀门增加的水头损失

$$\Delta H = H_B - H_C = 28.8 - 22.09 = 6.71 \text{m}$$

阀门消耗的功率

$$\Delta N = \frac{\gamma Q_B \Delta H}{\eta_B} = \frac{9810 \times 0.00638 \times 6.71}{0.65} = 646 \text{W}$$

(3)用改变转速的调节法将流量减少到 6.38L/s 时,因管路性能曲线不变,故工作点应位于管路性能曲线上的 C 点。

由相似律可知

$$\frac{n}{n'} = \frac{Q}{Q'}$$

$$n' = \frac{Q' n}{Q} = \frac{6.38 \times 2900}{8.5} = 2177 \text{r/min}$$

课题 3 其他常用的泵与风机

3.1 管 道 泵

管道泵也称管道离心泵,其结构参见图 2-28。该泵的基本构造与离心泵十分相似,主要由泵体、泵盖、叶轮、轴、泵体密封环等部件组成,泵与电机同轴,叶轮直接装在电机轴上。

管道泵是一种比较适合于供暖系统使用的水泵,与离心泵相比具有以下特点:

(1)泵的体积小、重量轻,进出水口均在同一直线上,可以直接安装在管道上,不需设置混凝土基础,安装方便,占地少。

(2)采用机械密封,密封性能好,泵运行时不会漏水。

(3)泵的效率高、耗电小、噪声低。

常用的管道泵有 G 型和 BG 型两种,均为立式单级单吸离心泵。

G型管道泵，适宜于输送温度低于80℃、无腐蚀性的清水或其物理、化学性质类似清水的液体。该泵可以单独安装在管道中，也可以多台串联或并联运行，宜作循环水泵或高楼供水用。

BG型管道泵适用于温度不超过80℃的清水、石油产品及其他无腐蚀性液体，可供城市给水、供暖管道中途加压之用。流量范围为2.5~25m3/h；扬程为4~20m。

3.2 蒸汽活塞泵

蒸汽活塞泵又称蒸汽往复泵。它依靠蒸汽为动力，驱动活塞在泵缸内往复运动，改变工作室容积，从而对流体做功使流体获得能量，是一种容积式泵。

蒸汽活塞泵由蒸汽机和活塞泵两部分组成。图2-29为活塞泵的基本构造与工作原理示意图，曲柄连杆机构带动活塞在泵缸内往复运动，当活塞自左向右运动时，泵缸内造成低压，上端压水阀关闭，下端吸水阀被泵外大气压作用下的水压力推开，水由吸水管进入泵缸，完成吸水过程。当活塞自右向左运动时，泵缸内形成高压，吸水阀关闭，压水阀受压而开启，将水由压水管排出，完成压水过程。活塞不断往复运动，水就不断被吸入和排出。

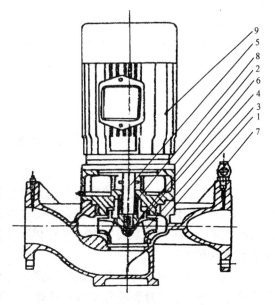

图2-28　G型管道离心泵结构图
1—泵体；2—泵盖；3—叶轮；4—泵体密封环；5—轴；
6—叶轮螺母；7—空气阀；8—机械密封；9—电机

由于吸水阀和压水阀的开关均有延迟，以及活塞与泵体的连接不紧密，都会使一部分水由压水端漏回吸水端，η_v 值一般约为85%~99%之间。活塞往复一次（两个冲程），吸入和排出一次水，称为单动活塞泵，如图2-29，单动活塞泵在吸水时不供水，压水时流量也是不均匀的。为了改善这种情况，可采用双动活塞泵，双动活塞泵是活塞往复一次吸入和排出各两次，其工作示意图见图2-30。当活塞自左向右运动时，左泵缸吸水，右泵缸

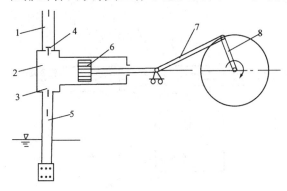

图2-29　活塞泵工作示意图
1—压水管；2—泵缸；3—吸水阀；4—压水阀；
5—吸水管；6—活塞；7—连杆；8—曲柄

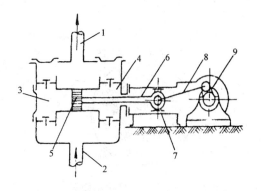

图2-30　双动活塞泵工作示意图
1—出水管；2—进水管；3—左工作室；4—右工作室；
5—活塞；6—活塞杆；7—滑块；8—连杆；9—曲柄

压水；自右向左运动时，右泵缸吸水，左泵缸压水。活塞不断地往复运动，水就不断地从进水管吸入，从出水管被压出，从而改变了供水的不连续性。

往复泵适用于在小流量、高扬程下输送黏性较大的液体。另外，往复泵是依靠活塞在泵缸中改变容积而吸入和排出液体的，运行时吸入口和排出口是互相间隔互不相通的，因此，泵在启动时，能把吸入管内的空气逐步抽上排走而不需要灌泵引水，所以很适合于在要求自吸能力高的场合下使用。再加上蒸汽活塞泵是利用蒸汽为动力的，因此很适宜作锅炉补给水泵。

3.3 真空泵与射流泵

3.3.1 真空泵

真空泵是将容器中的气体抽出形成真空的装置，常用来抽吸空气及其他无腐蚀性、不溶于水、不含固体颗粒的气体。在真空式气力输送系统中，常利用真空泵使管路中保持一定的真空度，在大型水泵装置中，也常利用真空泵作启动前的抽气引水设备。常用的真空泵是水环式真空泵。

水环式真空泵由泵体和泵盖组成圆形工作室，在工作室内偏心地装着一个由多个呈放射状均匀分布的叶片和轮毂组成的叶轮，如图 2-31 所示。

泵启动前，先往工作室内充水。当电动机带动叶轮旋转时，由于离心力的作用，将水甩到工作室内壁而形成一个旋转水环，水环内表面与叶轮轮毂相切。由于泵壳与叶轮不同心，当叶轮沿箭头方向旋转时，右半轮毂与水环间的进气腔逐渐扩大，压强下降而形成真空，气体则自进气管被吸入进气腔。当气体随着旋转的叶轮进入左半空腔时，因轮毂与水环间的空腔被压缩而逐渐缩小，压强升高，从而使气体自排气腔经排气管排出泵外。叶轮每转一周，吸气一次，排气一次，连续不断地旋转就可将容器内的气体抽出，形成真空。

真空泵工作时，应不断地补充水，以保证水环的形成和带走摩擦产生的热量。

3.3.2 射流泵

射流泵也称喷射器，它是用来抽升液体或气体的一种流体机械。用来抽升液体的称为水—水射流泵，用来抽升气体的称为水—气射流泵。射流泵的基本构造和工作示意图如图 2-32。

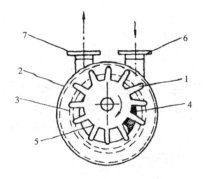

图 2-31 水环式真空泵结构图
1—叶轮；2—泵壳；3—水环；4—进气腔；
5—排气腔；6—进气管；7—排气管

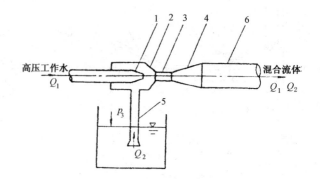

图 2-32 射流泵工作原理
1—喷嘴；2—吸入室；3—混合管；4—扩散管；
5—吸水管；6—压出管

流量为 Q_1 的高压工作水由喷嘴高速射出时，连续带走了吸入室内的空气，因此在吸入室内造成真空状态。被抽吸的流体 Q_2 在大气压力的作用下，由吸入管进入吸入室，两股流体（$Q_1 + Q_2$）在混合管内充分混合，进行能量传递和能量交换后，经扩散管使部分动能转化为压能后，以一定的流速由排出管压送出去。

射流泵构造简单、尺寸小、重量轻，便于就地加工，且因其没有运动部件，启闭方便工作可靠，可用来抽吸污泥或其他含颗粒的液体，在给水工程中应用十分广泛。比如用作离心泵的抽气引水装置；与离心泵联合工作可以增加离心泵装置的吸水高度；在离心泵的吸水管末端装置射流泵，利用离心泵压出的压力水作为工作液体，这样可使离心泵从深达 $30 \sim 40m$ 的深井中提升液体。另外射流泵在供热工程、空调工程、制冷工程中都有较为广泛的用途。

3.4 轴流式泵与风机

轴流式泵和风机与离心式相同，都是通过高速旋转的叶轮对流体做功，使流体获得能量。它的特点是流体轴向流入，轴向流出，没有沿径向的运动，因此，它产生的扬程远低于离心式，但流量较大，常为多级泵。轴流式泵与风机适用于大流量小扬程的情况，其比转数比离心式大。

3.4.1 轴流式泵与风机的基本构造

（1）轴流式泵的基本构造

轴流式泵是一种叶片式泵，泵壳直径与吸水口直径差不多，既可以垂直安装，也可以水平或倾斜安装，图 2-33 为立式轴流泵的工作示意图。轴流式泵主要由吸入管、叶轮、导叶、轴和轴承、机壳、出水弯管及密封装置等组成。

轴流泵的叶轮和泵轴一起安装在圆筒形机壳中，机壳浸没在液体中。泵轴的伸出端通过联轴器与电动机连接。当电动机带动叶轮作高速旋转运动时，由于叶片对流体的推力作用，使吸入管吸入的机壳内的流体产生回转上升运动，从而使流体的压强及流速增高。增速增压后的流体经固定在机壳上的导叶作用，使流体的旋转运动变为轴向运动，把旋转的动能变为压能，流体自压出管流出。

（2）轴流式风机的基本构造

轴流式风机的基本构造如图 2-34 所示。它由圆形

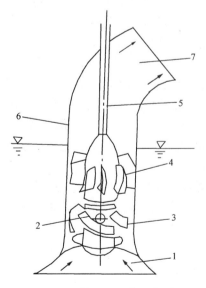

图 2-33 轴流泵工作示意图
1—吸入管；2—叶片；3—叶轮；4—导叶；
5—轴；6—机壳；7—压出管

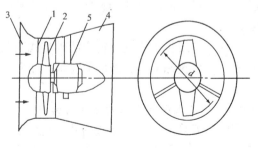

图 2-34 轴流式风机基本构造
1—圆形风筒；2—叶片及轮毂；3—钟罩形吸入口；
4—扩压管；5—电动机及电动机罩

风筒、钟罩形吸入口、装有扭曲叶片的轮毂、流线形轮毂罩、电动机、电动机罩、扩压管等组成。

轴流式风机的叶轮由轮毂和铆在其上的叶片组成,叶片从根部到梢部常呈扭曲状态或与轮毂呈轴向倾斜状态,安装角一般不能调节。大型轴流式风机的叶片安装角是可以调节的,与轴流泵一样,调整叶片的安装角,就可以改变风机的流量和风压。大型风机进气口上常常装置导流叶片,出气口上装置整流叶片,以消除气流增压后产生的旋转运动,提高风机效率。只有一个叶轮的轴流式风机叫单级轴流式风机,为了提高风机压力,把两个叶轮串在同一根轴上的风机称为双级轴流式风机。

3.4.2 轴流式泵与风机的性能特点:

图 2-35 为轴流式泵与风机的性能曲线,表示在一定转速下,流量 Q 与扬程 H(或压头 p)、功率 N 及效率 η 等性能参数之间的关系。

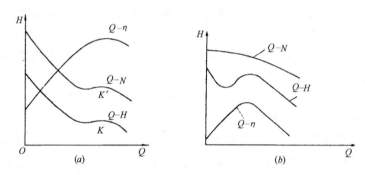

图 2-35 轴流式泵与风机的性能曲线
(a)轴流泵性能曲线;(b)轴流风机性能曲线

与离心式泵及风机的性能曲线相比,轴流式泵及风机的性能曲线具有下列性能特点:

(1) Q-H 曲线呈陡降型,曲线上有拐点,扬程随流量的减小而剧烈增大,当流量 $Q=0$ 时,其空转扬程达到最大值,轴流式泵或风机在运行过程中只适宜在较大的流量下工作。

(2) Q-N 曲线也是呈陡降型,机器所需轴功率随流量的减少而迅速增加,当流量 $Q=0$ 时,功率达到最大值。这一点与离心式泵及风机的情况正好相反,轴流式泵及风机不能空载启动,应在阀门全开的情况下启动电动机,一般称"开闸启动"。实际工作中,轴流式泵与风机在启动时总会经历一个低流量阶段,因而在选配电机时,应注意留出足够的余量。

(3) Q-η 曲线呈驼峰型,这表明轴流式泵与风机的高效率区很窄。因此,一般轴流式泵与风机均不设置调节阀门来调节流量,而采用调节叶片安装角度或改变机器转速的方法来调节流量。

3.4.3 轴流式泵与风机的型号及选用

常用的轴流泵是 ZLB 型单级立式轴流泵以及 QZW 型卧式轴流泵。

ZLB 型立式轴流泵的特点是流量大、扬程低,适用于输送清水或物理、化学性质类似于水的液体,液体的温度不超过 50℃。可做电站循环水泵、城市给水泵、农田排灌水泵。

QZW 型全调节卧式轴流泵可输送温度低于 50℃的清水。适于城市给水、排水、农田排灌使用。

型号意义举例：

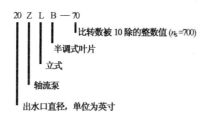

T35-11 系列轴流式通风机是常用的轴流式风机，其输送的气体必须是非易燃性、无腐蚀、无显著粉尘的气体，温度不宜超过 60℃。

型号意义举例：

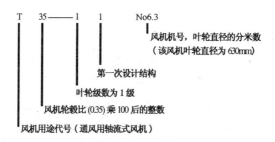

轴流式泵与风机的选用方法与离心式泵及风机基本相同，可采用有关性能表进行选用或采用因次性能曲线进行选择计算。轴流式泵或风机样本上所提供的性能参数及性能曲线均是在某特定条件下和特定转速下实测而得的。当实际使用介质的条件与实测条件不符时，或实际转速与实测转速不符时，均应按有关公式进行换算，然后根据换算后的参数查相应的设备样本或手册，选用轴流式泵或风机。

思考题与习题

1. 某一单级单吸泵，流量 $Q = 50\text{m}^3/\text{h}$，扬程 $H = 35.5\text{m}$，转速 $n = 2900\text{r/min}$，试求其比转数 n_s 为多少？

2. 某单级单吸离心泵，在 $n = 2000\text{r/min}$ 的条件下测得 $Q = 0.18\text{m}^3/\text{s}$，$H = 100\text{m}$，$N = 174\text{kW}$，另一几何相似的水泵，其叶轮比上述泵的叶轮大一倍，在 $n' = 1500\text{r/min}$ 之下运行，试求效率相同的工况点的流量、扬程及功率各为多少？

3. 有一台水泵流量 $Q = 0.2\text{m}^3/\text{s}$，吸入管直径 $D = 300\text{mm}$，水温为 30℃，允许吸上真空度为 $H_s = 6\text{m}$，吸水池水面标高为 100m，水面为大气压，吸入管的阻力损失 $h_{w(1)} = 0.8\text{m}$，试求：

(1) 水泵的最大安装位置标高为多少？

(2) 如果此泵装在海拔高度为 1000m，泵输送水温为 40℃时，泵的安装位置标高为多少？

4. 试决定下列情况下泵的扬程及所需要的风压，如图，设备管路能量损失 $h_w = 5\text{mH}_2\text{O}$。

（a）水泵从真空度 $p_v = 0.3\text{bar}$ 的密闭水箱中抽水（管中不漏气）；

（b）通风机在海拔 2900m 处（当地大气压为 8.4 mH_2O），将大气送风到 100mmH_2O 的压力箱。

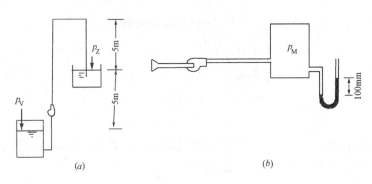

题 4 图

5. 设某水泵性能参数如下表所示。转速 $n = 1450\text{r/min}$，叶轮外径 $D_2 = 120\text{mm}$。管路系统的特性阻力数 $S = 24000\text{s}^2/\text{m}^5$，几何扬水高度 $H_2 = 6\text{m}$，上下两水池水面均为大气压。求：

Q （L/s）	0	2	4	6	8	10	12	14
H （m）	11	10.8	10.5	10	9.2	8.4	7.4	6
η （%）	0	15	30	45	60	65	55	30

（1）泵装置在运行时的工作参数；

（2）当采用改变泵转速方法使流量变为 6L/s，泵的转速应为多少？相应的工作点参数为多少？

（3）如采用节流阀调节流量，使 $Q = 6\text{L/s}$，其工作点相应参数是多少？

6. 根据下列给定条件，参阅有关供暖通风设计手册或泵与风机的选用样本，选择合适的泵或风机。

（1）某机械循环热水采暖系统，热水流量 $Q = 20\text{m}^3/\text{h}$，系统的总阻力 $\Sigma h_w = 16\text{mH}_2\text{O}$，回水温度 70℃，试选择循环水泵；

（2）某空气调节系统需从冷水箱向空气处理室供水，最低水温为 10℃，要求供水量 35.8m^3，几何扬水高度 10m，处理室喷嘴前应保证有 20m 的水头，供水管路布置后经计算管路损失为 7.1mH_2O。为了系统能随时启动，采用自灌式安装形式，试选择水泵。

（3）某工厂通风系统要求风量 $Q = 2180\text{m}^3/\text{h}$，风压 $p = 90\text{mmH}_2\text{O}$，试选择风机并确定配用电动机和配套用的其他配件。

（4）某地大气压为 98.07kPa，输送温度为 70℃ 的空气，风量为 11500m^3/h，管道阻力为 200mmH_2O，试选用风机，应配用的电动机及其他配件。

单元 3　工程热力学

知 识 点： 工程热力学的基本概念，理想气体状态方程，理想气体基本热力过程，热力学第一、二定律，水蒸气、湿空气等。

教学目标： 使学生掌握工质及其基本状态参数、热力系统、理想气体与实际气体等热力学基本概念；掌握理想气体状态方程式、气体定律、气体基本热力过程的含义与使用；掌握热力学第一、二定律的内容实质及工程应用；掌握水蒸气、湿空气基本性质和水蒸气焓—熵图、湿空气焓—湿图的应用。

课题 1　基本概念和气态方程

1.1　工质及其基本状态参数

1.1.1　工质

人类在生产或日常生活中，常需要各种形式的能量来满足不同的需求。各种形式能量的转换或转移，通常都要借助于一种携带热能的工作物质来完成，这种工作物质我们称之为工质。例如，在锅炉中，燃料燃烧产生的高温烟气将热能传递给锅炉中的水，使之变为高温高压的水蒸气；在采暖系统中，锅炉中产生的水蒸气或热水，通过蒸气或热水管网送入室内的散热器，加热室内空气；在空调系统中，冷水将制冷剂产生的冷量送入室内空调末端设备，使室内空气温度降低。这些高温烟气、水蒸气、热水、空气等都是能量传递的媒介物质，都是工质。

工程上常使用的工质种类很多，有气态的、液态的和固态的。在热力工程中，一般采用液态或气态物质作为工质，如：空气、水、水蒸气、湿空气、烟气和制冷剂等，主要是由于其具有良好的流动性，而且膨胀能力大，热力性质稳定。

1.1.2　状态及其基本状态参数

在热力设备中，需要通过工质的吸热或放热、膨胀或压缩等过程才能实现热能与机械能之间的相互转换或热能的转移。在经历这些过程的时候，工质的物理特性随时在发生变化，也就是说，它们的状态随时在发生变化。工质在某瞬间的宏观物理状况称为工质的热力状态，简称为状态。描述工质热力状态的一些宏观物理量，称为热力状态参数，简称为状态参数，如温度、压力等物理量。对于某一确定的热力状态来说，它与确定的状态参数值相对应；若工质的状态发生了变化，则其状态参数值也随之发生变化。

在工程热力学中，常用的工质状态参数有温度（T）、压力（p）、比体积（v）或密度（ρ）、内能（u）、焓（h）、熵（s）等，其中温度、压力、比体积可以用仪器、仪表直接或间接测量出来，称为三个基本状态参数。内能、焓、熵等一些只能由基本状态参数通过相关计算公式间接计算获得的状态参数，则称为导出状态参数。

(1) 温度

宏观地说，温度标志着物体冷热的程度。某物体的温度较高，显示其处于较热的状态，反之则表示处于较冷的状态。当两个冷热程度不同的物体发生相互接触时，冷的物体变热，热的物体变冷，经过相当长的时间后，最终达到相同的冷热程度而处于热平衡状态中。显然，处于热平衡的两个物体具有相同的温度。

微观地说，温度表示大量分子热运动的强烈程度。根据分子运动论学说，理想气体热力学温度与分子热运动的平均动能有如下关系：

$$\frac{m\overline{\omega}^2}{2} = BT \tag{3-1}$$

式中　$\frac{m\overline{\omega}^2}{2}$——分子平移运动的平均动能，其中 m 是一个分子的质量，$\overline{\omega}$ 是分子平移运

动的均方根速度；

B——比例常数；

T——热力学温度。

由上式可知，工质的热力学温度与其分子平移运动的平均动能成正比。

温度的数值标尺，称为温标。任何一种温标的建立都必须确定基本定点和分度方法。在国际单位制（SI）中，采用热力学温度为理论温标，符号为 T，单位为 K（开尔文）。纯水的三相点，即冰、水、汽三相共存平衡时的状态点，为热力学温标的基本定点，规定其为热力学温度 273.16K；每 1K 为纯水三相点温度的 1/273.16。

国际单位制（SI）中还规定摄氏温标为实用温标，其符号为 t、单位为℃（摄氏度）。其定义式为

$$t = T - 273.15$$

式中　273.15——国际计量会议规定的值；当 $t = 0$℃时，$T = 273.15$K。

由上式可知，摄氏温标与热力学温标的分度值相同，而基准点不同。这两种温标之间的换算在工程上可近似为

$$t = T - 273 \tag{3-2}$$

(2) 压力

在宏观上，压力表示垂直作用于容器壁单位面积上的力，也称为压强，用 p 表示。即：

$$p = \frac{P}{f} \quad \text{Pa} \tag{3-3}$$

式中　P——作用于器壁的总压力，N；

　　　f——容器壁的总面积，m^2。

微观地从气体分子运动论讲，气体的压力是气体分子作不规则热运动时，大量分子碰撞容器壁的总结果。由于气体分子的撞击极为频繁，人们不可能分辨出气体单个分子的撞击作用，只能观察到大量分子撞击的平均结果。根据分子运动论，作用于单位面积上的压力与分子运动的平均动能、分子的浓度之间有如下关系式：

$$p = \frac{2}{3} n \frac{m \overline{\omega}^2}{2} = \frac{2}{3} nBT \qquad\qquad (3\text{-}4)$$

式中　p——单位面积上的绝对压力；

　　　n——分子的浓度，即单位容积内含有气体的分子数。

式（3-4）把压力的宏观量与分子运动的微观量联系起来，表明了气体压力的本质。

国际单位制中规定压力的单位为 Pa（帕斯卡），即

$$1Pa（帕斯卡）= 1N/m^2（牛顿/平方米）$$

由于 Pa 的单位较小，在工程上，常采用 kPa 或 MPa

$$10^3\ Pa = 1kPa$$

$$10^6\ Pa = 1MPa$$

工程上还常采用其他的压力单位，如标准大气压（atm）、工程大气压（at）、毫米水柱（mmH_2O）和毫米汞柱（mmHg）等等，它们的换算关系见表 3-1。

常用压力换算单位　　　　　　　　　　　　　　　　表 3-1

压力 名称	帕斯卡 （Pa）	标准大气压 （atm）	工程大气压 （at）	米水柱高 （mH_2O）	毫米汞柱高 （mmHg）
帕斯卡	1	9.86923×10^{-6}	1.01972×10^{-5}	1.01972×10^{-4}	7.50062×10^{-3}
标准大气压	101325	1	1.03323	10.3323	760
工程大气压	98066.5	0.967841	1	10	735.559
米水柱高	9806.65	9.67841×10^{-3}	1.000×10^{-1}	1	73.5559
毫米汞柱高	133.332	1.31579×10^{-3}	1.3595×10^{-3}	0.013595	1

在实际工程中，压力的大小是由各种压力表来测量的。这些压力表都是根据力的平衡原理进行测量的，如：用弹簧的弹力、液柱的重力以及活塞上的载重去平衡工质的压力。因这些测量是在大气环境中进行的，应受到当地大气压力的影响，故所测得的压力值不是气体的实际压力，而是气体的实际压力与当地大气压力的差值。图 3-1 中用 U 形管压差计进行风机入、出口压力测量的原理图就说明了这个问题。

绝对压力是工质真实的压力，它是一个定值；而相对压力要随大气压力的变化而变化。因此，绝对压力才是工质的状态参数。在本书中未注明的压力均指绝对压力。

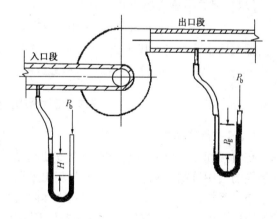

图 3-1　U 形管压差计进行风机入、出口的测压示意图

图 3-1 中，风机入口段气体的绝对压力 p 小于外界环境的大气压力 B（即图中 p_b），

其相对压力为负压，我们称这一负压值为真空度 H。三者之间存在如下关系

$$H = B - p \tag{3-5}$$

风机出口段气体的绝对压力 p 大于外界压力 B，相对压力为正压，我们称这一压力为表压力 p_g。三者之间存在如下关系

$$p = B + p_g \tag{3-6}$$

绝对压力 p 与相对压力和大气压力 B 之间关系如图 3-2 所示。

(3) 比体积和密度

单位质量的工质所占有的容积称为比体积，用符号 v 表示，单位为 m^3/kg。若工质的质量为 mkg，所占有的容积为 Vm^3，则

$$v = \frac{V}{m} \tag{3-7}$$

单位容积的工质所具有的质量称为密度，用符号 ρ 表示，单位为 kg/m^3。即

$$\rho = \frac{m}{V} \tag{3-8}$$

显然，工质的比体积与密度互为倒数。即

$$\rho \cdot v = 1 \tag{3-9}$$

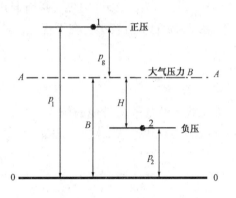

图 3-2　各压力之间的关系

由上式可知，对于同一种工质，比体积与密度不是两个独立的状态参数。如二者知其一，则另一个也就确定了。

【例 3-1】某蒸汽锅炉压力表读数 $p_g = 3.23MPa$，凝汽器真空表读数 $H = 95kPa$。若大气压力 $p_b = 101.325kPa$，试求锅炉及凝汽器中蒸汽的绝对压力。

【分析】这是一道已知气体表压力（或真空表压力）和大气压力求气体绝对压力的题目，可根据它们的关系，即式 3-5 和式 3-6 来计算。

【解】锅炉中蒸汽的绝对压力为

$$p = p_b + p_g = (101.325 + 3.23 \times 10^3) = 3331.325kPa$$

凝汽器中蒸汽绝对压力为

$$p = p_b - H = (101.325 - 95) = 6.325kPa$$

1.2　热力系统与热力过程

1.2.1　热力系统

在研究和分析热力学问题时，为方便起见，根据研究任务的具体要求，常把研究对象从周围物质中分割出来。这种人为分割出来以作为热力学研究的对象叫做热力系统，简称为系统。系统以外与系统发生作用的物体叫做外界或环境。热力系统与外界之间的分界面称为边界。图 3-3 所示气缸中的气体就是研究对象—热力系统；边界以外的物体，如活塞及外界空气都称为外界。

系统的边界可以是实际存在的，也可以是假想的；可以是固定不变的，也可以是可变的或运动着的。图 3-3 中以气体为研究对象的热力系统的边界是实际边界，随气体的膨胀，活塞上移，其边界又是变化的。图 3-4 示意的是不断有工质流进流出的热力设备的情

况。如果设备内的工质是研究对象，则以 1-1 截面和 2-2 截面及容器内壁包围的边界是实际存在的，不是假想的。

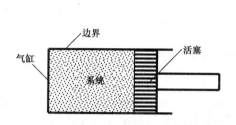

图3-3 有真实边界的闭口热力系统

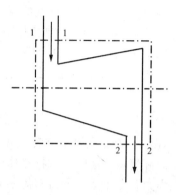

图3-4 假想边界的开口热力系统

按热力系统与外界进行质量交换的情况可将热力系统分为：

闭口系统——系统与外界可以传递能量，但无物质交换或者说无物质穿过边界，系统内的质量保持恒定不变，如图3-3所示；

开口系统——系统与外界既可以有能量交换，又可以有物质交换。或者说有物质穿过边界，系统内物质可以是恒定的也可以是变化的，如图3-4所示。

按热力系统与外界进行能量和质量交换的情况可将热力系统分为：

绝热系统——系统与外界无热量交换，但可有功量的交换；

孤立系统——系统与外界既无能量交换，又无质量交换。

绝热系统和孤立系统的提出，可将复杂的实际问题简化，以便于对热力学问题的分析和研究。

1.2.2 热力过程

当热力系统与外界有能量交换时，系统的状态就要发生变化。当热力系统从一个状态连续变化到另一个状态，则它经过的全部状态称为热力过程，简称过程。能量的相互转换和能量的传递都是通过热力系统中工质的状态变化过程来实现的。

1.2.3 热力循环

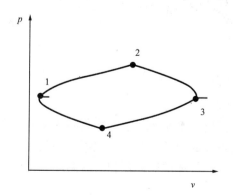

图3-5 热力循环

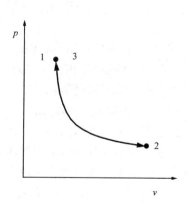

图3-6 可逆过程

通过工质的膨胀过程可以将热能转变为机械能。然而任何一个膨胀过程都不可能无限制地进行下去，要使工质连续不断地做功，就必须使膨胀后的工质回复到初始状态，如此反复循环。工质经过一系列的状态变化，又重新回到最初状态的全部过程称为热力循环，简称循环。如图3-5中的封闭过程1-2-3-4-1。

如图3-6所示，在热力循环中，若工质经过1-2过程后，又能沿原线路过程2-3返回到始点状态（1-2线与2-3线重合），则此热力循环叫可逆循环。否则，为不可逆循环。

1.3 理想气体状态方程式

1.3.1 理想气体和实际气体

研究气体状态时，常把气体分为理想气体和实际气体。理想气体是指气体分子之间不存在引力，分子本身不占有体积的气体；不符合此假设的气体为实际气体。

理想气体是一种假想气体，它必须符合两个假定条件：一是气体分子本身不占有体积；二是气体分子间没有相互作用力。根据这两个假定条件，可使气体分子的运动规律得以简化，从而从理论上推导气体工质的普遍规律。

在工程中，实际应用的气体不可能完全符合理想气体的假定条件。但当气体温度不太低、压力不太高时，气体的比体积较大，使得气体分子本身的体积与整个气体的容积比较起来显得微不足道；而且气体分子间的平均距离相当大，以至于分子之间的引力小到可以忽略不计。这时的气体便基本符合理想气体模型，我们可以将其视为理想气体。例如氧气、氢气、氮气、一氧化碳、二氧化碳以及由这些气体组成的混合气体——空气、烟气等，均可以视为理想气体。实践证明，按理想气体去研究这些气体所产生的偏差不大。

当气体处于很高的压力或很低的温度时，气体接近于液态，使得分子本身的体积及分子间的相互作用力都不能忽略。这时的气体就不能视为理想气体，这种气体称为实际气体。例如饱和水蒸气、制冷剂蒸汽、石油气等，都属于实际气体。但空气及烟气中的水蒸气因其含量少、压力低、比体积大，又可视为理想气体。由此可见，理想气体与实际气体没有明显的界限。气体能否被视为理想气体，要根据其所处的状态及工程计算所要求的误差范围而定。

1.3.2 理想气体状态方程式

早在建立分子运动学说以前，人们就对气体的基本状态参数之间的关系作了大量的实验研究，建立了一些经验定律。后来，当分子运动学说发展起来以后，人们又从理论上证明了气体状态方程式的正确性。理想气体状态方程式的数学表达如下：

$$pv = RT \tag{3-10}$$

式中　p——气体的绝对压力，Pa；

　　　v——气体的比体积，m^3/kg；

　　　T——气体的绝对温度，K；

　　　R——气体常数，$J/kg \cdot K$。

上式表明，理想气体的压力、比体积和绝对温度三个基本状态参数之间存在着一定的关系。即在温度不变的条件下，气体的压力和比体积成反比；在比体积不变的条件下，气体的压力和绝对温度成正比；在压力不变的条件下，气体的比体积和绝对温度成正比。

对于 m kg 的气体，状态方程式为

$$pV = mRT \tag{3-11}$$

式中 V——$m$kg 气体所占有的容积，m^3。

对于 1kmol 气体，其质量为分子量（μ）kg，则

$$pv \cdot \mu = \mu RT \text{ 或 } pV_{m0} = R_0 T \tag{3-12}$$

式中 $V_{m0} = v \cdot \mu$，为气体的千摩尔体积，$m^3/kmol$；

$R_0 = \mu R$，叫通用气体常数，与气体的种类及状态均无关，$J/(kmol \cdot K)$。

【例 3-2】一压缩空气罐内空气的压力从压力表上读得为 0.52MPa，空气的温度为 27℃，空气罐的容积为 $4m^3$。已知空气的气体常数为 287J/(kg·K)，大气压力为 0.101MPa。求空气的质量及比体积。

【分析】由题已知空气的表压力，因此首先要算出空气的绝对压力；其次已知空气的摄氏温度 t，算出空气的绝对温度 T。

【解】空气的绝对压力 p，由式 3-5 得

$$p = B + p_g = 0.101 + 0.52 = 0.621\text{MPa}$$

空气的绝对温度 T，由式 3-2 得

$$T = t + 273 = 27 + 273 = 300\text{K}$$

又由式 3-11 得

$$m = \frac{pV}{RT} = \frac{0.621 \times 10^6 \times 4}{287 \times 300} = 28.85 \text{ kg}$$

又由式 3-8 和式 3-9 得比体积为

$$v = \frac{m}{V} = \frac{4}{28.85} \approx 0.139\text{m}^3/\text{kg}$$

1.3.3 气体常数

根据阿佛伽德罗定律的推论，在同温同压下，摩尔数相同的理想气体具有相同的体积。如在标准状态下（即 $p_0 = 1\text{atm} = 760\text{mmHg} = 101325\text{Pa}$，$T_0 = 273.15\text{K}$），1kmol 的任何气体所占有的容积为 22.4m^3，即 $V_{m0} = 22.4\text{Nm}^3/\text{kmol}$。将以上数值代入式（3-12），可得通用气体常数 R_0（或 μR）为

$$R_0 = \mu R = \frac{p_0 V_{m0}}{T_0} = \frac{101325 \times 22.4}{273.15} = 8314.4 \text{ J/ (kmol·K)}$$

由此可得出 1kg 的各种气体的气体常数 R，即

$$R = \frac{8314.4}{\mu} \tag{3-13}$$

气体常数 R，对不同的气体有不同的数值，但对某一指定的气体它是一常数。表 3-2 是几种常见气体的气体常数。

几种常见气体的气体常数　　　　　　　　　　　　　　　表 3-2

物质名称	化学式	分子量	R $[J/(kg \cdot K)]$	物质名称	化学式	分子量	R $[J/(kg \cdot K)]$
氢	H_2	2.016	4124.0	氮	N_2	28.013	296.8
氦	H_e	4.003	2077.0	一氧化碳	CO	28.011	296.8
甲烷	CH_4	16.043	518.3	二氧化碳	CO_2	44.010	188.9
氨	NH_3	17.031	488.2	氧	O_2	32.0	259.8
水蒸气	H_2O	18.015	461.5	空　气	—	28.97	287.0

【例 3-3】试计算在标准状态下氧气、空气的比体积和密度。

【分析】标准状态：$p_0 = 101325\text{Pa}$，$T_0 = 273\text{K}$。气体常数 R 可查表 3-2。

【解】由理想气体状态方程式 3-10 知

$$p_0 v_0 = R T_0$$

得

$$v_0 = \frac{R T_0}{p_0}$$

则氧气在标准状态下的比体积和密度

$$v_0 \text{（氧气）} = \frac{R T_0}{p_0} = \frac{259.8 \times 273}{101325} \approx 0.70 \text{m}^3/\text{kg}$$

$$\rho_0 \text{（氧气）} = \frac{1}{v_0} = \frac{1}{0.7} \approx 1.43 \text{kg/m}^3$$

则空气在标准状态下的比体积和密度

$$v_0 \text{（空气）} = \frac{R T_0}{p_0} = \frac{287 \times 273}{101325} \approx 0.77 \text{m}^3/\text{kg}$$

$$\rho_0 \text{（空气）} = \frac{1}{v_0} = \frac{1}{0.77} \approx 1.30 \text{kg/m}^3$$

1.3.4 理想气体定律

当理想气体从状态 1 变化到状态 2，且无质量变化时，则由式（3-10）不难得出状态 1 和状态 2 的基本状态参数 T、p 和 v 之间有如下关系：

$$\frac{p_1 v_1}{T_1} = \frac{p_2 v_2}{T_2} = \frac{pv}{T} = R \tag{3-14a}$$

或

$$\frac{p_1 V_1}{T_1} = \frac{p_2 V_2}{T_2} = \frac{pV}{T} = mR \tag{3-14b}$$

式（3-14）就是理想气体定律的数学表达式，它反映了一定质量的理想气体任意两个状态的温度 T、压力 p 和体积 V 之间的关系。式（3-14）虽是由理想气体状态方程式推导而来，但理想气体状态方程式是反应理想气体任一状态下温度 T、压力 p 和体积 V 之间的关系式。使用式（3-14）时，应注意气体 1、2 状态的质量没有发生变化。

【例 3-4】当压力 $p = 850\text{mmHg}$、温度 $t = 300℃$ 时，鼓风机的送风量为 $V = 10200\text{m}^3/\text{h}$。试求在标准状态下的送风量为多少。

【分析】本题是已知空气某一状态的三个状态参数，求空气标准状态下的其余一个参数。

【解】由公式（3-14b）得

$$\frac{pV}{T} = \frac{p_0 V_0}{T_0}$$

则在标准状态下，鼓风机的送风量为

$$V_0 = \frac{T_0}{T} \frac{p}{p_0} V = \frac{273}{273 + 300} \times \frac{850}{760} \times 10200$$

$$\approx 5435.2 \text{m}^3/\text{h}$$

课题 2 热力学第一定律和第二定律

在生产实践和科学实验中有一条重要的结论：能量不能被创生，也不能被消灭，它只能从一种形式转换成另一种形式，或者从一个（一些）物体转移到另一个（一些）物体，而在转换或转移过程中，能量的总和保持不变。这个结论就是能量守恒和转换定律，它是一切自然现象所必须遵守的普遍规律。

热力学第一定律是能量守恒和转换定律在热力学中的应用，主要说明热能与机械能在转换过程中的能量守恒。热力学第一定律确定了能量转换中的数量关系，是进行热工分析和热工计算的主要依据，它对热力学理论的建立和发展有十分重要的意义。

热能与机械能的相互转换或热能的转移必须通过系统的热力过程或工质的状态变化来实现。在此热力过程中，应是：

输入系统的能量 – 系统输出的能量 = 系统储存能的变化量

2.1 系统储存能及与外界交换的能量

2.1.1 系统储存能

系统储存能包括两部分。一是存储于系统内部的能量，称为内部储存能，或简称为内能；二是系统作为一个整体在参考坐标系中由于具有一定的宏观运动速度和一定的高度而具有的机械能，即宏观动能和重力位能，它们又称为外部储存能。

（1）内部储存能

在热力学讨论的范围内，内部储存能只包括下面二项：

1）工质分子热运动所具有的内动能 内动能的大小取决于工质的温度 T，温度越高，内动能越大；

2）工质分子间存在的相互作用力而具有的内位能 内位能的大小与分子间距离有关，即与工质的比体积 v 有关。

系统的内能常用符号 U 表示，单位为 J，1kg 工质所具有的内能用符号 u 表示，单位为 J/kg。由于工质的内能是其温度和比体积的函数，即

$$u = f(T、v) \tag{3-15}$$

所以内能也是状态参数，它具有状态参数的一切数学特征。

对于理想气体，由于分子之间没有相互作用力，则不存在内位能，所以理想气体的内能仅包括内动能，是温度的单值函数，即

$$u = f(T) \tag{3-16}$$

（2）外部储存能

外部储存能包括宏观动能 E_k 和重力位能 E_p

1）宏观动能

质量为 m 的工质以速度 c 运动时具有的宏观动能为

$$E_k = \frac{1}{2}mc^2$$

2）重力位能

在重力场中，质量为 m 的工质相对于系统外的参考坐标系的高度为 z 时具有的重力位能为

$$E_p = mgz$$

（3）系统储存能

系统储存能为内部储存能与外部储存能之和，用符号 E 表示，即

$$E = U + E_K + E_P$$

或

$$E = U + \frac{1}{2}mc^2 + mgz \tag{3-17}$$

对于 1kg 工质，其储存能为

$$e = u + \frac{1}{2}c^2 + gz \tag{3-18}$$

2.1.2 系统与外界的能量交换

系统与外界的能量交换，除了物质通过边界时所携带的能量外，还可以通过做功和传热两种方式来实现。

（1）功量

做功是系统与外界传递能量的一种方式。除温度差以外，不平衡势差作用下系统与外界传递的能量称为功量。系统内外的不平衡势导致了过程的发生，而过程停止，功量的传递也就停止。所以功量与状态变化过程有关，功量也是一个过程量。

1kg 气体的容积功用符号 w 表示，单位是 J/kg。一定量气体的功量用符号 W 表示，单位是 J 或 kJ。若工质质量为 $m$kg，则有 $W = mw$。在热力学中还规定：系统膨胀、对外做功为正值，即 $w > 0$；系统被压缩、外界对系统做功为负值，即 $w < 0$。

在热力学中，热能与机械能的相互转换是通过系统的容积变化来实现的，容积的变化有膨胀或压缩两种，因此，工质的功有膨胀功和压缩功两种。工质的压力是做功的推动力，容积的变化与否是做功的标志。容积功的计算可借助工质的参数坐标图——压-容（p-v）图来进行。

如图 3-7 所示，1kg 的工质（气体）在气缸中无磨擦膨胀，气体的压力为 p，当系统克服外力 F 推动活塞移动微小距离 ds 时，系统对外所作的微小膨胀功 δw 为

$$\delta w = F\mathrm{d}s = pf\,\mathrm{d}s$$

或

$$\delta w = p\mathrm{d}v \tag{3-19}$$

式中　f——是活塞的截面积，m^2；

$\mathrm{d}v$——系统比体积的微小变化，m^3。

气体的比体积从 v_1 增加至 v_2。系统所作的膨胀功 w 为

$$w = \int_1^2 p\mathrm{d}v \tag{3-20}$$

式（3-20）不仅适用于膨胀过程，也适用于压缩过程。

可以看出，在 p-v 图上，膨胀功 w 的值为过程曲线下的面积 12nm1，因此，又称

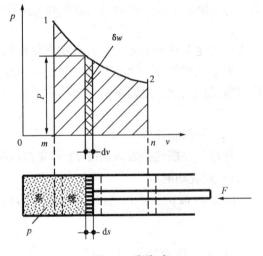

图 3-7　膨胀功

p-v 图为示功图。显然，在初、终状态相同的情况下，若系统经历的过程不同，则膨胀功的大小也不同。这说明，膨胀功的大小不仅与系统的初、终状态有关，还与系统经历的过程有关。因此，膨胀功是一个与过程特征有关的过程量而不是状态量。

（2）热量

当温度不同的两个物体相互接触时，高温物体的温度会逐渐下降，低温物体的温度会逐渐升高。显然，有一部分能量从高温物体传给了低温物体。这种仅仅在温差作用下系统与外界传递的能量称为热量。

热量是系统与外界之间所传递的能量，而不是系统本身具有的能量，故我们不应该说"系统在某状态下具有多少热量"，而只能说"系统在某个过程中与外界交换了多少热量"。也就是说，热量的值不仅与系统的状态有关，还与传热时所经历的具体过程有关，因此，热量是一个与过程特征有关的过程量而不是状态量。

热量用符号 Q 表示，单位为 J，1kg 工质传递的热量用 q 表示，单位为 J/kg。在热力学中规定，系统吸热时，热量为正；系统放热时，热量为负。

系统中工质吸收或放出的热量的多少可利用比热来计算，即

$$q = c\ (t_2 - t_1) \tag{3-21}$$

或
$$Q = cm(t_2 - t_1) \tag{3-22}$$

式中 q——1kg 工质的吸热量，kJ/kg；

  Q——m kg 工质的吸热量，kJ；

  c——工质的比热容，kJ/(kg·℃)；

  t_1——工质变化前的温度，℃；

  t_2——工质变化后的温度，℃。

热量与功量都是系统与外界通过边界交换的能量，且都是与过程有关的量，因此，二者之间必定存在相似性。膨胀功可用 $\delta w = pdv$ 表示，其中压力参数 p 是功量传递的推动力，比体积变化 dv 是有无膨胀功传递的标志；热量传递中温度参数 T 是推动力，与做功情况相应，热量可用下式表示：

$$\delta q = Tds \tag{3-23}$$

对于可逆过程 1-2，传递的热量为

$$q = \int_1^2 Tds \tag{3-24}$$

式中 s——熵，同 v 一样是一个状态参数。

与示功图 p-v 相应，以热力学温标 T 为纵坐标，以熵 s 为横坐标构成 T-s 图，如图 3-8 所示。可以看

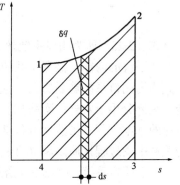

图 3-8 T-s 图

出，在 T-s 图中，热量 q 的值为过程曲线下的面积 12341，因此，又称 T-s 图为示热图。从图中分析可知，系统的初、终状态相同，但经历的过程不同，其传热量也不相同。再次说明热量也是过程量，它与过程特性有关。

2.2 热力学第一定律

2.2.1 热力学第一定律的实质

热力学第一定律是能量守恒与转换定律在热力学上的应用，其实质是讲热能与机械能

之间的转换关系和守恒原则。可以表述为，热可以变为功；功也可以变为热。一定量的热消失时，必产生一定量的功；同样，消耗了一定量的功，必出现与之对应的一定量的热。热力学第一定律说明了热功相互转换时，存在着一个确定的数量关系，所以热力学第一定律也称为当量定律。

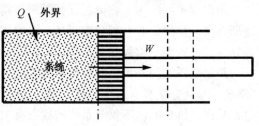

图 3-9 闭口系统的能量转换

2.2.2 闭口系统的热力学第一定律

闭口系统与外界没有物质的交换，只有热量和功量交换。如图 3-9 所示，取气缸内的工质为系统，在热力过程中，系统从外界热源吸取热量 Q，对外界作膨胀功 W。根据热力学第一定律，系统总储存能的变化应等于进入系统的能量与离开系统的能量差，即

$$E_2 - E_1 = Q - W$$

式中　E_1——系统初状态的储存能；

　　　E_2——系统终状态的储存能。

对于闭口系统，E_K 和 E_P 没有变化，这样

$$E_2 - E_1 = U_2 - U_1 = Q - W$$

即
$$Q = U_2 - U_1 + W$$

或
$$Q = \Delta U + W \tag{3-25a}$$

对 1kg 的工质，上式可写作：

$$q = \Delta u + w \tag{3-25b}$$

式（2-25）即为闭口系统热力学第一定律方程。它表示：加给系统的热量，一部分用于增加系统的内能，储存于系统的内部，余下部分以容积功的形式与外界进行交换。以上各式均为闭口系统能量方程。它表明，加给系统一定的热量，一部分用于改变系统的内能，一部分用于对外作膨胀功。闭口系统能量方程反应了热功转换的实质，是热力学第一定律的基本方程。虽然该方程是由闭口系统推导而得，但因热量、内能和膨胀功三者之间的关系不受过程性质限制（可逆或不可逆），所以它同样适用于开口系统。

一个闭口系统，如图 3-9 所示气缸中的气体，经历了一个热力过程。没有物质交换，但系统与外界有能量交换，即热量和功量。系统的储存能在过程中也会发生变化。这样，根据热力学第一定律，系统的储存能的变化等于进入系统的能量与离开系统的能量之差，有

$$E_2 - E_1 = Q - W$$

式中　E_2、E_1——分别为系统初、终状态储存能；

　　　Q、W——分别为系统与外界交换的热量和容积功。

对于闭口系统，E_k 和 E_p 一般没有变化，可不予考虑。这样

$$E_2 - E_1 = U_2 - U_1 = Q - W$$

即 $Q = U_2 - U_1 + W$

或 $Q = \Delta U + W$ (3-26a)

对 1kg 的工质，上式可写作：

$$q = \Delta u + w \tag{3-26b}$$

对于微元热力过程

$$\delta q = du + \delta w \tag{3-26c}$$

以上各式均为闭口系统能量方程。它表示：加给系统的热量，一部分用于增加系统的内能，储存于系统的内部，余下部分以容积功的形式与外界进行交换。

【例 3-5】5kg 气体在热力过程中吸热 70kJ，对外膨胀做功 50kJ。该过程中内能如何变化？每 kg 气体内能的变化为多少？

【分析】这是已知质量的气体在过程中与外界的热量、功量交换，求气体的内能变化的题，用式（3-26a）和 $\Delta U = m\Delta u$ 即可解知。

【解】根据式（3-26a），可得

$$\Delta U = Q - W = 70 - 50 = 20\text{kJ}$$

由于 $\Delta U = 20\text{kJ} \neq 0$，所以系统内能增加。

每 kg 气体内能的变化为

$$\Delta u = \frac{\Delta U}{m} = \frac{20}{5} = 4\text{kJ/kg}$$

【例 3-6】一定量气体由状态 a 经状态 1 变化到状态 b，如图 3-10 所示，在此过程中，气体吸热 8kJ，对外做功 5kJ。问气体的内能改变了多少？如果气体从状态 b 经状态 2 回到状态 a 时，外界对气体做功 3kJ。问气体与外界交换了多少热量？

【分析】过程 a-1-b 与过程 b-2-a 初、终状态互为相反，因此，两过程内能的变化量 ΔU 互为相反数，即 $\Delta U_{a1\text{-}b} = -\Delta U_{b2\text{-}a}$。

【解】由公式（3-26）得过程 a-1-b 的内能的变化量 $\Delta U_{a1\text{-}b}$

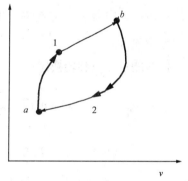

图 3-10　例 3-6 图

$$\Delta U_{a1\text{-}b} = Q_{a1\text{-}b} - W_{a1\text{-}b} = 8 - 5 = 3\text{kJ}$$

由于 $\Delta U_{b2\text{-}a} = -\Delta U_{a1\text{-}b} = -3\text{kJ}$

则 $Q_{b2\text{-}a} = \Delta U_{b2\text{-}a} + W_{b2\text{-}a} = -3 + (-3) = -6\text{kJ}$

因此，气体在 b-2-a 过程中放出 6kJ 的热量。

2.2.3　开口系统稳定流动的能量方程

实际工程中的很多设备属于开口系统，即系统与外界不但有能量的转移与转换，而且还有物质交换。如：锅炉设备、制冷压缩机、通风机、换热器等。所谓稳定流动，是指在稳定工况下，流动工质在各个截面上的状态参数保持不变；单位时间内流过各截面的工质质量不变；系统与外界的功量和热量交换也不随时间而改变。热力学第一定律应用于稳定流动的开口系统的解析式称为稳定流动能量方程式。

如图 3-11 所示为一开口系统稳定流动示意图。假设在同一时间内，有 1kg 的工质通过截面Ⅰ-Ⅰ流入系统，同时也有 1kg 的工质通过截面Ⅱ-Ⅱ流出系统。外界对系统加入热量 q，工质对外界作的功为 w，流经Ⅰ-Ⅰ截面的工质参数为：p_1、t_1、v_1、u_1，流速 c_1，截面积为 f_1，标高为 z_1；流经Ⅱ-Ⅱ截面的工质参数为：p_2、t_2、v_2、u_2，流速 c_2，截面积为 f_2，标高为 z_2。

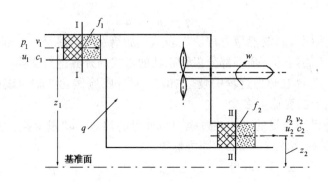

图 3-11　开口系统稳定流动示意图

工质流入Ⅰ-Ⅰ截面时，带入的能量包括：内能 u_1，外界将工质推入系统所做的推动功 $p_1 v_1$，工质所具有的动能 $\dfrac{c_1^2}{2}$，工质所具有的重力位能 gz_1。工质流出Ⅱ-Ⅱ截面时，带出的能量包括：内能 u_2，系统对外所做的推动功 $p_2 v_2$，工质所具有的动能 $\dfrac{c_2^2}{2}$，工质所具有的重力位能 gz_2。

根据能量守恒和转换定律，工质流入系统的能量总和等于流出系统的能量总和，即

$$u_1 + p_1 v_1 + \frac{c_1^2}{2} + gz_1 + q = u_2 + p_2 v_2 + \frac{c_2^2}{2} + gz_2 + w \tag{3-27}$$

则

$$q = (u_2 + p_2 v_2) - (u_1 + p_1 v_1) + \frac{c_2^2 - c_1^2}{2} + g(z_2 - z_1) + w \tag{3-28}$$

令 $h = u + pv$，因为 u、p、v 都是工质的状态参数，所以 h 也是状态参数，这个参数叫焓，单位与 u 和 pv 相同，为 J/kg。这样上式成为

$$q = h_2 - h_1 + \frac{c_2^2 - c_1^2}{2} + g(z_2 - z_1) + w \tag{3-29}$$

式（3-29）就是稳定流动的能量方程式，也称为开口系统热力学第一定律能量方程式。

对于质量为 $m$kg 的工质，焓用 H 来表示，单位是 J。则

$$H = mh = U + pV \tag{3-30}$$

对于 $m$kg 的工质，式（3-29）成为

$$Q = (H_2 - H_1) + m\frac{c_2^2 - c_1^2}{2} + mg(z_2 - z_1) + W \tag{3-31}$$

式中　Q——$m$kg 工质与外界交换的热量，kJ；

W——$m$kg 工质与外界交换的功量，kJ。

2.2.4 稳定流动能量方程式在工程上的应用

稳定流动的能量方程式在工程上应用非常广泛。对于一些具体的设备，稳定流动的能量方程可简化为不同的形式。

（1）热交换器

工质流过锅炉、蒸发器、冷凝器、空气加热器等热交换设备时，由于系统与外界没有功量交换，故 $w = 0$，又由于动能、位能变化很小，故 $\frac{c_2^2 - c_1^2}{2} \approx 0, g(z_2 - z_1) \approx 0$，这样稳定流动的能量方程式就成为

$$q = h_2 - h_1 \tag{3-32}$$

所以，在锅炉等热交换设备中，工质吸收的热量等于焓的增加量。

（2）动力机

工质流过汽轮机、燃气轮机等动力机械设备时，工质压力减低，对外界做功，外界并未对工质加热，工质向外散热又很小，故认为 $q \approx 0$，又由于动能、位能变化很小，故 $\frac{c_2^2 - c_1^2}{2} \approx 0, g(z_2 - z_1) \approx 0$，这样稳定流动的能量方程式就成为

$$w = h_1 - h_2 \tag{3-33}$$

这样，工质在动力机械设备中，工质对外界所做的功等于工质的焓降。

在汽轮机中，若已知蒸汽的流量为 m kg/s，则可求出汽轮机的理论功率

$$P = W = m(h_1 - h_2) \text{ kW} \tag{3-34}$$

（3）压气机

与动力机相反，压气机是消耗机械功而获得高压气体的。工质流过叶轮式压气机时，由于转速快，故来不及向外界散热，故 $q \approx 0$，又由于动能、位能变化很小，故 $\frac{c_2^2 - c_1^2}{2} \approx 0, g(z_2 - z_1) \approx 0$，这样稳定流动的能量方程式就成为

$$-w = h_2 - h_1 \tag{3-35}$$

这样，工质在叶轮式压气机中所消耗的绝热压缩功等于工质的焓增。

对于活塞式压气机，在气缸的外面有散热片或冷却水套，来增加散热过程的散热，达到降温和省功的目的。这样 $q \neq 0$，稳定流动的能量方程式就成为

$$-w = (h_2 - h_1) + (-q) \tag{3-36}$$

活塞式压气机所消耗的压缩功等于工质的焓增与对外散热量之和。

【例 3-7】一蒸汽锅炉，蒸发量为2t/h，进入锅炉的水的焓 $h_1 = 65$kJ/kg，产出蒸汽的焓 $h_2 = 2700$kJ/kg。若天然气的发热量为40000kJ/Nm³，问锅炉每小时的燃气量为多少 Nm³（标准立方）？

【分析】首先要算出水的加热量；燃气的放热量即为水的吸热量。

【解】由公式（3-32）得

$$q = h_2 - h_1 = 2700 - 65 = 2635 \text{ kJ/kg}$$

每小时水的吸热量

$$Q = 2 \times 1000 \times 2635 = 5.27 \times 10^6 \text{ KJ}$$

锅炉每小时的燃气量

$$V = \frac{5.27 \times 10^6}{40000} = 131.75 \text{Nm}^3$$

【例 3-8】 一氟 R12 制冷压缩机, 吸入工质的焓为 228.81 kJ/kg, 排出工质的焓为 351.48 kJ/kg, 进入压气机的工质流量为 200kg/h, 试计算压气机压缩工质所需要的功率。

【分析】 首先要求出需要的功, 然后才能求出功率。

【解】 由公式 (3-35), 压缩 1kg 工质所需的功为

$$w = h_2 - h_1 = 351.48 - 228.81 = 122.67 \text{ kJ/kg}$$

压气机所需要的功率为

$$P = mw = \frac{200}{3600} \times 122.67 = 6.87 \text{kW}$$

2.3 基本热力过程及其热力学第一定律的表达应用

热力工程中, 系统与外界的能量交换是通过热力过程来实现的。实际的热力过程多种多样, 有些复杂, 有些简单。热力学对复杂过程进行科学抽象, 把实际复杂过程按其特点近似地简化为简单过程, 或几个简单过程的组合。以下将主要讨论四个基本的热力过程——定容过程、定压过程、定温过程和绝热过程。

2.3.1 定容过程

一定量的气体在容积保持不变的情况下进行的过程, 叫做定容过程。例如密闭容器内气体的加热或冷却就属于这个过程。

定容过程的过程方程式为

$$v = 常数 \quad 或 \quad V = 常数 \tag{3-37}$$

在 $p\text{-}v$ 图上, 定容过程是一条平行于纵轴的直线, 如图 3-12 所示。从图上可知, 当对气体加热时, 由于气温度升高, 压力也就随之升高, 过程线升向上方, 从 1 上升到 2; 反之, 在冷却时, 气体温度降低, 压力也就随之降低, 过程线指向下方, 从 1 下降到 2′。

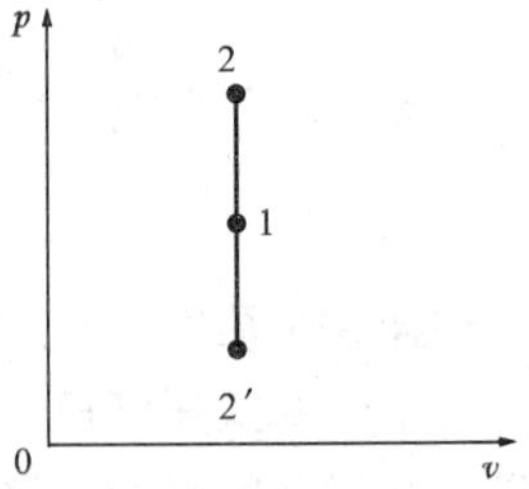

根据公式 (3-14), 定容过程初、终状态参数的关系为

$$\frac{p_1}{T_1} = \frac{p_2}{T_2} \quad 或 \quad \frac{p_1}{p_1} = \frac{T_1}{T_2} \tag{3-38}$$

上式表明, 在定容过程中, 气体的压力与绝对温度成正比。即温度升高时, 压力升高; 温度降低时, 压力降低。

在定容过程中, 虽然气体状态发生了变化, 但由于容积不变, 所以气体没有对外界做功, 外界也没有对气体做功, 故 $w = 0$。

根据热力学第一定律可得

$$q = \Delta u + w = \Delta u + 0 = \Delta u$$

上式说明, 在定容过程中, 若外界对气体加热, 则这份热量全部用来增加气体的内能, 从而使温度升高; 若气体向外界放热, 这份热量是由内能转换而来, 此时气体的内能减少, 温度随之降低。因此, 定容过程内能的增加就等于加入的热量。

定容过程的热量和内能变化, 也可由比热求得。根据公式 (3-21), 得

图 3-12 定容过程的 $p\text{-}v$ 图

$$q_v = \Delta u = c_v \left(T_2 - T_1 \right) \tag{3-38}$$

式中　c_v——气体的定容比热，kJ/（kg·℃）。

对于理想气体，内能只是温度的单值函数，因此理想气体内能的变化，不论在何种过程，都可以用式（3-38）来求得。

2.3.2　定压过程

一定量的气体在状态变化时压力保持不变的过程称定压过程。在很多热力设备中，加热与放热过程都是在接近定压的情况下进行的，如水在锅炉中的汽化过程，表面式换热器的加热和冷却过程等均为定压过程。

定压过程的过程方程式为

$$p = 常数 \tag{3-39}$$

在 $p\text{-}v$ 图上，由于压力不变，定压过程是一条水平线，如图 3-13 所示。从图上可知，当气体被加热时，温度升高，比体积增大，过程线向右方，从 1 升到 2；反之，在当气体被冷却时，温度降低，比体积减少，过程线伸向左方，从 1 降到 2′。

初、终状态参数的关系式，同样可根据过程方程式 $p = $ 常数和状态方程式 $pv = RT$ 得到：

$$\frac{v}{T} = \frac{R}{p} = 常数$$

即
$$\frac{v_1}{T_1} = \frac{v_2}{T_2} \text{或} \frac{v_1}{v_1} = \frac{T_1}{T_2} \tag{3-40}$$

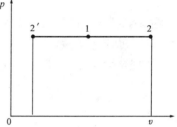

图 3-13　定压过程的 $p\text{-}v$ 图

上式表明，在定压过程中，气体的比体积与绝对温度成正比。即温度升高时，比体积升高；温度降低时，比体积降低。

在定压过程中气体所作的功可用下式求得

$$w = p(v_2 - v_1)$$

在 $p\text{-}v$ 图上，1-2 线下面的矩形面积（阴影部分）就是气体所作的膨胀功。同样，1-2′线下面的矩形面积就是气体所作的压缩功。

定压过程中气体的内能变化为：

$$\Delta u = u_2 - u_1$$

根据热力学第一定律可得

$$q = \Delta u + w = u_2 - u_1 + p(v_2 - v_1) = h_2 - h_1$$

上式说明，在定压过程中的热量等于终、初状态的焓之差。

2.3.3　定温过程

一定量的气体在温度不变的情况下进行的过程叫做定温过程。例如在气缸外面设冷却水套的活塞式压缩机,用冷却水将压缩过程产生的热量带走，这个过程可近似认为定温过程。

定温过程的过程方程式为

$$T = 常数$$

或
$$pv = 常数 \tag{3-41}$$

在 $p\text{-}v$ 图上，定温过程是一条等边双曲线，如图 3-14 所示。图中 1-2 表示定温膨胀过程，1-2′表示定温压缩过程。

定温过程中初、终状态参数的关系式为 T = 常数，所以 $p_1 v_1 = p_2 v_2 = RT$ = 常数。即

$$\frac{p_1}{p_2} = \frac{v_2}{v_1} \qquad (3-42)$$

上式表明，在定温过程中，气体的温度不变，压力与比体积成反比。

由于定温过程中的温度不变，所以，理想气体的内能没有变化，即 $u_2 = u_1$ = 常数。同样，定温过程中的焓也不变，即：$h_1 = h_2$ = 常数。

定温过程的功可用积分的方法求得：

$$w_T = RT\ln \frac{v_2}{v_1} \text{ 或 } w_T = RT\ln \frac{p_1}{p_2} \qquad (3-43)$$

在 p-v 图上，曲线 1-2 下面的面积（阴影部分）即相当于气体所作的膨胀功。而曲线 1-2′下面的面积为压缩功。

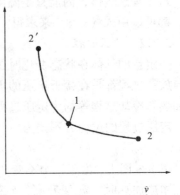

图 3-14　等温过程的 p-v 图

在定温过程中，由于气体的内能没有变化，即：$\Delta u = 0$，所以根据热力学第一定律可知：

$$q_T = \Delta u + w = 0 + w_T = w_T$$

上式说明，在定温过程中，外界对气体所施加的热量，全部用来对外膨胀做功。反之，若气体向外界放出热量，此热量必须由外界压缩气体所作的功转化而来。

2.3.4　绝热过程

一定量的气体与外界没有热量交换的情况下进行的过程称为绝热过程。所以绝热过程的热量 $q = 0$。这种过程事实上是不存在的。但当过程进行得很快以至工质与外界来不及交换热量时，或者热绝缘材料很好，交换的热量很少时，则这种过程可近似地看作绝热过程。例如空气在压气机中的压缩过程；工质在汽轮机或内燃机中的膨胀过程；工质流过喷管的过程；工质的节流过程。

绝热过程方程式为

$$pv^k = 常数 \qquad (3-44)$$

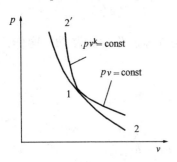

图 3-15　绝热过程的 p-v 图

在 p-v 图上，绝热过程是一条不等边双曲线，它比等温线陡。如图 3-15 所示。图中 1-2 表示绝热膨胀过程，1-2′表示绝热压缩过程。根据热力学第一定律，在绝热过程中：

$$q = \Delta u + w = 0$$

所以

$$-\Delta u = w$$

上式说明，在绝热过程中气体内能的减少，全部用于对外膨胀做功；外界对气体所做的压缩功，则全部用于增加气体的内能。

在绝热过程中，由于 $\mathrm{d}q = 0$，根据熵的定义式（3-23），可得

$$ds = \frac{\mathrm{d}q}{T} = 0$$

即
$$s = 常数$$

所以可逆绝热过程又称为定熵过程。

2.3.5　多变过程

定容、定温、定压、绝热四种基本热力过程，在工质的状态发生变化时，都有一个状态参数保持不变，或与外界无热量交换。而在实际热力过程中，各状态参数往往都在变化，并且系统与外界也不完全绝热。对于这些实际过程的研究，就需要有一种比基本热力过程更一般化，但仍按一定规律变化的理想过程，即所谓的多变热力过程来分析。

多变过程方程式为

$$pv^n = 常数 \tag{3-45}$$

式中　n——多变指数，不同的热力过程，n 有不同的数值。

当多变指数 n 取不同值时，就代表了不同的过程。如

$n = 0$ 时，$pv^0 = 常数$，即 $p = 常数$，为定压过程；

$n = 1$ 时，$pv = 常数$，为定温过程；

$n = k$ 时，$pv^k = 常数$，为可逆绝热过程或定熵过程；

$n = \pm\infty$ 时，$p^{1/n}v = 常数$，$v = 常数$，为定容过程。

由此看出，四种基本热力过程是多变过程在一定条件下的特例。

如图 3-16 所示，在 $p\text{-}v$ 图上表示了 n 的变化规律。实际过程中的 n 值可根据具体情况而定。

若实际过程的 n 变化不大，仍可近似地将其视为 n 是定值的多变过程；若实际过程的 n 变化较大，可将其分为几段 n 值不同的多变过程，每段过程中的 n 仍为常数。

图 3-16　多变过程的 $p\text{-}v$ 图

根据多变过程方程式，可得初、终基本状态参数之间的关系为

$$\frac{p_2}{p_1} = \left(\frac{v_1}{v_2}\right)^n \tag{3-46}$$

$$\frac{T_2}{T_1} = \left(\frac{p_2}{p_1}\right)^{\frac{n-1}{n}} \tag{3-47}$$

$$\frac{T_2}{T_1} = \left(\frac{v_1}{v_2}\right)^{n-1} \tag{3-48}$$

多变过程内能变化为

$$\Delta u = c_v \left(T_2 - T_1\right)$$

多变过程所做的功

$$w_n = \int_1^2 pdv = \int_1^2 pv^n \frac{dv}{v^n} = \int_1^2 p_1 v_1^n \frac{dv}{v^n} = p_1 v_1^n \int_1^2 \frac{dv}{v^n}$$

$$= \frac{1}{n-1}(p_1 v_1 - p_2 v_2) = \frac{R}{n-1}(T_1 - T_2) \tag{3-49}$$

多变过程中的换热量为

$$q_n = \Delta u + w_n = \left(1 - \frac{R}{n-1}\right)(T_2 - T_1) \tag{3-50}$$

【例3-9】将 $0.3 N m^3$ 温度 $t_1 = 45℃$、压力 $p_1 = 103.2 kPa$ 的氧气盛于一个具有可移动活塞的圆筒中，氧气先在定压下吸热，过程为1-2；然后在定容下冷却到初温45℃，过程为2-3。设在定容冷却终了时氧气的压力 $p_3 = 58.8 kPa$。试求这两个过程中所加入的热量、内能的变化、焓的变化以及所做的功。

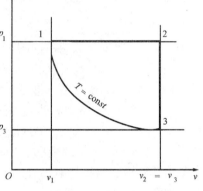

【分析】将过程1-2-3表示在 $p\text{-}v$ 图上，如图3-17所示。由于气体终了状态3与初始状态1温度相同，系统内能的变化和焓的变化只与始、终状态有关，而与过程无关，因此，两个过程中所加入的热量、内能的变化、焓的变化和所做的功等同于图中1-3等温过程所加入的热量、内能的变化、焓的变化和所做的功。

图3-17 例题3-7图

【解】由于理想气体内能和焓都是温度的单值函数，而过程1-3的始、终温度不变，$T_1 = T_3$，故

$$\Delta U_{13} = \Delta U_{12} + \Delta U_{23} = 0$$

$$\Delta H_{13} = \Delta H_{12} + \Delta H_{23} = 0$$

因为等温过程 $\Delta U = 0$，所以过程中所加入的热量和所做的功相等，即

$$Q_T = W_T = mw_T = mRT\ln\frac{p_1}{p_3}$$

已知氧气的气体常数 $R = 259.8 J/(kg \cdot k)$，$T = T_3 = T_1 = 318℃$，氧气的质量为

$$m = \frac{p_1 V_1}{RT_1} = \frac{p_0 V_0}{RT_0} = \frac{101325 \times 0.3}{259.8 \times 273} = 0.4286 kg$$

所以

$$Q_T = W_T = 0.4286 \times 259.8 \times 318\ln\frac{103.2}{58.8}$$

$$= 19.92 kJ$$

2.4 热力学第二定律

热力学第二定律是关于热力过程进行的方向、条件和限度问题的规律。其中最根本的是热力过程的方向问题。

2.4.1 自发过程与非自发过程

我们将可以无条件进行的过程称为自发过程，将不能无条件进行的过程称为非自发过程。显然，自发过程都是不可逆过程。但必须指出，自发过程的不可逆性并不是说自发过程的逆过程不能进行。自发过程的逆过程是可能实现的，但必须有另外的补偿过程同时进行。例如，要使热量由低温物体传向高温物体，可以通过制冷机消耗一定的机械能来实现，这一消耗机械能的过程就是补偿过程。所消耗的机械能转变为热能，这是一个自发过程。又如，热能转变为机械能也是一个非自发过程，但可通过热机来实现，热机使一部分热量转变为功，另一部分热量从热源流向冷源，后者是自发过程，它使前者得到了补偿。由此可知，非自发过程进行的必要条件是要有一个自发过程进行补偿。

2.4.2 热力学第二定律的表述

针对各种具体过程，热力学第二定律可有不同的表述形式。由于各种表述方式所阐明的是同一个客观规律，所以它们是彼此等效的。这里只介绍两种经典说法。

（1）克劳修斯（Clausius）表述

不可能把热量从低温物体传向高温物体而不引起其他变化。

这种说法指出了传热过程的方向性，是从热量传递过程来表达热力学第二定律的。它说明，热量从低温物体传至高温物体是一个非自发过程，要使之实现，必须花费一定的代价，即需要通过制冷机或热泵装置消耗功量进行补偿来实现。

（2）开尔文—普朗克（Kelvin-Plank）表述

不可能制造从一个热源取得热量使之完全变为机械功而不引起其他变化的循环发动机。这种说法也可以简化为"第二类永动机是不能制成的"。

这种说法是从热功转换过程来表达热力学第二定律的。它说明，从热源取得的热量不能全部变成机械能，因为这是非自发过程。但若伴随以自发过程作为补偿，那么热能变成机械能的过程就能实现。

上述两种说法是根据不同类型的过程所做出的特殊表述，热力学第二定律还有很多不同的说法，通过论证，可以证明其实质都是一致的。

课题 3 水 蒸 气

水蒸气是热力工程中常用的工质之一。水蒸气不同于理想气体，是一种刚刚离开液态而又比较接近液态的实际气体。而且它在工作过程中常发生相态变化，分子之间的作用力及分子本身占有的容积不能忽略。

实际气体的热力性质远比理想气体复杂，其状态参数之间的关系不能用理想气体状态方程来描述，也很难用单纯的数学方法来描述水蒸气的物理性质，常用经过实验和计算所制定出来的水蒸气图来解决有关水蒸气的计算问题。

本课题主要讲水蒸气的基本概念，水蒸汽的性质和水蒸气图表的应用。

3.1 水蒸气的基本概念

3.1.1 汽化

物质由液态变为气态的过程称为汽化，并有蒸发与汽化两种形式。

（1）蒸发

它是在液体表面进行的汽化过程。蒸发可在任何温度下进行，但液体的温度越高，蒸发越快。蒸发可分两种情况，一是靠消耗自身的内能汽化的自然蒸发（表现为液体温度的下降），另一是获取外界供给能量来蒸发。

（2）沸腾

在一定条件下，当液体被加热到某一温度时，在液体内部和表面同时进行的剧烈汽化现象，称为沸腾。工业上所用的蒸汽都是用沸腾的方式来生产。

实验证明，液体在沸腾时，虽然对它继续加热，但液体的温度仍保持不变，而且液体与蒸汽的温度相同。液体沸腾时的温度称为沸点（或饱和温度）。

工程上，把 1kg 饱和水完全变成同温度干饱蒸汽所需的热量称为该温度下的汽化潜热，简称汽化热，以 γ 表示，单位 kJ/kg。

3.1.2 凝结

物质由汽态变为液态的过程称为凝结（也叫液化）。液体的沸点温度也就是蒸汽的凝结温度。蒸汽凝结过程与汽化过程相反，并在凝结时放出热量。蒸汽供采暖系统就是用蒸汽凝结放热来向房间内供暖的。

1kg 蒸汽转变成同温度液体的过程中所放出的热量称为凝结热。凝结热和汽化热数值相等。

物质在不发生相变，而温度增加或减少时所吸收或释放的热量称为显热。

3.1.3 饱和状态

当液体在有限的密闭空间内汽化时，液体表面有分子脱离液面逸入空间，且液体的温度越高，进入液面上部空间的分子越多。随着液面上空单位容积内蒸汽分子数（密度）的增大，因分子撞击回液体的分子数就越多。当液体上空单位容积内蒸汽分子数（密度）达到一定程度时，在单位时间内逸出液面的分子数目将与回到液体的分子数目相等，即表面汽化速度与液化速度相等。这种汽液两相处于动态平衡的状态，称为饱和状态。

饱和状态下的水和蒸汽分别称为饱和水和饱和蒸汽。饱和蒸汽的压力称为饱和压力，用 p_s 表示。此状态下的温度称饱和温度，用 t_s 表示。饱和压力与饱和温度之间是一一对应关系，且饱和压力随饱和温度升高而升高。其原因是，当液体温度升高时，液体分子的平均动能增大，单位时间内逸出液面的分子数增多，因而蒸汽的密度增大。同时，随着温度的升高，蒸汽分子运动的平均速度增大，使得蒸汽分子撞击液面和器壁的次数增多，撞击的作用加强，所以饱和压力增大。由于达到饱和状态时，饱和温度一定，蒸汽分子浓度不再改变，分子的平均动能也一定，故所产生的饱和压力也是定值。饱和温度与饱和压力的单值对应关系可用实验直接测定，也可用下式表示：

$$t_s = f\ (p_s) \tag{3-51}$$

3.2 水蒸气的定压生产过程

工程上所用的水蒸气都是在锅炉内定压加热生产的，其产生过程可用图 3-18 所示的示意图来说明。

将 1kg 的水置于定压的容器中，活塞上加载恒定的压力 p，使水在定压下变为蒸汽。根据水状态参数变化的特点，水蒸气的发生过程可分为三个阶段，五种状态。

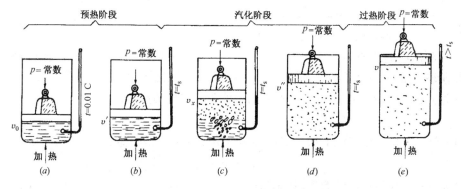

图 3-18　水蒸气定压形成过程示意图

（a）未饱和水；（b）饱和水；（c）湿蒸汽；（d）干饱和蒸汽；（e）过热蒸汽

3.2.1　未饱和水的定压预热阶段

对 1kg 温度为 t 的工质水加热，工质吸热后温度不断升高，升到该压力所对应的饱和温度 t_s。在该过程中，水的比体积略有增加，如图 3-18（b）所示。温度 $t < t_s$ 的水，称为未饱和水或过冷水；等温度达到 t_s 时水即为饱和水。

水在定压下从未饱和水加热到饱和水阶段所吸收的热量称为液体热，用符号 q_1 表示，即

$$q_1 = h' - h \tag{3-52}$$

式中　h'——饱和水的焓，kJ/kg；

　　　h——未饱和水的焓，kJ/kg。

3.2.2　饱和水的定压汽化阶段

当水温达到 p 所对应的饱和温度 t_s 时，继续加热，水将不断沸腾生成蒸汽，容器中的水量逐渐减少，蒸汽逐渐增多，最终全部变成 t_s 温度下的水蒸气，即称为干饱和蒸汽或简称干蒸汽，如图 3-18（d）所示。在此过程中，容器中的工质始终处于饱和状态。水和饱和蒸汽仍保持温度 t_s 不变，比体积随着蒸汽的增多而迅速增大，见图 3-18（c）所示。这种饱和水与饱和蒸汽共存的状态，称为湿蒸汽状态，混合物饱和水与饱和蒸汽称为湿蒸汽。

由于湿蒸汽处于饱和状态，其压力与温度有着一一对应的关系，压力与温度不是相互独立的参数。因此要表明湿蒸汽的状态，还需知道湿蒸汽中饱和水与饱和蒸汽所占的比例。把 1kg 湿蒸汽中所含的饱和蒸汽的质量称为湿蒸汽的干度，用 x 表示。

$$x = \frac{m_{vap}}{m_{vap} + m_{wat}} \tag{3-53}$$

式中　m_{vap}——湿蒸汽中的饱和蒸汽的质量，kg；

　　　m_{wat}——湿蒸汽中的饱和水的质量，kg。显然 $x = 0 \sim 1$。对饱和水 $x = 0$；对饱和蒸汽 $x = 1$。

把 1kg 的饱和水定压加热成干饱和蒸汽所需的热量称为汽化潜热，用 γ 表示。即

$$\gamma = h'' - h' \tag{3-54}$$

式中　h'——饱和水的焓，kJ/kg；

h''——干饱和蒸汽的焓，kJ/kg。

3.2.3 干饱和蒸汽的定压过热阶段

干饱和蒸汽继续加热，比体积增大，蒸汽温度上升而高于饱和温度，这就是蒸汽的定压过热阶段，如图 3-18（e）所示。由于这时蒸汽的温度已超过相应压力下的饱和温度，故称为过热蒸汽。其温度超过饱和温度的值称为过热度 Δt，有

$$\Delta t = t - t_s \tag{3-55}$$

1kg 干饱和蒸汽在定压下加热成过热蒸汽所吸收的热量叫做过热热量，用 q_{su} 表示。即

$$q_{su} = h - h''$$

式中　h——干饱和蒸汽的焓，kJ/kg。

3.3　水和水蒸气的热力性质表

水蒸气表的构成和类型

（1）制表依据

1）零点的规定。根据 1963 年第六届国际水蒸气会议决定，以水的三相（纯水的冰、水和汽）点作为基准点。规定在三相点时饱和水的内能和熵为零。其参数为：

$$t_0 = 0.01℃$$
$$p_0 = 0.6112\ kPa$$
$$v_0' = 0.00100022 m^3/kg$$
$$u_0' = 0\ kJ/kg$$
$$s_0' = 0\ kJ/（kg·K）$$
$$h_0' = u_0' + p_0 v_0' = 0.000611 ≈ 0\ kJ/kg$$

2）内能 u、焓 h、熵 s 都是与规定零点的差值。

（2）水蒸气表

水蒸气表一般有三种，见表 3-3。这三种蒸汽表的整套数据详见本书附录 3-1、附录 3-2 和附录 3-3。

水蒸气表的种类　　　　　　　　　　　　　　　　表 3-3

序　号	1	2	3
名　称	按温度排列的饱和水与饱和蒸汽表（见附录 3-1）	按压力排列的饱和水与饱和蒸汽表（见附录 3-2）	按压力和温度排列的未饱和水与过热蒸汽表（见附录 3-3）

1）饱和水与饱和蒸汽表。因为在饱和线上和饱和区内，只有一个变量温度或压力，所以表中为方便工程计算均以整数值列出，见附录 3-1 和附录 3-2。

2）未饱和水与过热蒸汽表。由于液体和过热蒸汽都是单相物质，需要两个独立变量才能确定状态，见附录 3-3。表中粗黑线的上方是未饱和水参数值，粗黑线下方是过热蒸汽的参数值。

3）湿蒸汽是饱和水与饱和蒸汽的混合物，其状态参数可由饱和水和饱和蒸汽的参数求得。

$$v_x = xv'' + (1 - x) v' = v' + x (v'' - v') \approx xv'' \tag{3-56}$$

$$h_x = xh'' + (1 - x) h' = h' + x (h'' - h') = h' + x\gamma \tag{3-57}$$

$$s_x = xs'' + (1 - x) s' = s' + x (s'' - s') = s' + x \frac{\gamma}{T_s} \tag{3-58}$$

$$u_x = h_x - p_s v_x \tag{3-59}$$

在工程计算中,水蒸气表可用来确定水蒸气的状态、状态参数,还可进行水蒸气热力过程量计算。

【例 3-10】如水的温度 $t = 120℃$,压力分别为 0.1MPa、0.5MPa、1MPa 时,试确定其所处状态。

【分析】有二种方法来判断。第一种方法是把水相应压力下的饱和温度 t_s 查出,与已知的水温 t 比较,若 $t_s < t$,则水处于过热蒸汽状态;若 $t_s > t$,则水处于未饱和水状态;若 $t_s = t$,则水处于饱和水(或湿蒸汽,或饱和蒸汽)状态。第二种方法是根据已知的水温度,查出这一温度所对应的饱和压力 p_s,与水所处的各压力 p 进行比较,若 $p_s > p$,则水处于过热蒸汽状态;若 $p_s < p$,则水处于未饱和水状态;若 $p_s = p$,则水处于饱和水(或湿蒸汽,或饱和蒸汽)状态。

【解】用第二种方法判断。查附录 3-1,当 $t = 120℃$ 时,$p_s = 0.19854$ MPa

所以 $p_1 = 0.1$ MPa $< p_s$,水处于过热蒸汽状态;

$p_2 = 0.5$ MPa $> p_s$,水处于未饱和水状态;

$p_2 = 1$MPa $> p_s$,水处于未饱和水状态。

【例 3-11】1m³ 的封闭容器内有 4kg 水,加热至温度为 150℃。用水蒸气表求 1)压力;2)蒸汽的质量;3)蒸汽的体积。

【分析】本题先根据水的温度和比体积,判断水所处的状态,再来求相关的参数。

【解】由附录 3-1 查得 150℃ 时,饱和水的比体积 $v' = 0.0010908$m³/kg,饱和蒸汽的比体积 $v'' = 0.39261$m³/kg;由于此时水的比体积 $v = 1/4 = 0.25$m³/kg,$v' < v < v''$,所以容器中水处于饱和的湿蒸汽状态。因此

1)由温度 150℃,查附录 3-1,知湿蒸汽的压力为 $p_s = 475.97$ kPa;

2)据式(3-56),得 $v_x = v' + x (v'' - v')$,即 $1/4 = 0.0010908 + x (0.39261 - 0.0010908)$ 可得干度 $x = 0.6356$,由式(3-53)得蒸汽质量

$$m_{vap} = mx = 4 \times 0.6356 = 2.542 \text{ kg}$$

3)蒸汽的体积 $V_{vap} = v'' m_{vap} = 0.39261 \times 2.542 = 0.99801$m³

【例 3-12】5m³ 的过热蒸汽,在压力 0.5MPa 下从 200℃ 定压加热到 300℃。试求该过程的吸热量。

【分析】在定压下,水从状态 1 到状态 2 加热过程中所吸收的热量 $Q = mq = m (h_2 - h_1)$。

【解】由附录 3-3,知 0.5MPa、200℃ 时,过热蒸汽的焓 $h_1 = 2855.4$kJ/kg,比体积 $v_1 = 0.4249$m³/kg;0.5MPa、300℃ 时,过热蒸汽的焓 $h_2 = 3064.2$ kJ/kg;

那么

$$q = \Delta h = h_2 - h_1 = 3064.2 - 2855.4 = 208.8 \text{ kJ/kg};$$

所以
$$Q = m \times q = \frac{V}{v_1} \times q = \frac{5}{0.4249} \times 208.8 = 2457 \text{ kJ}$$

3.4 水蒸气的焓-熵图

3.4.1 水蒸气焓-熵图的构成

利用水蒸气表确定水蒸气的状态参数的优点是数值比较准确，但水蒸气表上的数据不能连续列出，难免要用直线内插法；此外水蒸气表不能直接查得湿蒸汽的参数，也不能直观地反映水蒸气的热力过程。因此，为了分析计算和研究问题的方便，人们根据水蒸气表中的数据，绘制了以焓（h）为纵坐标，熵（s）为横坐标的焓-熵图（或 h-s 图）。

h-s 图不仅给查找水蒸气的状态参数和分析热力过程带来方便，而且以焓为纵坐标，便于水蒸气定压热力过程（如水蒸气通过各种换热器进行热量交换的过程）的热量计算；以熵为横坐标，则便于水蒸气绝热过程（如水蒸气通过汽轮机膨胀对外做功的过程，水蒸气流过喷管的过程等）的分析。

h-s 图的结构如图 3-19 所示。图中绘有上界线（$x = 1$ 的干饱和蒸汽线）、下界线（$x = 0$ 的饱和水线）及其交点——临界点 C；还有定焓线、定熵线、定压线、定温线及定容线；在湿蒸汽区还有定干度线。各定值线的特点是：

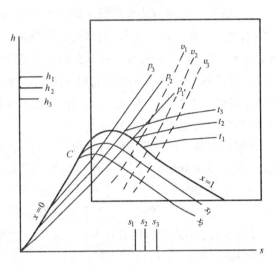

图 3-19 水蒸气的 h-s 图

定压线是由左下方向右上方伸展的一簇呈发散状的线群。其压力由右向左逐渐升高。

定温线在湿蒸汽区内，每个压力对应着一个饱和温度，因此，定温线与定压线重合；在过热蒸汽区，定温线自左向右上方略微倾斜，并随压力降低越来越平坦。温度高的定温线在上，温度低的定温线在下。

定干度线是湿蒸汽区内特有的曲线群，为 $x = 0$ 至 $x = 1$ 内各压力线上等分点的连线。其方向与上界线 $x = 1$ 的延伸方向基本一致，值大的定干度线在上，值小的定干度线在下。

定容线也是一簇由左下方向右上方伸展的线群，但其斜率大于定压线。为醒目起见，定容线特用红色显示出（见附录 3-4）。定容线数值从右向左逐渐减小。

在工程上，一般采用过热蒸汽和干度较高的湿蒸汽。所以附录 3-4 焓-熵图，只绘出图 3-19 上方粗黑线框内的部分，实用而又较清楚。干度较低的湿蒸汽和水的参数，仍然用水蒸气表查取。

3.4.2 水蒸气焓-熵图的应用

同其他状态参数坐标图一样，水蒸气 h-s 图上的一点表示了水蒸气的一个状态点，用经过该点的各定值线可查得相应的各状态参数值；图上一条线表示了水蒸气的一个热力过程，查取初、终状态的参数值，就可进行该过程的热工计算。水蒸气 h-s 图上一般没有内能线，各状态的内能需按 $u = h - pv$ 来计算。

为此，水蒸气的 h-s 图常用的应用有：①根据已知参数确定状态点在图上的位置；②查得其余参数；③在图上表示水蒸气的热力过程；④对过程的热量、功量、内能等的变化进行计算；⑤直观看出某一状态时水蒸气所处的区域和状态。

【例 3-13】 某锅炉，由锅筒出来的蒸汽，经测定压力 $p = 0.8$MPa，干度 $x = 0.9$，进入过热器在定压下加热，温度升高至 $t_2 = 250℃$，试利用 h-s 图确定：

（1）锅筒出来的蒸汽的状态及其焓值；

（2）1kg 蒸汽在过热器中吸收的热量。

【分析】 根据压力 p 和干度 x，在 h-s 图上确定锅筒出来的蒸汽状态点 1，再沿过 1 点的定压线与 $t_2 = 250℃$ 的线交于点 2，得蒸汽经过热器后的状态，见图 3-20 示意，便可进行有关的计算。

【解】

（1）在 h-s 图上确定的点 1，即为由锅筒出来的蒸汽的状态点，查得此点的焓值 $h_1 = 2570$kJ/kg。

（2）在确定的状态点 2 上，查得焓值 $h_2 = 2955$ kJ/kg，所以蒸汽在过热器中的吸热量为 $q = h_2 - h_1 = 2955 - 2577 = 385$ kJ/kg

【例 3-14】 用水蒸气 h-s 图求例 3-12 所示热力过程中的热量、功量、内能的变化及终态体积。

【分析】 由 $p_1 = 0.5$ MPa 定压线与 $t_1 = 200℃$ 定温线交点定出状态 1 点，如图 3-21 所示。由 $p_2 = p_1$、$t_2 = 300℃$ 可确定终态点 2。从而查出相应的参数值并进行相关的计算。

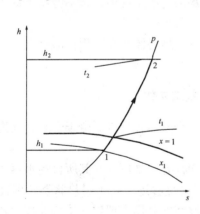

图 3-20　例 3-13 图

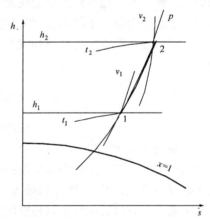

图 3-21　例 3-14 图

【解】 在附录 3-4 中，由状态点 1，查得：$h_1 = 2860$kJ/kg，$v_1 = 0.43$m³/kg；由终态点 2，查得：$h_2 = 3060$kJ/kg，$v_2 = 0.53$ m³/kg；由于

$$m = \frac{V_1}{v_1} = \frac{5}{0.43} = 11.63 \text{ kg}$$

所以终状态 2 的体积为

$$V_2 = m \cdot v_2$$
$$= 11.63 \times 0.53 = 6.16 \text{m}^3$$

热力过程中的热量为

$$Q = m \cdot q = m \Delta h = m \ (h_2 - h_1)$$
$$= 11.63 \times (3060 - 2860)$$
$$= 2326 \text{kJ}$$

功量为

$$W = m \cdot w$$
$$= mp \ (v_2 - v_1)$$
$$= 11.63 \times 0.5 \times 10^6 \times (0.53 - 0.43) \times 10^{-3}$$
$$= 581.5 \text{kJ}$$

内能的变化量

$$\Delta U = Q - W = 2326 - 581.5 = 1744.5 \text{ kJ/kg}$$

或 $\quad \Delta U = m(u_2 - u_1) = m \left[(h_2 + p_2 v_2) - (h_1 + p_1 v_1) \right]$
$$= 11.63 \times \left[(3060 + 0.5 \times 10^3 \times 0.53) - (2860 + 0.5 \times 10^3 \times 0.43) \right]$$
$$= 1744.5 \text{ kJ}$$

课题 4 湿 空 气

所谓湿空气是指含有水蒸气的空气，而不含水蒸气的空气称为干空气。湿空气是由干空气和水蒸气组成的混合气体。

在湿空气中，水蒸气的含量很少，在一般工程中可以忽略其影响。但是在空气调节、物料干燥、水冷却、以及精密仪器仪表电热绝缘材料的防潮工程中，就不能将水蒸气的影响忽略，必须对湿空气中的水蒸气含量及其性质进行分析研究和计算。

本课题主要讨论空气的性质和状态参数；湿空气的焓湿图及其应用；湿空气的热工过程及计算。

4.1 湿空气的性质及状态参数

在湿空气中，干空气的成分比较固定，可作为一个整体来看待。由于干空气远离液化状态，可视其为理想气体。

在通风与空气调节工程中，所用到的湿空气一般都处于常压下，其所含的水蒸气的分压力很低（只有几百帕），比体积很大，分子间的距离足够远，处于过热状态，因此湿空气中的水蒸气也可以近似看做是理想气体。这样，湿空气可作为理想气体来处理。要指出的是，湿空气与单纯气体组成的混合气体有不同之处，单纯混合气体的各组成成分总保持不变，而湿空气中的水蒸气的含量却随着温度的变化和有关的处理而变化。所以，对湿空气的状态描述和对状态变化过程的分析要比一般混合气体复杂得多。湿空气的性质除了与它的压力、温度等状态参数有关外，还与它的组成气体——水蒸气含量的多少有关。

湿空气的状态通常是用压力、温度、相对湿度、含湿量及焓等状态参数来度量和描述的。

4.1.1 湿空气的压力与水蒸气分压力

湿空气的压力 p 等于其组成的干空气分压力 p_{dry} 与水蒸气分压力 p_{vap} 之和，即：

$$p = p_{\mathrm{dry}} + p_{\mathrm{vap}} \tag{3-60}$$

在通风空调工程中，一般采用大气做工质，这时，湿空气的压力就是当地的大气压 B，式（3-60）变为

$$B = p_{\mathrm{dry}} + p_{\mathrm{vap}} \tag{3-61}$$

上式中，湿空气中水蒸气的分压力，是指湿空气中的水蒸气单独占有湿空气的体积，并具有与湿空气相同温度时所具有的压力。在一定温度下，空气中的水蒸气含量越多，空气就越潮湿，水蒸气分压力也越大。如果空气中水蒸气的数目超过某一限量时，多余的水蒸气就会凝结成水从空气中析出。这说明，在一定温度条件下，湿空气中的水蒸气含量达到最大限度时，湿空气将处于饱和状态，此时的湿空气称为饱和空气。饱和状态下的温度称为饱和温度，用 t_s 表示；饱和状态下的水蒸气分压力称之为饱和水蒸气分压力，又称饱和压力，用 p_s 表示，它与饱和温度有着一一对应的关系。各种温度下的饱和水蒸气分压力值，可以从湿空气性质表中查出，见附录 3-5。

一般情况下，湿空气中水蒸气的分压力小于湿空气温度所对应的水蒸气饱和压力，即 $p_{\mathrm{vap}} < p_s(t)$，湿空气中的水蒸气处于过热状态。这种由干空气和过热水蒸气组成的湿空气，称为未饱和湿空气。

4.1.2　湿空气的温度

湿空气是由干空气和水蒸气组成的混合气体，而混合气体各组成成分的温度都等于混合气体的温度，所以干空气温度 T_{dry} 和水蒸气的温度 T_{vap} 都等于湿空气的温度 T，即

$$T = T_{\mathrm{dry}} = T_{\mathrm{vap}} \quad (\mathrm{K}) \tag{3-62}$$

4.1.3　绝对湿度和相对湿度

每 $1\mathrm{m}^3$ 的湿空气中所含的水蒸气质量（kg）称为湿空气的绝对湿度。由于湿空气中的水蒸气也充满湿空气的整个容积，故绝对湿度在数值上等于在湿空气的温度下和水蒸气的分压力 p_{vap} 下的水蒸气的密度 ρ_{vap}（$\mathrm{kg/m}^3$）。ρ_{vap} 的值可由水蒸气表查知，或按理想气体状态方程求得：

$$\rho_{\mathrm{vap}} = \frac{m_{\mathrm{vap}}}{V} = \frac{p_{\mathrm{vap}}}{R_{\mathrm{vap}} T} \tag{3-63}$$

在一定温度下饱和空气的绝对湿度达到最大值，称为饱和绝对湿度 ρ''，其计算式为

$$\rho'' = \frac{p_s}{R_{\mathrm{vap}} T} \tag{3-64}$$

式中　R_{vap}——水蒸气的气体常数，$R_{\mathrm{vap}} = 461\mathrm{J/(kg \cdot K)}$；干空气的气体常数 $R_{\mathrm{day}} = 287$
　　　　$\mathrm{J/(kg \cdot K)}$。

显然，湿空气的绝对湿度在零与饱和状态时的密度 ρ'' 之间变化，表示在单位容积的湿空气中水蒸气的绝对含量，但其不能说明在该状态下湿空气饱和的程度或吸收水蒸气的能力。因此，常用相对湿度来表示空气的潮湿程度。

湿空气的绝对湿度与同温度下的饱和绝对湿度的比值，称为相对湿度，用符号 φ 表示，即：

$$\varphi = \frac{\rho_{\mathrm{vap}}}{\rho_s} \times 100\% \tag{3-65}$$

显然，相对湿度 $\varphi = 0 \sim 1$，反映湿空气中水蒸气的实际含量与同温度下的最大可能含

量的接近程度，又称饱和度。相对湿度 φ 值越小，表示空气越干燥，吸湿的能力越强；反之，φ 值越大，表示空气越潮湿，吸湿的能力越弱，越接近饱和状态。当 $\varphi = 0$ 时为干空气；$\varphi = 1$ 时则为饱和湿空气。应用理想气体状态方程，相对湿度又可表示为

$$\varphi = \frac{\rho_{vap}}{\rho_s} = \frac{p_{vap}}{p_s} \tag{3-66}$$

4.1.4 湿空气的含湿量

工程分析与计算上，常使用含湿量这个参数来衡量空气中水蒸气的变化情况。所谓湿空气的含湿量是指 1kg 干空气的湿空气中所含的水蒸气的质量（以 g 计），以符号 d 表示，单位为 g/kg(d, a)。单位中的 "(d, a)" 表示干空气，即 dry air。由于含湿量是以干空气质量为基准，符合湿空气在加湿和减湿处理过程中，干空气质量保持不变，只是水蒸气含量有增减的情况，这对湿空气过程分析与计算带来方便。

设湿空气中干空气的质量为 m_{day}（kg），水蒸气的质量为 m_{vap}（kg），则

$$d = \frac{m_{vap}}{m_{dry}} \times 10^3 = \frac{\rho_{vap}}{\rho_{dry}} \times 10^3 \tag{3-67}$$

式中　ρ_{vap}——水蒸气的密度，（kg/m^3）；

ρ_{dry}——干空气的密度，（kg/m^3）。

由于空气、水蒸气的状态方程式 $m_{dry} = \dfrac{p_{dry}V}{R_{dry}T}$、$m_{vap} = \dfrac{p_{vap}V}{R_{vap}T}$ 及式 $B = d_{dry} + p_{vap}$，代入式 (3-67)，整理可得：

$$d = 622 \frac{p_{vap}}{B - P_{vap}} \tag{3-68}$$

式 (3-68) 表明，当大气压力 B 一定时，含湿量 d 是水蒸气分压力 p_{vap} 的函数，即 $d = f(p_{vap})$，显然这时 d 和 p_{vap} 是相互不独立的参数。

含湿量在过程中变化 Δd，表示 1kg 干空气组成的湿空气在过程中所含水蒸气质量的改变，也是湿空气在过程中吸收或析出的水分，这对空气的加湿和去湿处理很重要。

4.1.5 湿空气的焓

湿空气的焓也是以 1kg 干空气作为计算基础，用 h 表示。这样湿空气的焓 h 应是 1kg 干空气的焓与 $10^{-3}d$ kg 水蒸气的焓之和。有

$$h = h_{dry} + 10^{-3} \cdot dh_{dry} \tag{3-69a}$$

在工程中，常取 0℃ 的干空气的焓为零，则干空气的焓为：

$$h_{dry} = c_{p,dry}\Delta t = 1.01(t - 1) = 1.01t$$

式中　$c_{p,dry}$——干空气的定压比热容，$c_{p,dry} = 1.01$ kJ/（kg·K）。

在低压下，水蒸气的焓可近似计算为：

$$h_{vap} = \gamma_0 + c_{p,vap} t$$

式中　γ_0——0℃时水的汽化潜热，$\gamma_0 = 2501$kJ/kg；

$c_{p,vap}$——水蒸气的定压比热容，为 1.85 kJ/（kg·K）。

那么：

$$h = 1.01t + d(2501 + 1.85t) \cdot 10^{-3} \tag{3-69b}$$

4.1.6 露点温度，干、湿球温度

（1）露点温度

如保持未饱和空气温度不变，不断加入水蒸气，使水蒸气分压力不断提高，最终将达到饱和湿空气状态；另一方面若保持湿空气的水蒸气分压力不变，降低其温度，也可使湿空气达到饱和状态。在湿空气中，对应于水蒸气分压力 p_{vap} 下的饱和温度，称为露点温度，简称露点，用符号 t_{ld} 表示。

湿空气的露点可由湿度计或露点仪测定。测得湿空气的露点温度后，可由饱和空气状态参数表（附录3-5）查出水蒸气的分压力。

露点温度在实际工程上和生活中有很大的现实意义。空气中水蒸气多时，水蒸气的分压力就高，它所对应的饱和温度，即露点温度也高；反之，空气中水蒸气少时，露点温度就低。因此，测定出湿空气的露点温度，对于如农业上预报是否有霜冻，在建筑结构中厨房、卫生间的墙、管道表面是否结露，冬天房屋窗玻璃内侧是否有水雾等，都有现实的指导作用。在空气调节工程中，常常利用露点来控制空气的干、湿程度，若空气太潮湿，就可将其温度降至其露点温度以下，使多余的水蒸气凝结为水析出去，从而达到去湿干燥空气的目的。

（2）干、湿球温度

图 3-22 所示为干湿球温度计的示意图，它由两支完全相同的玻璃温度计组成。一支由浸在水中的湿纱布包起来的温度计，称为湿球温度计；另一支裸露在空气中的温度计称为干球温度计。两支温度计上的读数分别称为干球温度 t_{dry} 和湿球温度 t_{wet}。显然干球温度 t_{dry} 就等于空气的温度。

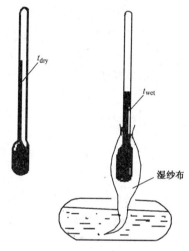

图 3-22　干湿球温度计

一段时间后，会发现湿球温度计测得的温度较干球温度计测得的温度低。干球温度与湿球温度之所以出现差值，是由于周围为未饱和空气，湿纱布上的水会向空气中蒸发，使水温下降。这时水与周围空气间产生了温度差，又导致周围空气向水传热，阻止水温下降。当两者达到平衡时，即水蒸发所需要的热量正好等于水从周围空气中所获得的热量时，水温不再下降，这个温度就反映在了纱布中水的温度，即湿球温度。

从上述过程可知，干、湿球温度的差值与空气的相对湿度是有关的。如果周围空气为饱和湿空气，即 $\varphi = 1$，那么纱布上的水就不会蒸发，干、湿球温度差就等于零，有 $t_{wet} = t_{dry}$；如果 φ 愈小，湿纱布上水分蒸发愈快，干、湿球温度差 $(t_{dry} - t_{wet})$ 将愈大；反之 φ 愈大，湿纱布上水分蒸发愈慢，$(t_{dry} - t_{wet})$ 将愈小。因此，可通过干湿球温度来确定湿空气的相对湿度 φ，但是由于 t_{wet}、t_{dry} 与 φ 之间的关系不能用简单的公式来表示，所以一般是通过图表来表明这种关系的，见图 3-23 所示。

【例 3-15】已知湿空气的压力 $B = 0.1\mathrm{MPa}$，温度 $t = 30℃$，其中相对湿度 $\varphi = 60\%$，求水蒸气分压力、含湿量、露点温度、绝对湿度和湿空气焓。

【分析】 本题已知了空气的温度和相对湿度两个独立状态参数，空气状态已确定，故可以通过附录3-6及有关公式求得此状态点的其他参数。

【解】 （1）水蒸气分压力由附录3-5查出当 $t = 30℃$ 时，水蒸气的饱和压力 $p_s = 4241\text{Pa}$，由式（3-66）得水蒸气分压为

$$p_{vap} = \varphi p_s = 60\% \times 4241 = 2545 \text{ Pa}$$

（2）含湿量

由式（3-68）得

$$d = 622\frac{p_{vpa}}{B - p_{vap}} = 622 \times \frac{2545 \times 10^{-6}}{0.1 - 2545 \times 10^{-6}}$$

$$= 16.2\text{g/kg }(d, a)$$

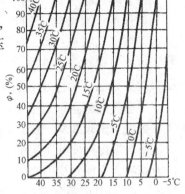

图 3-23　湿空气相对湿度线算图
（图中横坐标为干球温度，各曲线所示温度为湿球温度）

（3）露点温度

查附录3-6，当水蒸气分压力 $p_{vap} = 2545\text{Pa}$ 时，饱和温度也即露点温度为

$$t_{ld} = 21.5℃$$

（4）绝对湿度

$$\rho_{vap} = \frac{p_{vap}}{R_{vap}\text{T}} = \frac{2545}{461 \times (273 + 30)} = 18.2\text{g/m}^3$$

$$= 0.0182 \text{ kg/m}^3$$

（5）湿空气焓

由式（3-69）可得

$$h = 1.01t + 10^{-3}d(2501 + 1.85t)$$

$$= 1.01 \times 30 + 10^{-3}(2501 + 1.85 \times 30) = 71.8\text{kJ/kg }(d, a)$$

4.2　湿空气的焓-湿图

4.2.1　湿空气焓－湿图的构成

在与湿空气有关的空调设备的设计、运行及管理维护过程中，不仅需要确定湿空气的状态及状态参数，而且更需要研究湿空气在设备处理中的状态变化过程。这用公式来计算或分析是比较繁琐的，且直观性不强。因此，为了便于工程应用，通常根据湿空气状态参数间的关系式绘制成焓-湿图，简称 $h\text{-}d$ 图，见附录3-6。

在一定大气压力 B 下，取两个独立参数焓 h 和含湿量 d 作纵、横坐标轴，绘出等焓线、等含湿量线、等温线、等相对湿度线、水蒸气分压力线等，即构成 $h\text{-}d$ 图，其构成示意见图3-24。

（1）等焓线与等湿线

图中 d 为横坐标，h 为纵坐标。为了使曲线清楚起见，两坐标轴之间的夹角不是直角而是135°。与 h 轴平行的各条线是等焓线；与 d 轴平行的直线是等含湿量线。

在纵坐标上标出焓值零点，由于 $h = 0$ 时，$d = 0$，所以纵坐标也代表了 $d = 0$ 的定含湿量线。在纵坐标上，原点以上 h 为正值，原点以下 h 为负值。

由于通过坐标原点的以下部分没有用，因此，将斜角横坐标 d 上的刻度值仍投影标

注在水平辅助轴上。

（2）等温线（等干球温度线）

等温线是根据公式 $h = 1.01t + (2500 + 1.84t)d$ 绘制的。当 $t = const$ 时，上式是一直线方程。其中 $1.01t$ 是截距，$(2500 + 1.84t)$ 是斜率。所以，等温线群在 $h\text{-}d$ 图上是斜率略有不同，略向右上方倾斜的直线。

（3）等相对湿度线

等相对湿度线是根据公式 $d = 622\varphi p_s / (B - \varphi p_s)$ 绘制。从公式可知，当大气压力 B 和温度为某一定值（p_s 亦为定值）时，在给定的等温线上对应不同的 d 值，就有不同的 φ 值。将各等温线上的相对湿度 φ 值相同的点连起来，即可得到图中由左下向右上的上凸形曲线群，即等相对湿度线群。

$\varphi = 100\%$ 的是饱和湿度线，其下方是过饱和区，蒸汽已开始凝结为水，湿空气呈雾状，又称为雾区；饱和湿度线的上方是湿空气区（未饱和区）。在湿空气区中的水蒸气处于过热状态。

$\varphi = 0\%$ 的等相对湿度线为干空气线，含湿量 $d = 0$，故与纵坐标重合。

（4）水蒸气分压力线

由含湿量的计算式 $d = 622p_{vap}/(B - p_{vap})$ 可知：当大气压力 B 等于常数时，

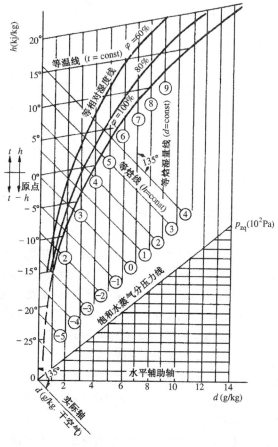

图 3-24　湿空气的焓—湿图

$p_{vap} = f(d)$，即水蒸气的分压力 p_{vap} 和含湿量 d 是一一对应的。有一个 d 就可确定出一个 p_{vap}。所以，在 d 轴的上方设了一条水平线，标出了与 d 所对应的 p_{vap} 值。

（5）热湿比线（又称角系数，状态变化过程线）

工程上常用空气状态变化前后的焓差和含湿量差的比值，即称为热湿比 ε 的参数来说明空气状态变化的方向和特征。即

$$\varepsilon = \frac{h_2 - h_1}{10^{-3} \cdot (d_2 - d_1)} = 10^3 \cdot \frac{\Delta h}{\Delta d} \tag{3-70}$$

从热湿比的定义式可知，ε 实际上是直线 AB 的斜率（图 3-25）。因为直线的斜率与起始位置无关，两条斜率相同的直线必然平行。因此，在 $h\text{-}d$ 图的右下方做出了一簇射线（ε 线），供在图上分析空气状态变化过程时使用。

在 $h\text{-}d$ 图上，用等焓线和等含湿线可将图划分为四个象限，见图 3-26 所示。由公式 3-70 知，等焓过程 $\Delta h = 0$，角系数 $\varepsilon = 0$；等湿过程 $\Delta d = 0$，角系数 $\varepsilon = \pm\infty$。各象限间角

系数 ε 的情况如下。

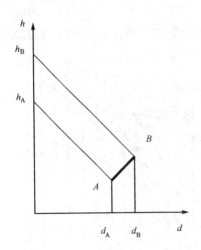

图 3-25　角系数定义图

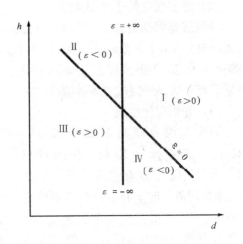

图 3-26　h-d 图上的四个象限内 ε 的特征

第 I 象限：$\Delta h > 0$，$\Delta d > 0$，即增焓增湿过程，$\varepsilon > 0$；

第 II 象限：$\Delta h > 0$，$\Delta d < 0$，即增焓减湿过程，$\varepsilon < 0$；

第 III 象限：$\Delta h < 0$，$\Delta d < 0$，即减焓减湿过程，$\varepsilon > 0$；

第 IV 象限：$\Delta h < 0$，$\Delta d > 0$，即减焓增湿过程，$\varepsilon < 0$。

4.2.2　湿空气焓—湿图的简单应用

湿空气的 h-d 图和其他坐标图一样，图上的点可表示一个确定的湿空气状态。从通过该点的各等值线，可查出该点的各参数值。所以，湿空气的 h-d 图可用来

1）确定湿空气状态和未知状态参数值；

2）求湿空气的露点温度；

3）在图上直观地表示湿空气状态和热力过程进行的方向，进行湿空气的热、湿计算，求出交换热量及功量等。

【例 3-16】已知大气压力 $B = 101325$Pa，相对湿度 $\varphi_A = 60\%$，$t = 30℃$。试在 h-d 图上求出该空气的其他状态参数。

【分析】利用已知的 φ_A 和 t，可先在 h-d 图上确定湿空气的状态点（见图 3-27 所示），从而可求此点的其他未知状态参数。

【解】参见图 3-27，由附录 3-6 湿空气的 h-d 图查得空气的其他状态参数为：

$$h_A = 71.7 \text{ kJ/kg }(d \cdot a)$$

$$d_A = 16.3 \text{g/kg }(d \cdot a)$$

$$p_{vapA} = 2560 \text{Pa}$$

$$t_{ld} = 21.7 \text{ ℃}$$

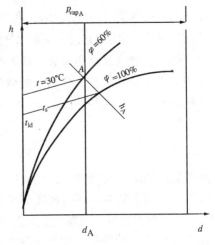

图 3-27　例 3-16 图

$$t_s = 23.9\ ℃$$

【例 3-17】某车间内要求空气状态达到 $t_1 = 20℃$，相对湿度 $\varphi_1 = 50\%$。已知车间共有工作人员 10 名，在 $t_2 = 12℃$ 下工作时，每人散热量为 530kJ/h、散湿量为 80g/h。并知车间的围护结构及设备向车间内散热量为 4700kJ/h、散湿量为 1200g/h。若送风温度 $t_2 = 12℃$，试确定送风状态及送风量（大气压 $B = 0.1$MPa）。

【分析】由车间的散热量 Q（$= Q_1 = Q_2 = 10 \times 530 + 4700 = 10000$kJ/h）和散湿量 M_{wat}（$= m_{wat1}\Delta d_1 + m_{wat2}\Delta d_2 = 80 \times 10 + 1.2 \times 1000 = 2000$g/h），可知该过程的热湿比（或角系数）为

$$\varepsilon = 10^3\frac{\Delta h}{\Delta d} = 10^3 \times \frac{Q}{M_{wat}} = 10^3 \times \frac{10000}{2000} = 5000$$

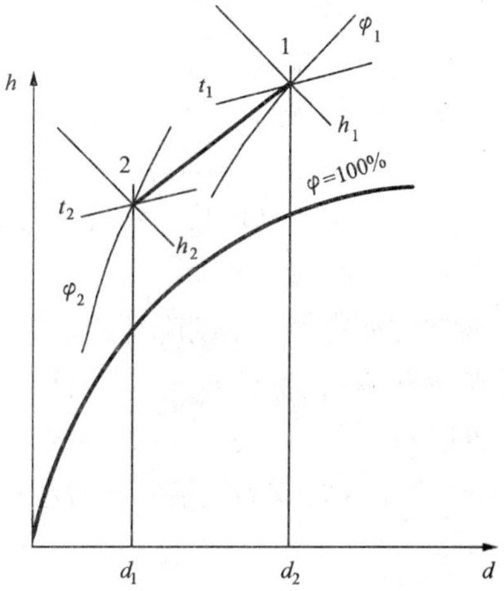

然后根据车间要求达到的空气状态 $t_1 =$

图 3-28　例 3-17 图

20℃、$\varphi_1 = 50\%$，在 h-d 图上确定状态点 1，见图 3-28；通过状态点 1，作与角系数 $\varepsilon = 5000$ 平行的直线交 $t_2 = 12℃$ 的定温线于点 2，即得送风状态点；再由空气的热平衡等式最后求得送风量。

【解】由图中确定的状态点 1，查出 $h_1 = 39$kJ/kg（d, a）。并查出送风状态点 2 的参数为：

$$\varphi_2 = 48\%；h_2 = 23\text{kJ/kg}（d, a）；d_2 = 4\text{g/kg}（d, a）$$

所以，送风量为

$$m_{dry} = \frac{Q}{\Delta h} = \frac{10000}{39 - 23} = 625\ \text{kg}（d, a）/\text{h}$$

或送湿空气量

$$m_w = （1 + 10^{-3}d_2）m_{dry} = （1 + 10^{-3} \times 4）\times 625 = 627.5\text{kg/h}$$

4.3　湿空气的热力过程

湿空气的热力过程主要是湿空气处理中的加热、冷却、加湿、减湿等，工程上的实际过程一般是上述典型过程的组合。

4.3.1　加热过程

湿空气吸收热量，温度上升，含湿量保持不变的过程称为湿空气的等湿加热的过程，如图 3-29 中过程线为 1→2。例如空气调节工程中使用表面式加热器或电加热器来处理空气的过程。

从图 3-29 可以看出，在此过程中空气吸热，含湿量不变 $d_1 = d_2$，温度升高，焓增加，相对湿度减小。过程 1→2 中 1kg 干空气所组成湿空气所吸收的热量为

$$q = \Delta h = h_2 - h_1$$

在过程 1→2 中，由于 $\Delta h > 0$，$\Delta d = 0$，故其热湿比 ε 为：

$$\varepsilon = 10^{-3}\frac{\Delta h}{\Delta d} = +\infty$$

湿空气的单纯加热过程常用于干燥空气。在物料干燥过程中，首先使空气通过加热器，降低其相对湿度，增大其吸湿能力，然后再让其通过干燥室，吸收被干燥物料的水分，达到干燥物料的目的。

4.3.2 冷却过程

湿空气的冷却过程是在空气冷却器中进行的。可分为单纯冷却和冷却去湿两种情况。

（1）单纯冷却

湿空气被冷却，温度降至露点温度 t_{ld} 之前，含湿量保持不变的过程，图 3-30 中所示的过程 1→2→3，称为单纯冷却过程。例如空调工程中利用表冷器对空气进行的等湿冷却。可以看出在这一过程中，温度降低，焓减小，相对湿度增大，相当于对空气冷却加湿。1kg 干空气组成的湿空气在过程中的放热量为

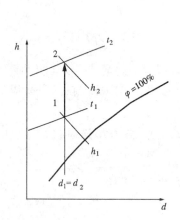

图 3-29　湿空气的加热过程

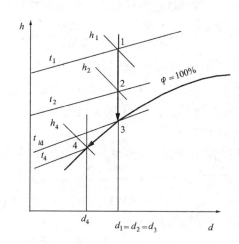

图 3-30　冷却过程

$$q = \Delta h = h_3 - h_1$$

在过程 1→3 中，由于 $\Delta h < 0$，$\Delta d = 0$，

故
$$\varepsilon = 10^{-3}\frac{\Delta h}{\Delta d} = -\infty$$

（2）冷却去湿过程

在上述冷却过程中，若冷却到饱和湿空气状态，即温度降到其露点温度后，继续冷却，将有水蒸气凝结为水析出。这时湿空气仍处于饱和状态，过程沿 $\varphi = 1$ 的相对湿度线，向含湿量减小的方向进行，如图 3-30 中 3→4 所示，该过程就是冷却去湿过程。在这一过程中，湿空气温度降低、焓减小、含湿量减小，因此也称为冷却干燥过程。

1kg 干空气组成的湿空气在 1→2→3→4 的过程中放热量为

$$q = \Delta h = h_4 - h_1$$

析出水分为

$$\Delta d = d_4 - d_3 = d_4 - d_1$$

4.3.3 加湿过程

对湿空气加湿有两种方法：其一是在绝热的条件下，对湿空气加入水分，来增加其含湿量，称为绝热加湿过程；其二是保持温度不变的情况下，向湿空气中加入有限量水蒸气，称为定温加湿过程。下面分别加以介绍。

（1）绝热加湿过程

空气在绝热条件下完成的加湿过程称为绝热加湿过程。例如空调工程中，在喷淋室中向湿空气喷淋循环水的过程。在该过程中，水分从湿空气本身吸取热量而汽化，汽化后的水蒸气又回到湿空气中去，所以湿空气在处理后焓值基本不变（实际增加了补充水的液体热，但与湿空气的焓 h_1 和 h_2 相比可以忽略不计），温度降低，含湿量和相对湿度均增大，如图 3-31 中 1→2 所示的定焓过程，又叫蒸发冷却过程。

过程中 1kg 干空气组成的湿空气增加的水分为

$$\Delta d = d_2 - d_1$$

又由于过程中，$\Delta h = 0$，$\Delta d > 0$，故

$$\varepsilon = 10^{-3} \cdot \frac{\Delta h}{\Delta d} = 0$$

在干燥物料的过程中，空气通过干燥室吸收物料中的水分，空气进行的就是绝热加湿过程。

（2）定温加湿过程

若向湿空气加入有限量的大气压力 B 下的饱和蒸汽或稍过热的蒸汽，使空气仍处于未饱和状态。这样虽然蒸汽温度较高，但加入量有限，使湿空气温度没有明显提高，即可视为定温加湿过程，如图 3-32 中 1→2 所示。在此过程中，湿空气温度不变，焓增大，含湿量增大、相对湿度增大。过程中由于 $\Delta h > 0$，$\Delta d > 0$，故 $\varepsilon = 10^{-3} \cdot \frac{\Delta h}{\Delta d} > 0$。

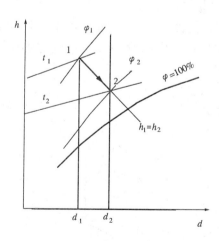

图 3-31　绝热加湿过程

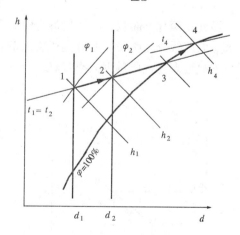

图 3-32　定温加湿过程

在上述过程中，若喷入蒸汽量过多，将使湿空气达到饱和状态，如图 3-32 中 1→3 所示。这时喷入蒸汽量为 $\Delta d = d_3 - d_1$。若继续喷入蒸汽，将会发生蒸汽凝结为水而析出，在蒸汽凝结中放出潜热，使湿空气温度升高。湿空气状态沿 $\varphi = 1$ 的饱和湿空气线，向含

湿量增加、温度升高、焓增大的方向变化，如图 3-32 中 3→4 所示。

4.3.4 绝热混合过程

工程上常将两股或多股状态不同的湿空气相混合，得到温度、湿度和洁净度均符合要求的空气同时，又节省部分热量或冷量来提高空调系统的经济性。如空调系统中新回风混合，冷热风混合，干湿风混合等的使用。若上述混合过程与外界没有热量交换，即为绝热混合过程。

绝热混合后所得到的湿空气状态取决于混合前各股湿空气的状态及它们参于混合的流量比例。设有状态分别为 1 和 2 的两种空气混合，混合后的空气为状态 3，则根据能量、湿量和质量守恒原理，有

$$m_1 h_1 + m_2 h_2 = m_3 h_3 \qquad (a)$$

$$m_1 d_1 + m_2 d_2 = m_3 d_3 \qquad (b)$$

$$m_1 + m_2 = m_3 \qquad (c)$$

由式（a）、（b）二式得

$$m_1/m_2 = (h_2 - h_3) / (h_3 - h_1)$$

由式（a）、（c）二式得

$$m_1/m_2 = (d_3 - d_2) / (d_1 - d_3)$$

即

$$\frac{m_1}{m_2} = \frac{h_3 - h_2}{h_1 - h_3} = \frac{d_3 - d_2}{d_1 - d_3} \qquad (3\text{-}71)$$

上式是一直线的二段式方程，说明两股空气的状态点与混合后的空气状态点在一条直线上，见图 3-33 所示。

由平行切割定理可知

$$\frac{\overline{32}}{\overline{13}} = \frac{h_3 - h_2}{h_1 - h_3} = \frac{d_3 - d_2}{d_1 - d_3} = \frac{m_1}{m_2} \qquad (3\text{-}72)$$

因此，两种不同状态的空气混合时，混合点在过两种空气状态点的连线上，并将过两状态点的连线分为两段。所分两段直线的长度之比与参与混合的两种状态空气的质量成反比（即混合点靠近质量大的空气状态点一端）。

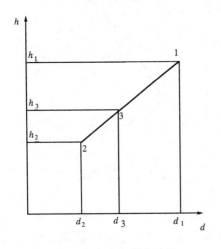

图 3-33　湿空气混合过程

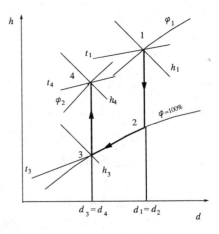

图 3-34　例 3-18 图

由此分析，得到采用作图方法确定混合后空气状态及状态参数的过程是：首先连接状态 1 和状态 2 得直线 $\overline{12}$，然后根据质量的比值分割直线 $\overline{12}$，分割点即为混合后空气的状态点，从而查出该点的有关状态参数。

【例题 3-18】在空调设备中，将温度为 30℃、相对湿度为 75% 的湿空气先冷却去湿达到温度为 15℃，然后再加热到温度为 22℃。干空气流量 $m_{dry} = 500 \mathrm{kg}\ (d \cdot a)\ /\mathrm{min}$。试确定调节后空气的状态、冷却器中空气的放热量和凝结水量、加热器中的加热量。

【分析】先将空气处理过程表示在 h-d 图上，如图 3-34 所示。1→2→3 为冷却去湿过程，3→4 为加热过程。图中 $t_1 = 30℃$，$\varphi = 75\%$，$t_3 = 15℃$，$t_4 = 22℃$ 为已知。

【解】从 h-d 图可查得：空气状态 1 的 $h_1 = 82\mathrm{kJ/kg}\ (d, a)$，$d_1 = 20.4\mathrm{g/kg}\ (d, a)$；空气状态 3 的 $h_3 = 42\mathrm{kJ/kg}\ (d, a)$，$d_3 = 10.7\mathrm{g/kg}\ (d, a)$；空气状态 4 的 $h_4 = 49\mathrm{kJ/kg}$ (d, a)，$d_4 = d_3 = 10.7\mathrm{g/kg}\ (d, a)$，$\varphi_4 = 64\%$。所以冷却器中空气的放热量：

$$Q_1 = m_{dry}\ (h_3 - h_1) = 500\ (42 - 82) = -2 \times 10^4 \mathrm{kJ/min}$$

凝结水量：

$$m_{wat} = m_{dry}\ (d_1 - d_3) = 500\ (20.4 - 10.7)\ /1000 = 4.85\mathrm{kg/min}$$

加热器中的加热量：

$$Q_2 = m_{dry}\ (h_4 - h_3) = 500\ (49 - 42) = 3500\mathrm{kJ/min}$$

【例 3-19】某空调系统采用新风和部分室内回风混合处理后送入空调房间。已知大气压力 $B = 101325\mathrm{Pa}$，回风量 $m_1 = 10000\mathrm{kg/h}$，回风状态的 $t_1 = 20℃$，$\varphi_1 = 60\%$。新风量 $m_2 = 2500\mathrm{kg/h}$，新风状态的 $t_2 = 35℃$，$\varphi_2 = 80\%$。试确定出空气混合后的状态点 3。

【分析】两种不同状态空气的混合状态点可根据混合规律用作图法确定。

【解】在 h-d 图上，由已知条件确定出空气 1 和空气 2 的状态点 1 和 2，由式（3-71）知：

$$\frac{\overline{32}}{\overline{13}} = \frac{m_1}{m_2} = \frac{10000}{2500} = \frac{4}{1}$$

将线段 $\overline{12}$ 五等分，则状态点 3 位于靠近 1 点的一等分处。从 h-d 图上查得：

$$h_3 = 56\mathrm{kJ/kg}\ (d, a)$$

$$d_3 = 12.8\mathrm{g/kg}(d, a)$$

$$t_3 = 23℃$$

$$\varphi_3 = 72\% 。$$

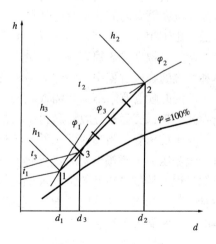

图 3-35　例 3-19 图

课题 5　喷管和节流

5.1　喷管、扩压管的工程应用与类型

在很多热力设备中,能量的转换是在工质流动速度及热力状态同时变化的热力过程中实现的。凡是使工质的流速增加,压力下降,将工质的压能转换为动能的管子称为喷管;相反,使工质的速度降低,压力增大,将工质的动能换变为压能的管子称为扩压管。

喷管和扩压管在实际工程中有广泛的使用。例如汽轮机、锅炉注水器、采暖喷射器、制冷机及空气调节诱导器等,都用到喷管或扩压管来实现能量的转换。如图 3-36 所示为采暖系统中使用的蒸汽喷射器就是一个例子。

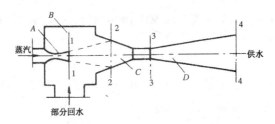

图 3-36　蒸汽喷射器的工作原理
A—拉伐尔喷管；B—引水室；C—混合室；D—扩压管

喷射器由喷管、引水室、混合室、扩压室四部分组成。当喷射器工作时,具有一定压力的蒸汽通过喷管产生较高的流速,在喷管出口及其四周形成较低的压力把采暖系统的部分回水吸入引水室并进入混合室。在混合室中,蒸汽被凝结,回水被加热,混合后的热水以较高的速度进入扩压管。在扩压管内,热水流速逐渐降低,压力升高,离开扩压管后进入采暖系统而循环。

对于喷管,由于气流经过时的流速很高,时间很短,来不及和外界进行热的交换,可认为气流在喷管内的流动为绝热稳定流动。根据绝热方程式 pv^k = 常数,由于气流压力 p 降低,比体积 v 必然增大,所以气流在喷管中的流动过程为绝热膨胀过程。又由于气流的速度增加,根据绝热稳定流动能量方程,气流的焓必然降低。因此,喷管的作用就在于气体和蒸汽的膨胀过程中,将部分焓转变成动能,使气流以较高的速度从喷管流出。

常用的喷管有渐缩式和缩放式两种结构形式,如图 3-37 所示。截面积逐渐减小的叫渐缩式喷管,截面积先收缩后再扩大的叫缩放式喷管。

对于扩压管,当高速低压的气流流经扩压管时,同样可以看作是绝热稳定流动过程。由于气流压力 p 逐渐升高,则比体积 v 必然减小,所以气流在喷管中的流动过程为绝热压缩过程。从能量转换的角度来说,气体的动能降低而焓值增加。因此,扩压管的作用与喷管相反（相当于倒置的喷管）,它使气体在绝热压缩的过程中,将动能转变成焓,使气体的压力和温度升高。

常用的扩压管也有两种结构形式,见图 3-38 所示。其中截面积逐渐扩大的叫渐扩式扩压管,截面积先收缩后再扩大的叫渐缩渐扩式扩压管。

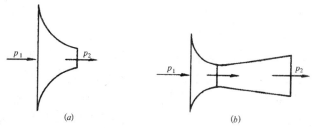

图 3-37　常用喷管

（a）渐缩式喷管；（b）缩放式喷管

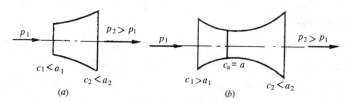

图 3-38　常用扩压管

（a）渐扩式扩压管；（b）渐缩渐扩式扩压管

5.2　喷管流动规律与喷管、扩压管的正确选用

气流在喷管或扩压管内的状态、速度变化及能量转换情况与流道的截面形状有关，经过理论推导，流道截面的变化率 $\mathrm{d}f/f$ 与速度变化率 $\mathrm{d}c/c$ 有如下关系：

$$\frac{\mathrm{d}f}{f} = （M^2 - 1）\frac{\mathrm{d}c}{c} \tag{3-73}$$

式中　M——马赫数，为气流的速度 c 与当地音速 a 的比值，即 $M = \dfrac{c}{a}$，反映气体流动的

特性。

在马赫数 M 计算式中，当地音速 a 的大小由气体所处的状态和性质所决定，$a = \sqrt{kpv}$（k 是绝热指数）。当 $M < 1$ 时，气体流速 c 小于当地音速 a，称气体以亚音速流动；当 $M = 1$ 时，气体流速等于当地音速，称为气体的临界速度；当 $M > 1$ 时，气体流速 c 大于当地音速 a，称气体以超音速流动。

从式（3-73）可以看出，当气流速度变化时，气流流道截面究竟是扩大还是缩小，应取决于（$M^2 - 1$）和 $\mathrm{d}c$ 的正、负情况。作为喷管（把气流的压力能转换成动能的短管）来说，有以下几种情况：

1）当气流进口速度为亚音速时，由于 $M < 1$，$M^2 - 1$ 为负值，要使气流的动能增大，即 $\mathrm{d}c/c > 0$，必须使 $\mathrm{d}f < 0$，即应选用渐缩式喷管；

2）当气流进口速度为超音速时，由于 $M > 1$，$M^2 - 1$ 为正值，要使气流的动能增大，即 $\mathrm{d}c/c > 0$，必须使 $\mathrm{d}f > 0$，即应选用渐扩式喷管；

3）当气流亚音速输入喷管，一直膨胀到超音速输出时，则喷管截面应先收缩，使气流速度上升到当地音速 a，$M = 1$ 时，再逐渐扩大，即应选用缩放式喷管。

在实际工程中，流体工质一般是亚音速输入喷管的，因而都出现 1）、3）两种情形，

所以常用的喷管为渐缩式和缩放式两种。

通过喷管选择的讨论，不难得出扩压管选择的规律：

1）当流体工质以亚音速输入，亚音速输出扩压管时，应选用渐扩式扩压管；

2）当流体工质以超音速输入，亚音速输出扩压管时，应选用渐缩渐扩式扩压管；

3）当流体工质是以超音速输入，又以超音速输出扩压管时，则应选用渐缩式扩压管。这种情形由于流体流动的动能还很大，没有充分转换成压力能，所以工程上很少使用。

5.3 节 流

流体在管道中流动时，遇到阀门、孔板等装置使通道截面积突然减小，由于局部阻力而使流体压力降低的现象称为节流。

节流在工程实际中有广泛的应用。例如，在供热系统中，利用节流降压的特性，将外网的高压蒸汽调节到室内采暖所需的压力；在施工安装的气焊气割中，氧气瓶出口的调压阀可使气瓶内的高压氧气节流调压到所需的阀后压力；在制冷循环中，节流阀可使制冷剂降压蒸发而吸热制冷；利用节流还能减少工质的流量，测量流体的流量、流速等。

图 3-39 所示为流体流过孔板节流的情况。在节流过程中，由于流体通过节流阀的时间很短，来不及与外界进行热交换，所以节流都作为绝热节流处理。同时，由于通道截面的突然变化，流体在孔前后产生的强烈扰动，使其热力状态极不平衡，不能用正常的热力学方法进行研究。而距孔板稍远的截面 1-1 和 2-2，其热力状态可视为平衡稳定状态。现就节流前后这两截面的参数变化情况进行分析。

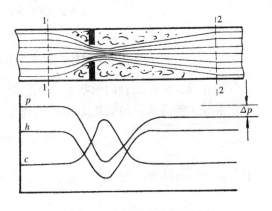

图 3-39　孔板的绝热节流过程

由于流经缩孔的工质不与外界发生热交换，不做功，势差为零，所以根据绝热稳定流动能量方程式，可得

$$\frac{1}{2}\left(c_2^2 - c_1^2\right) = h_1 - h_2 \text{ 或 } h_1 + \frac{1}{2}c_1^2 = h_2 + \frac{1}{2}c_2^2$$

一般情况下，截面 1-1 和 2-2 上的流速变化不大，$c_1 \approx c_2$，动能变化量 $\frac{1}{2}\left(c_2^2 - c_1^2\right)$ 可以忽略不计，故

$$h_1 = h_2$$

这表明，在绝热节流过程中，节流前的焓和节流后的焓相等。这是绝热节流过程的基本特性。

对于理想气体来说，又由于焓与内能都仅仅是温度的函数，所以节流前后焓值不变，也就是温度不变，内能不变。同时因 $\frac{p_1 v_1}{T_1} = \frac{p_2 v_2}{T_2}$，而 $T_1 = T_2$，故 $p_1 v_1 = p_2 v_2$。由于 $p_2 < p_1$，所以 $v_2 > v_1$，即绝热节流后的比体积增大。

128

这样，理想气体绝热前后的状态参数的变化为：

$$\Delta p < 0;\ \Delta v > 0;\ \Delta h = 0;\ \Delta T = 0;\ \Delta u = 0$$

对于实际气体，焓不仅是温度的函数，问题就复杂些了。但节流后压力降低，比体积增大，焓不变等与理想气体相同。至于节流后的温度变化和内能的变化情况则要根据实际气体的性质来决定。如图 3-40 为水蒸气经节流后在 $h\text{-}s$ 图上的变化过程情况，是沿定焓线从左往右变化，如 $1 \rightarrow 2$ 或 $3 \rightarrow 4 \rightarrow 5$。在此图中，湿蒸汽进行节流后，干度 x 增加（$3 \rightarrow 4$），甚至变为过热蒸汽（$4 \rightarrow 5$）；干蒸汽进行节流后，温度将下降，但过热度却上升。一般情况下，水蒸气经绝热节流后，其状态参数变化为：

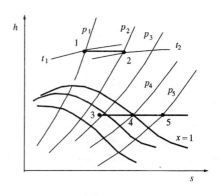

图 3-40　水蒸气的绝热节流

$$\Delta p < 0;\ \Delta v > 0;$$
$$\Delta h = 0;\ \Delta T < 0。$$

思考题与习题

1. 试说明热力状态、热力状态参数的含义及它们的相互关系。

2. 表压力、真空度与绝对压力之间的关系如何？为何表压力和真空度不能作为状态参数来进行热力计算？

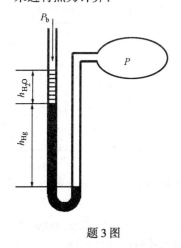

题 3 图

3. 由于水银蒸气对人体有害，所以在 U 形管测压计的水银液面上注入一些水，如图所示。若测压力时，水银柱高度 $h_{Hg} = 450\text{mm}$，水柱高度 $h_{H_2O} = 100\text{mm}$，当地大气压力 $p_b = 740\text{mmHg}$。试求容器内气体的绝对压力 p 为多少 Pa？

4. 说明以下论断是否正确。

(1) 气体吸热后一定膨胀，内能一定增加；

(2) 气体膨胀时一定对外做功；

(3) 气体压缩时一定消耗外功；

(4) 气体放热时内能一定减小。

5. 气体在某一过程中吸热 12kJ，同时内能增加 20kJ。问此过程是膨胀过程还是压缩过程？对外所作的功为多少？

6. 2kg 气体在压力 0.5MPa 下定压膨胀，体积增大了 0.12m^3，同时吸热 65kJ。求气体比内能的变化。

7. 某容器内的理想气体经过放气过程放出一部分气体。若放气前后均为平衡状态，是否符合下列关系式：

(1) $\dfrac{p_1 v_1}{T_1} = \dfrac{p_2 v_2}{T_2}$；(2) $\dfrac{p_1 V_1}{T_1} = \dfrac{p_2 V_2}{T_2}$。

8. 将满足下列要求的多变过程表示在 $p\text{-}v$ 图及 $T\text{-}s$ 图上（工质为空气）。

（1）工质压力升高、温度升高、且放热；

（2）已工质膨胀、温度降低、且放热；

（3）$n = 1.6$ 的膨胀过程，并判断 q、w、Δu 的正负；

（4）$n = 1.3$ 的压缩过程，并判断 q、w、Δu 的正负。

9. 鼓风机每小时向锅炉炉膛输送 $t = 300℃$、$p = 15.2kPa$ 的空气 $1.02 \times 10^5 m^3$。锅炉房大气压力 $p_b = 101kPa$。求鼓风机每小时输送的标准状态风量。

10. 质量为 5kg 的氧气，在 30℃ 的温度下等温压缩。容积由 $3m^3$ 变成 $0.6m^3$。问该过程中工质吸收或放出多少热量？输入或输出了多少功量？内能、焓的变化各为多少？

11. 为了试验容器的强度，必须使容器壁受到比大气压力高 0.1MPa 的压力。为此把压力等于大气压力、温度为 13℃ 的空气充入受试验的容器内，然后关闭进气阀门并对空气加热。已知大气压力 $p_b = 101.3kPa$。试问应将空气的温度加热到多少度？空气的内能、焓的变化各为多少？

12. 封闭的容器内存有 $V = 2m^3$ 的空气，其温度 $t_1 = 20℃$，压力 $p_1 = 500kPa$。若使压力提高到 $p_2 = 1MPa$，问需要将容器内空气加热到多高温度？该过程中空气将吸收多少热量？

13. 温度 $t_1 = 10℃$ 的冷空气进入锅炉设备的空气预热器，吸收烟气放出来的热量。已知 $1Nm^3$ 烟气放出 245kJ 的热量，烟气的质量流量是空气的 1.09 倍，烟气的气体常数 $R_g = 286.45J/kgK$。且空气预热器没有热损失。求空气在预热器中受热后达到的温度 t_2。

14. 有没有 400℃ 的水？有没有 0℃ 以下的水蒸气？为什么？

15. 已知湿蒸汽的压力和干度，如何利用 h-s 图确定其 t、v、h、s。

16. 利用水蒸气 h-s 图表填充下表中的空白

	p（MPa）	t（℃）	x	v（m^3/kg）	h（kJ/kg）	s（kJ/kg·K）	蒸汽状态
1	0.005		0.88				
2	3		1				
3		200		0.2060			
4					3650	7.34	
5	5	500					
6		150			2500		

17. 气缸中盛有 0.5kg、$t = 120℃$ 的干饱和蒸汽，在定容下冷却至 80℃。求此冷却过程中蒸汽放出的热量。

18. 某空调系统 $p_1 = 0.3MPa$、$x = 0.94$ 的湿蒸汽来加热空气。暖风机空气的流量为 $4000m^3/h$，空气通过暖风机被从 0℃ 加热到 120℃。若是蒸汽流过暖风机后成为 0.3MPa 下的饱和水，求每小时需要多少 kg 湿蒸汽？

19. 压力 $p_1 = 1MPa$、温度 $t_1 = 350℃$ 的过热蒸气 $5m^3$，被定压加热到 500℃。求过程中的加热量、内能变化及蒸汽的终态体积；并在水蒸气 h-s 图上表示该过程。

20. 湿蒸汽进入干度计前的压力 $p_1 = 1.5MPa$，经节流后的压力 $p_2 = 0.2MPa$，温度 $t_2 = 130℃$。试用 h-s 图确定湿蒸汽的干度。

21. 湿空气中的水蒸气分压力和饱和水蒸气分压力有什么不同？

22. 解释下列现象

（1）夏天自来水管外表面出现水珠现象。

（2）寒冷地区冬季人在室外呼出的气是白色的。

23. 热湿比的物理意义是什么？

24. 已知某一状态湿空气的温度为30℃，相对湿度为50%，当地大气压力为101325Pa，试求该状态湿空气的含湿量、水蒸气分压力和露点温度。

25. 有一空调冷水管通过空气温度为20℃的房间，如果管道内的冷水温度为10℃，且没有保温。为了防止水管表面结露，房间内所允许的最大相对湿度是多少？

26. 已知空气压力为101325Pa，用 $h\text{-}d$ 图确定下列各空气状态的其他状态参数，并填写在空格内。

参数	t	d	φ	h	t_{wat}	t_d	p_{vap}
单位	℃	g/kg (d, a)	%	kJ/kg (d, a)	℃	℃	Pa
1	22		64				
2		7		44			
3	28						
4			70			14.7	
5					11		

27. 已知空调系统的新风量及其状态参数为 $G_W = 200\text{kg/h}$，$t_{wat} = 31℃$，$\varphi_W = 80\%$。回风量及其状态参数为 $G_N = 1400\text{kg/h}$，$t_N = 22℃$，$\varphi_N = 60\%$，试求新、回风混合后混合空气的温度、含湿量和焓。

28. 某空调系统每小时需要 $t_c = 21℃$、$\varphi_c = 60\%$ 的湿空气 12000m^3。若新空气 $t_1 = 5℃$、$\varphi_1 = 80\%$；循环空气 $t_2 = 25℃$、$\varphi_2 = 70\%$。将新空气加热后，与循环空气混合送入空调系统。试求（1）需将新空气加热到多少度？（2）新空气与循环空气进行绝热混合，它们的质量各为多少 kg？

29. 喷管与扩压管有何区别？

30. 什么是音速？什么叫马赫数？

31. 绝热节流过程是个定焓过程吗？为什么？

32. 过热蒸汽 $p_1 = 3\text{MPa}$、$t_1 = 400℃$，经绝热节流后流入背压 $p_b = 1\text{MPa}$ 的介质中。已知喷管出口截面 $f_2 = 200\text{mm}^2$。求：（1）选用何种喷管；（2）喷管出口流速及质量流量；（3）将该过程定性表示在水蒸气的 $h\text{-}s$ 图上。

33. $p_1 = 1\text{MPa}$ 和 $x_1 = 0.97$ 的湿蒸汽要节流到温度 $t_1 = 120℃$ 的过热蒸汽时压力降低到多少？蒸汽的温度是升高还是降低？

单元4 传 热 学

知 识 点：传热的基本概念，稳定导热、对流换热、辐射换热和稳定传热的基本定律与基本计算分析。

教学目标：使学生掌握稳定导热、对流换热、辐射换热和稳定传热的机理和基本定律，熟练掌握他们的基本计算，并能运用传热学的知识解决一些建筑设备工程上的常见传热问题。

课题1 概　　述

1.1　传热现象及传热学研究的对象

传热是自然界中普遍存在的现象，凡是有温度差的地方，就有传热现象发生。如温度不同的物体各部分或温度不同的两物体之间直接接触而发生的传热；热流体（或冷流体）流过固体壁面而与固体壁面发生的传热；锅炉炉膛内高温火焰与炉膛冷水壁面间发生的传热；太阳每天照射地球把大量的热能传递给地球等。

由于温度差在自然界中和生产、生活中广泛存在，故热量的传递也就成为自然界中的一种普遍现象。那么热量传递有何规律？传热量如何计算？生产、生活中又应如何有效地控制热量的传递？这些都是生产、生活实际中经常遇到的问题。

传热学是一门研究热量传递规律的科学。本章所介绍的有关稳定导热、对流换热、辐射换热和稳定传热的基本定律与基本计算分析以及换热器等方面的传热学基本知识，就能较科学地解决好生产、生活实际中遇到的许多热传递问题。

1.2　热量传递的基本形式

热量传递从机理上说，有如下三种基本形式：

1.2.1　热传导

热传导又称导热，它是指温度不同的物体各部分或温度不同的两物体之间直接接触而发生的热传递现象。从微观角度来看，热是一种联系到分子、原子、自由电子、晶格等微观粒子的移动、转动和振动的能量。因此，物质的导热本质或机理也就与组成物质的微观粒子的运动有密切关系，即热传导过程是依靠物体中微观粒子的热运动来完成的。对于气体，导热是气体分子不规则热运动时相互作用或碰撞的结果；对于非金属固体，导热主要是通过晶格的振动来实现；对于金属固体，导热则主要是通过金属中自由电子的移动和碰撞来实现的，而金属晶格的振动只起微小的作用；至于液体，导热机理介于固体导热与气体导热机理之间，且依靠液体晶格振动进行的热传递成分要大于液体分子不规则热运动进行的热传递。

在连续密实的固体介质中，在导热过程中物体各部分之间不发生宏观的相对位移，这种导热称为纯导热。应该指出，由于液体和气体具有流动性，并由于地球引力场的作用，存在不同温度液体或气体间的宏观流动，在产生导热的同时往往伴随有宏观相对位移而使得热量传递。因此，对于液体和气体来说，只有在消除热对流传递的条件下，才能实现纯导热过程。

1.2.2 热对流

热对流是指依靠流体不同部位的相对位移把热量由一处传递到另一处的热传递。例如冷、热流体的直接混合；冬季，通过空气流动将散热器中热量带到房间的各处；通过水的循环将锅炉中的热量传递到其他用热之处等。

由于流体中存在温差，流体中必然同时存在热的传导。通常，流体热传导的量相对于流体热对流的量来说是小量，且由于很难分开去计算流体的热对流量和热传导量，故后面所说的热对流的量中都是包含了热传导的量。

在工程上，经常碰到流体流过固体壁面而发生的热传递问题，称为对流换热问题。例如，锅炉中的省煤器、空气预热器，采暖工程中用的蒸汽、热水散热器，空调中用的空气加热器或冷却器、热交换器等均主要是对流换热问题。同样对流换热不仅包含着流体位移所产生的流动换热，同时也包含着流体与固体壁面之间的导热作用。因此，对流换热是比热传导更为复杂的热交换过程。在后面的热对流讨论中，主要是对流换热的讨论。

1.2.3 热辐射

热辐射是一种由电磁波来传播能量的过程，是不同于导热与对流换热的另一种热传递形式。导热和对流换热这两种热传递，必须依赖于中间介质才能进行，而热辐射则不需要任何中间介质，在真空中也能进行。太阳距地球约一亿五千万公里，它们之间近乎真空，太阳能以热辐射的方式每天把大量的热能传递给地球。在供热通风工程中，辐射采暖，太阳能供热，锅炉炉膛内火焰与炉膛冷水壁面间等的换热都是以辐射为主要传热方式的例子。

从物理上讲，辐射是电磁波传递能量的现象，热辐射是由于热的原因而产生的电磁波辐射。热辐射的电磁波是由于物体内部微观粒子的热运动而激发出来的。因此，只要物体的绝对温度不等于零，物体微观粒子就会有热运动，也就有热辐射的电磁波发射，就会不断地把热能转变为热辐射能，并由热辐射电磁波向四周传播，当落到其他物体上被吸收后又转变为热能。这就是讲，在辐射体内，热能转变为辐射能，在受热体上辐射能又转变为热能。热辐射过程不仅要产生能量的转移，同时还伴随着能量形式之间的转化。

物体在向外发出热辐射能的同时，也会不断吸收周围物体发出的热辐射能，并把吸收的辐射能重新转变成热能。辐射换热就是指物体之间相互辐射和吸收过程的总效果。物体所放出或接受热量的多少，取决于该物体在同一时期内所放射和吸收的辐射能量的差额。只要参与辐射换热能量的物体温度不同，这种差额就不会为零。当两物体的温度相等时，虽然它们之间的辐射换热现象仍然存在，但它们各自辐射和吸收的能量恰好相等，因此它们的辐射换热量为零，处于换热的动态平衡中。

1.3 复合换热与复合传热

要注意的是，在实际工程中遇到的许多热传递，往往是以上几种传热基本形式同时发生，且彼此相互影响的，即整个传热过程往往是两种或三种基本热传递形式综合作用的结果。例如，在采暖工程中，热媒通过散热器加热室内冷空气的过程就是对流换热、导热和辐射换热组合传热的过程。首先热媒通过对流和导热的方式将热量传给散热器的金属表面，然后靠导热方式将热量由散热器内表面传至外表面，再通过对流和辐射将热量传给冷流体空气，室内空气得到热量，而使室温得到提高或使室温保持在一个较高的温度之上。再例如，冬天室内热量通过建筑物外墙向外散热的过程和锅炉中高温烟气与管束内冷流体水的热量传递等都同时存在二种或三种基本热传递交换的形式。

通常，把在同一位置上同时存在二种或二种以上基本换热形式的换热叫做复合换热，把在传热过程中不同位置上同时存在二种或二种以上的基本传热形式叫做复合传热。例如，锅炉内高温烟气同炉内管束外表面同时存在的对流与辐射两种形式的换热就是复合换热，而高温烟气同管束内冷流体的热传递中，同时存在管内、外侧的对流换热，外侧的辐射换热，管壁之间的导热，则称为复合传热。

对于复合换热，可认为其换热的效果是几种基本换热方式（对流、辐射和导热）并联单独换热作用的叠加，但介于实际计算较难区分开对流、辐射和导热各自的换热量，为方便计算，往往把几种换热方式共同作用的结果看作是由其中某一种主要换热方式的换热所造成，而把其他换热方式的换热都折算包含在主要换热方式的换热之中。

对于复合传热，其传热的效果就是由各基本换热方式串联而成，即复合传热过程就是由对流、传导、辐射全部传热过程的串联。

1.4 传热学的工程应用

传热学在工程上有着广泛的应用。如在热能动力、机械制造、制冷与空调等工程中广泛使用的热力设备及换热器，其设计、制造、运行和经济效益的提高均需用到传热学的基本理论知识；在建筑设备工程中，各种电气设备的散热问题，供热采暖、通风与空调、锅炉设备工程中有关传热的计算，隔热保温问题更是与传热学知识密切相关。可以说，传热学已是现代技术科学的主要基础学科之一。其研究成果对能源节约、生产过程控制、新技术、新工艺实现等起了很大的推动作用；反过来，现代科学技术的飞速发展，又给传热学提出了许多新的研究课题，提供了新的研究手段，推动着传热学学科的发展。传热学已成为现代技术科学中充满活力的一门基础学科。

从对传热过程的要求来看，传热学在工程上主要是解决下面两种类型的传热问题：一类增强传热，即提高换热设备的换热能力，或在满足传热量的前提下，使设备的尺寸尽量缩小、紧凑；一类是减弱传热，即减少热损失或保持设备内适宜的工作温度。学习传热学的目的之一，就是认识传热过程的规律，从而掌握增强或减弱传热过程的方法。

课题 2 稳 定 导 热

2.1 导热的基本概念

在温差的作用下，才有热量的传递。因此，物体存在温差是导热的条件，而要了解物体内部的温差情况，必须要了解物体中的温度分布。温度场、等温面或等温线和温度梯度就是用来描述物体的温度分布。

2.1.1　温度场

温度场是指某一时刻空间所有各点温度分布的总称。一般情况下，温度场是时间（τ）和空间（x、y、z）坐标的函数，其数学表达式为：

$$t = f(x、y、z、\tau) \tag{4-1}$$

式（4-1）表示物体的温度在 x、y、z 三个方向和在时间上都发生变化的三维非稳定温度场。这种随时间 τ 变化的温度场称非稳定温度场，而不随时间 τ 变化的温度场叫做稳定温度场。稳定温度场的数学表达式为：

$$t = f(x、y、z) \tag{4-2}$$

在稳定温度场中进行的导热过程称为稳定导热；反之，在不稳定温度场中进行的导热过程称为不稳定导热。

温度场就其随坐标的变化可分为一维、二维、三维温度场。一维和二维稳定温度场的数学表达式为：

$$t = f(x) \tag{4-3}$$

$$t = f(x、y) \tag{4-4}$$

随时间而变的一维非稳定温度场：

$$t = f(x、\tau) \tag{4-5}$$

2.1.2　等温面和等温线

在同一时刻，温度场中具有相同温度的点连接所构成的线或面称为等温线或等温面。在同一时间内，空间同一个点不能有两个不同的温度，所以温度不同的等温面（或线）彼此不会相交。在连续介质中温度场是连续的，他们各自为闭合的曲面（或线），或者终止于物体的边缘上。

在任何时刻，标绘出物体中的所有等温面（线），就给出了物体内温度分布情形，亦即给出了物体的温度场。所以，物体的温度场可用等温面图或等温线图来描述。

在形状规则、材料均匀的物体上，是很容易找到等温线或等温面的。例如，材料均匀的大面积、等厚度平板，只要两个表面温度均匀，其等温面就是平行于表面的平面，如图4-1（a）所示。同样，对于材料均匀的等厚度圆筒壁，只要内外表面温度均匀，其等温面就是一系列同心圆柱面，如图 4-1（b）所示。显然，沿等温面（线）不会有热量传递，热量只能从温度场的高温等温面向低温等温面传递。

2.1.3　温度梯度

自等温面的某点出发，沿不同路径到达另一等温面时，将发现单位距离的温度变化$\Delta t/\Delta s$ 具有不同的数值（Δs 为沿 s 方向等温面间的距离），如图 4-2 所示。自等温面上某点到另一等温面，以该点法线方向的距离为最短，故沿等温面法线方向的温度变化率为最大。这一最大温度变化率的向量称为温度梯度，用 $\mathrm{grad}\,t$ 表示。

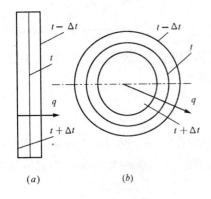

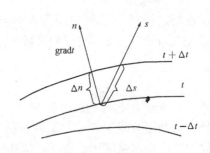

图 4-1　平板及圆筒壁的等温面图　　　　图 4-2　温度梯度示意图

对于一维的温度场，温度梯度的数学式可写成：

$$\mathrm{grad}\,t = \frac{\mathrm{d}t}{\mathrm{d}x} \qquad (4\text{-}6)$$

【例 4-1】如图 4-3 所示，为材质均匀的平壁，厚度是 40mm，壁两侧表面的温度分别是 200℃和 40℃，试求其 x 方向的温度梯度为多少？

【分析】按温度梯度的数学式代入已知数值即可算出。

【解】因为平壁材质均匀，其 x 方向的温度梯度为

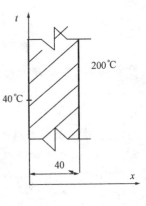

$$\frac{\mathrm{d}t}{\mathrm{d}x} = \frac{\Delta t}{\Delta x} = \frac{200 - 40}{0.04} = 4000\,℃/\mathrm{m}$$

2.2　傅立叶简化导热定律

在传热学中，普遍使用热流量和热流密度这两个概念来定量描述热传递过程。这里的热流量指单位时间通过某一给定面积的热量，用"Q"表示，单位为 W。热流密度，指单位时间通过单位面积的热量，用"q"表示，单位为 W/m²。

图 4-3　例 4-1 图

1822 年法国数学物理家傅立叶，根据大量的固体导热实验研究结果，提出了热流密度与温度梯度成正比，而热流方向与温度梯度方向相反的傅立叶导热定律。其数学表达式为

$$q = -\lambda\,\mathrm{grad}\,t \qquad (4\text{-}7)$$

式中　λ——比例系数，又称导热系数，其大小由材料的性质所决定。

傅立叶定律是导热理论的基础，该定律的数学表达式（4-7），不仅适用于稳态导热，而且适用于非稳态导热。它说明，导热现象依物体内的温度梯度（$\mathrm{grad}\,t$）存在而存在，若 $\mathrm{grad}\,t = 0$，则 $q = 0$。要注意的是，定律中的负号不能丢掉，负号是表示热流密度方向与温度梯度方向相反。若丢掉负号，则热流密度方向与温度梯度方向一致，这就违背了热力学第二定律。

在均质固体壁面的一维稳定导热中，见图 4-4 所示，傅立叶导热定律可简化为

$$q = -\lambda\,\frac{\mathrm{d}t}{\mathrm{d}x} = \lambda\,\frac{\Delta t}{\Delta \delta} \qquad (4\text{-}8)$$

式中　δ——壁面厚度，m；

　　Δt——壁两侧的温度差，$\Delta t = t_1 - t_2$，℃。

当平壁面积为 F 时，单位时间内的热流量为：

$$Q = qF = \lambda \frac{\Delta t}{\delta} F \tag{4-9}$$

这就是说，单位时间内通过固体壁面的导热量与壁两侧的温度差和垂直于热流方向的截面积成正比，与壁面的厚度成反比，并与壁面的材料性质有关。

对照电学中的欧姆定律 $I = \dfrac{U}{R}$ 形式，把公式（4-8）写成：

$$q = \frac{\Delta t}{R_\lambda} = \frac{温差}{热阻} = \frac{\Delta t}{\delta/\lambda} \tag{4-10}$$

可以看出，这里热流密度 q 对应着电流密度 I；传热温差 Δt 对应着电位差 U；而热阻对应着电阻 R，表示了热量传递过程中热流所遇到的阻力。对于导热热阻用 R_λ 表示，单位为 m²·℃/W。式（4-10）说明，热流密度 q 与温差成正比，与热阻成反比。这一结论无论对一个传热过程或是其中任何一个环节都是正确的。

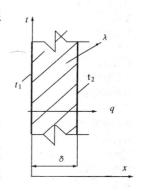

图 4-4　均质固体壁面的一维稳定导热

热阻是个很重要的概念，用它来分析传热的问题很方便。对于平壁，导热热阻 R_λ 与壁的厚度成正比，而与导热系数成反比，即 $R_\lambda = \delta/\lambda$，单位为 m²·℃/W；对于 F 面积的平壁，则热阻为 $\delta/(\lambda \cdot F)$，单位为℃/W。

2.3　导热系数

导热系数的物理意义可由式（4-7）式的得出，即

$$\lambda = \frac{q}{-\operatorname{grad} t} \tag{4-11}$$

上式表明，导热系数数值上等于物体中单位温度降度时，在单位时间内通过单位面积的导热量，其大小反映物质导热能力的大小。实验结果表明，不同的物质具有不同的导热系数。即使物质相同，也可能由于所处的压力、温度、密度及物质的结构不同而使它们的导热系数值不同。

影响导热系数大小的因素分析如下：

2.3.1　材料性质的影响

不同物质的导热系数相差很大，见表 4-1 或附录 4-1 所示。通常，金属材料的导热系数最大，非金属固体材料次之，液体材料更次之，气体材料为最小。金属材料的导热系数比非金属固体材料大，是因为金属物质具有自由电子的运动，能大大增强热量的扩散，而非金属固体材料只能依靠晶格的振动来传递热量。固体材料的导热系数比液体大、液体材料又比气体材料大，是因为导热系数与材料的密度有很大关系。密度越大的材料，其导热系数也越大。因此，在建筑工程中常使用质轻的泡沫塑料、聚苯乙烯、空心砖、密封双层玻璃来隔热保温，而换热器等都采用导热系数大的金属材料。

材　料　名　称	温度 t（℃）	密度 δ（kg/m³）	导热系数 λ［W/(m·℃)］
钢 0.5%C	20	7833	54
钢 1.5%C	20	7753	36
银 99.9%	20	10524	411
铸铝 4.5%Cu	27	2790	163
纯铝 4.5%	27	2702	237
铸铁 0.4%C	20	7272	52
黄铜 30%Zn	20	8522	109
钢筋混凝土	20	2400	1.54
普通烧结砖墙	20	1800	1.07
泡沫混凝土	20	627	0.29
黄土	20	880	0.94
平板玻璃	20	2500	0.76
有机玻璃	20	1188	0.20
玻璃棉	20	100	0.058
红松	20	377	0.11
软木	20	230	0.057
脲醛泡沫塑料	20	20	0.047
聚苯乙烯塑料	20	30	0.027
冰	—	920	2.26
水	20	998.2	0.599
润滑油	40	876	0.144
变压器油	20	866	0.124
空气	20	1.205	0.0257
空气	0	1.293	0.0244
二氧化碳	0		0.105

2.3.2　材料温度的影响

温度与材料导热系数的关系较密切。从图 4-5、图 4-6 和图 4-7 中可以看出不同材料在不同温度下的导热系数数值的变化情况。

对金属来说，其导热是依靠金属内部的自由电子的迁移和晶格振动来实现的，并且前者的作用是主要的。当温度升高时晶格的振动加强了，这就干扰了自由电子的运动，使导热系数下降，见图 4-5 所示。

对于大多数非金属固体材料在温度升高时，分子晶格的振动加剧使其传热能力增强，因此导热系数值是上升的。

对于液体，导热主要依靠液体分子的振动来实现的。温度上升能使振动作用的导热能力有所上升，但液体的热膨胀引起的液体分子之间距离的增大，则将更大地削弱分子振动的导热能力。因此，除水和甘油外，大多数液体的导热系数将随温度的上升而下降，

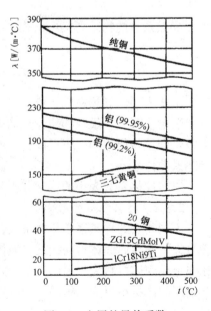

图 4-5　金属的导热系数

见图 4-6 所示。

对于气体，温度升高时分子碰撞次数增加，导热系数随温度的上升而上升，见图 4-7 所示。

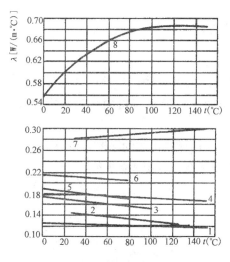

图 4-6　液体的导热系数
1—凡士林油;2—苯;3—丙酮;4—蓖麻油
5—乙醇;6—甲醇;7—甘油;8—水

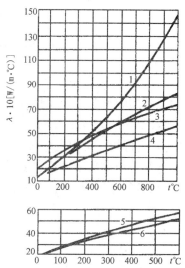

图 4-7　几种气体的 A 与温度的关系
1—水蒸气;2—二氧化碳;3—空气
4—氩；5—氧；6—氮

2.3.3　压力的影响

外界压力对固体材料和液体材料导热系数的影响甚微,但压力对气体导热系数的影响则很大。因为,气体很容易被压缩,气体的密度随压力的增大而增大,使得气体导热系数增大。

2.3.4　保温材料的导热系数

保温材料的导热系数是依材料内部结构的差异而不同。由于保温材料内部大都有大量的空隙,热量传递通过实体部分为导热,通过空隙部分为辐射换热和对流换热。一般保温材料其导热系数的范围为 $\lambda = 0.04 \sim 0.16 W/(m \cdot ℃)$。其影响保温材料导热系数的因素有:

1) 气孔的影响　良好的保温材料大都是多孔材料,或泡状、纤维状还有呈层状。导热系数下降的理由是粒与粒之间,纤维与纤维之间接触面积小了,产生了相当的热阻。另外,在缝隙中又充满了空气,而空气的导热系数 $\lambda = 0.023 W/(m \cdot ℃)$,比固体本身的导热系数小得多,而阻碍了热量的传递。

2) 密度的影响　一般密度小的物体其导热系数亦小。但是固体中充有空气的缝隙如果大了,这个缝隙中的空气就会产生对流换热,反而有利于热量传递,当缝隙尺寸超过 1cm 就会产生该现象。一般保温材料中的缝隙尺寸都小于 1cm。在同种材料中密度小的导热系数亦小。相同种类相同密度的保温材料,孔隙越小而且是密闭的导热系数越小,保温性能越好。

3) 吸湿性的影响　保温材料吸收水分后导热系数就变大。水的导热系数在 20℃ 时为 0.6W/(m·℃),约为空气的 25 倍。因而即使含有少量水分,保温材料的导热系数也急剧增大。一般对建筑结构,特别是对在露点以下工作的热力设备保温层都应设置防潮层,以防保温材料吸湿，导热系数变大，降低保温效果。

4）保温耐火材料的导热系数和温度的依存关系，取决于材料的组成。其组成主要是晶体材料时，它们的导热系数随温度的升高而降低；其组成主要是无定形材料时，则随温度的升高导热系数升高。

2.4 通过平壁、圆筒壁的导热量计算

2.4.1 平壁的稳定导热

工程上常用的平壁是长度比厚度大很多的平壁。实践表明，当长度和宽度为厚度的 8~10 倍以上，平壁边缘的影响可忽略不计，这样的平壁导热就可简化为只沿厚度方向（x 轴方向）进行的一维稳定导热。

平壁导热分单层平壁导热和多层平壁导热。由一种材料构成的平壁为单层平壁，见图 4-8 所示；由几层不同材料叠在一起组成平壁叫多层平壁，见图 4-9 所示。

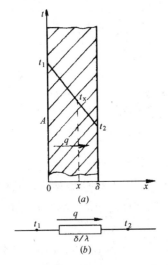

图 4-8　单层平壁的导热图（a）
及热阻网络图（b）

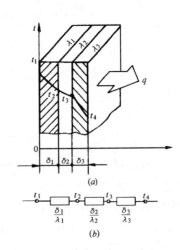

图 4-9　多层平壁的导热图（a）
及热阻网络图（b）

对图 4-8 的单层平壁，设平壁的厚度为 δ，平壁的导热系数为 λ，两表面温度均匀，分别为 t_1 和 t_2，并且 $t_1 > t_2$。温度场是一维稳定的，等温面是垂直于 x 轴的平面。根据傅立叶简化导热定律，即可写出通过此平壁的热流密度计算公式，即：

$$q = \frac{\Delta t}{\delta/\lambda} = \frac{t_1 - t_2}{\delta/\lambda} \tag{4-12}$$

【例 4-2】某建筑物的一面为砖砌外墙，长 4m，高 2.8m，厚 240mm，内表面温度为 $t_1 = 18℃$，外表面温度 $t_2 = -19℃$，砖的导热系数 $\lambda = 0.7W/(m \cdot ℃)$ 试计算通过这面外墙的导热量。

【分析】要计算整个外墙的导热量，可根据式（4-10）先计算通过 $1m^2$ 外墙的热流密度，然后热流密度与外墙的面积相乘。

【解】通过 $1m^2$ 外墙的热流密度为：

$$q = \frac{t_1 - t_2}{\delta/\lambda} = \frac{18 - (-19)}{0.24/0.7} = 107.9 \quad \text{W/m}^2$$

根据式（4-9），通过外壁的导热量为：

$$Q = qF = 107.9 \times 4 \times 2.8 = 1208\text{W}$$

对图4-9（a）所示的多层（三层）平壁，设各层的厚度分别为 δ_1、δ_2 和 δ_3，各层组成材料的导热系数为 λ_1、λ_2 和 λ_3，两表面温度分别为 t_1 和 t_4，且 $t_1 > t_4$。设两个接触面的温度分别为 t_2 和 t_3。

在稳定温度场中，通过每一层的热流密度是相等的。在其热流方向上相当于有三个热阻串联，见图4-9（b）所示。根据电学中串联电阻叠加原则，三层平壁导热的总热阻 $R_\text{r} = \delta_1/\lambda_1 F + \delta_2/\lambda_2 F + \delta_3/\lambda_3 F$，壁两面侧导热温差 $\Delta t = t_1 - t_4$。所以三层平壁的导热量 Q 为

$$Q = qF = \frac{(t_1 - t_4)\ F}{\dfrac{\delta_1}{\lambda_1} + \dfrac{\delta_2}{\lambda_2} + \dfrac{\delta_3}{\lambda_3}} \tag{4-13}$$

两材料接触面上的温度 t_2 和 t_3 可由下两式求出：

$$\left.\begin{aligned} t_2 &= t_1 - \frac{Q}{F} \cdot \frac{\delta_1}{\lambda_1} = t_1 - q \cdot \frac{\delta_1}{\lambda_1} \\ t_3 &= t_2 - q \cdot \frac{\delta_2}{\lambda_2} = t_4 + q\frac{\delta_3}{\lambda_3} \end{aligned}\right\} \tag{4-14}$$

【例4-3】 锅炉炉墙由三层材料叠合而成。内层为耐火砖，厚度 $\delta_1 = 250\text{mm}$，导热系数 $\lambda_1 = 1.16\text{W}/(\text{m} \cdot \text{℃})$；中层为绝热材料，厚度 $\delta_2 = 125\text{mm}$，$\lambda_2 = 0.116\text{W}/(\text{m} \cdot \text{℃})$；外层为保温砖，厚度 $\delta_3 = 250\text{mm}$，$\lambda_3 = 0.58\text{W}/(\text{m} \cdot \text{℃})$。炉墙内表面温度 $t_1 = 1300\text{℃}$，外表面温度 $t_4 = 50\text{℃}$。求每小时通过每平方米炉墙的导热量；绝热层两面的温度 t_2 和 t_3，并分析热阻和温差的关系。

【分析】 由式（4-13）求得炉墙的导热量（热流密度）q 后，再由式（4-14）绝热层两面的温度 t_2 和 t_3。从各层的热阻和温差的变化情况，不难得出它们的关系。

【解】 根据式（4-13）得：

$$\begin{aligned} q &= \frac{(t_1 - t_4)}{\dfrac{\delta_1}{\lambda_1} + \dfrac{\delta_2}{\lambda_2} + \dfrac{\delta_3}{\lambda_3}} = \frac{1300 - 50}{\dfrac{0.25}{1.16} + \dfrac{0.125}{0.116} + \dfrac{0.25}{0.58}} \\ &= 725\text{W/m}^2 \end{aligned}$$

每小时通过每平方米的导热量：

$$725 \times 3600 = 2610\text{kJ/}\ (\text{m}^2 \cdot \text{h})$$

由式（4-14）得：

$$t_2 = t_1 - q \cdot \frac{\delta_1}{\lambda_1} = 1300 - 725\frac{0.25}{1.16} = 1144\text{℃}$$

$$t_3 = t_4 + q\frac{\delta_3}{\lambda_3} = 50 + 725\frac{0.25}{0.58} = 362\text{℃}$$

各层温差：

耐火砖层：$t_1 - t_2 = 1300 - 1144 = 156℃$

热绝缘层：$t_2 - t_3 = 1144 - 362 = 782℃$

保温砖层：$t_3 - t_4 = 362 - 50 = 312℃$

各层温差比为 156：782：312 = 1：5：2；各层热阻之比为 0.25/1：16：0.125/0.116：0.25/0.50 = 1：5：2，两者之比正好相等。正如前所述，在稳定导热中，平壁两侧温差与平壁导热热阻成正比。保温砖与耐火砖虽然厚度一样，但保温砖热阻大，温度降落也大，因而保温效果好。保温砖在1300℃时会烧坏，所以内层就用保温差的耐火砖。热绝缘层厚度虽然只有耐火砖层、保温砖层厚度的一半，但热阻最大，温度降落为耐火砖层的5倍，为保温砖层的2.5倍。所以，为减少炉墙的散热损失和炉墙厚度，在耐火砖层与保温砖层填上绝热效果好的绝缘材料。

2.4.2 圆筒壁的稳定导热

在工程上，圆筒壁应用极为广泛，例如锅炉中的锅筒、水冷壁、省煤器、过热器及输送热媒的管道都采用圆筒壁结构，所以必须了解圆筒壁的导热规律。

对于单层圆筒壁，见图 4-10，设圆筒壁长为 l，内、外直径为 d_1、d_2，导热系数为 λ，圆筒壁的内、外面分别维持均匀不变的温度 t_1 和 t_2，且 $t_1 > t_2$。现需确定通过圆筒壁的热流量。

当圆筒壁长度比其外直径大得多（$l > 10d_2$）时，则沿轴向的导热可以忽略不计，可认为热量主要沿半径方向传递。此时，圆筒壁的导热可视为一维稳定导热。即一维温度场，等温面都是与圆筒同轴的圆柱面。

在圆筒壁稳定导热中，通过各同心柱面 F 的热流量 Q 均相等，但不同柱面上单位面积的热流量 q 是不同的，且随半径的增大而减小。因此，圆筒壁导热是计算单位长度的热流量，用符号 q_l 表示，q_l 不因半径的变化而变化。

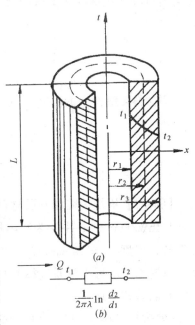

图 4-10 单层圆筒壁的导热及热阻网络图

通过单层圆筒壁的热流量可用一维径向傅立叶简化导热定律计算，即：

$$Q = \frac{t_1 - t_2}{\frac{1}{2\pi\lambda l}\ln\frac{d_2}{d_1}} = \frac{t_1 - t_2}{\frac{1}{2\pi\lambda l}\ln\frac{r_2}{r_1}} \tag{4-15}$$

单位长度热流量

$$q_l = \frac{Q}{l} = \frac{t_1 - t_2}{\frac{1}{2\pi\lambda}\ln\frac{d_2}{d_1}} = \frac{t_1 - t_2}{\frac{1}{2\pi\lambda}\ln\frac{r_2}{r_1}} \tag{4-16}$$

上两式中的热阻分别为：

$$R = \frac{1}{2\pi\lambda l}\ln\frac{d_2}{d_1}——l \text{ 长度圆筒壁的导热热阻，℃/W；}$$

$R_l = \dfrac{1}{2\pi\lambda}\ln\dfrac{d_2}{d_1}$——单位长度圆筒壁导热热阻，m℃/W。

由式（4-16）可知，通过单层圆筒壁单位长度的热流量仍和温差成正比，与热阻成反比。而热阻与导热系数成反比，与外、内半径（或直径）之比的自然对数成正比。圆筒壁导热也可用热阻网络图表示，如图 4-10（b）所示。

圆筒壁导热热流量与平壁导热热流量计算公式具有相同的形式，只是热阻的形式不同。

根据公式 4-16，若已知 q_1、t_1、R_λ 则可求出 t_2

$$t_2 = t_1 - q_l\frac{1}{2\pi\lambda}\ln\frac{d_2}{d_1}\quad ℃$$

同理，在圆筒壁内，距轴心 x 处的温度为

$$t_x = t_1 - q_l\frac{1}{2\pi\lambda}\ln\frac{d_x}{d_1}\quad ℃ \qquad (4\text{-}17)$$

上式为一对数曲线方程式，所以导热系数为常数时，单层圆筒壁的内部温度沿径向按对数曲线分布（见图 4-10）。

对于多层圆筒壁，如敷设绝热材料的管道，管内结垢，管外积灰的省煤器管、过热器管等，其导热计算类同于多层平壁的导热计算，可将各层热阻叠加求得导热总热阻后来计算。

如图 4-11 为一段由三层不同材料组成的多层圆筒壁，设各层之间接触良好，两接触面具有相同的温度。已知各层直径分别为 d_1、d_2、d_3 和 d_4；各层导

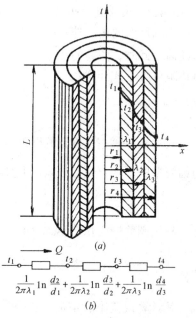

$$\frac{1}{2\pi\lambda_1}\ln\frac{d_2}{d_1}+\frac{1}{2\pi\lambda_2}\ln\frac{d_3}{d_2}+\frac{1}{2\pi\lambda_3}\ln\frac{d_4}{d_3}$$

(b)

图 4-11　多层圆筒壁的导热
及热阻网络图

热系数分别为 λ_1、λ_2 和 λ_3；各层的表面温度分别为 t_1、t_2、t_3 和 t_4，且 $t_1 > t_4$（t_2、t_3 未知）。则其单位长度导热热阻为：

$$R_l = R_1 + R_2 + R_3$$

$$= \frac{1}{2\pi\lambda_1}\ln\frac{d_2}{d_1}+\frac{1}{2\pi\lambda_2}\ln\frac{d_3}{d_2}+\frac{1}{2\pi\lambda_3}\ln\frac{d_4}{d_3}\qquad (4\text{-}18)$$

根据导热欧姆定律及公式（4-18），不难写出三层圆筒壁的热流量 q_l 计算式：

$$q_l = \frac{2\pi\,(t_1 - t_4)}{\dfrac{1}{\lambda_1}\ln\dfrac{d_2}{d_1}+\dfrac{1}{\lambda_2}\ln\dfrac{d_3}{d_2}+\dfrac{1}{\lambda_3}\ln\dfrac{d_4}{d_3}}\quad\text{W/m}\qquad (4\text{-}19)$$

各层接触面的温度：

$$\left.\begin{array}{l}
t_2 = t_1 - \dfrac{q_l}{2\pi\lambda_1}\ln\dfrac{d_2}{d_1}\\[3mm]
t_3 = t_2 - \dfrac{q_l}{2\pi\lambda_2}\ln\dfrac{d_3}{d_2} = t_4 + \dfrac{q_l}{2\pi\lambda_3}\ln\dfrac{d_4}{d_3}
\end{array}\right\}\qquad (4\text{-}20)$$

对于 n 层圆筒壁，单位长度导热量 q_l 为：

$$q_l = \frac{2\pi(t_1 - t_{n+1})}{\displaystyle\sum_{i=1}^{n} \frac{1}{\lambda_i} \ln \frac{d_{i+1}}{d_i}} \tag{4-21}$$

单位时间通过 lm 圆筒壁的热流量为：

$$Q = q_l \cdot l \tag{4-22}$$

2.4.3 圆筒壁导热的简化计算

当圆筒壁的内、外直径分别为 d_1，d_2，其直径比 $d_2/d_1 \leqslant 2$ 时，可认为该圆筒壁为薄形圆筒。此时，圆筒的曲率对导热热阻的影响可以忽略，可作为平壁处理，其 l 米长的导热热阻可按下式计算：

$$R = \frac{\delta}{\lambda F} \tag{4-23a}$$

式中 $\delta = \dfrac{d_2 - d_1}{2}$ 为圆筒壁的厚度；$F = \pi d_m l$ 为圆筒壁的平均导热面积，$d_m = \dfrac{d_2 + d_1}{2}$ 为圆筒壁的平均直径。故式（4-23a）可以改写为

$$R = \frac{\delta}{\lambda \pi d_m l} \tag{4-23b}$$

利用圆筒壁简化热阻式（4-21b），计算圆筒壁导热热流量为

$$Q = \frac{t_1 - t_2}{\dfrac{\delta}{\lambda \pi d_m l}} \tag{4-24}$$

其计算误差小于 4%，在工程计算中是完全允许的。

对于多层圆筒壁，若每一层的内、外直径比 $d_{i+1}/d_i \leqslant 2$ 时，则用下式简化计算导热热流量为

$$Q = ql = \frac{t_1 - t_{n+1}}{\displaystyle\sum_{i=1}^{n} \frac{\delta_i}{\lambda_i \pi d_{mi} l}} \tag{4-25}$$

【例 4-4】在外径为 159mm，表面温度为 350℃的蒸汽管道外包有 80mm 厚的保温层。其保温材料的导热系数 $\lambda = 0.06\mathrm{W/(m \cdot ℃)}$，保温层外表面温度为 50℃，求每米长管道的热损失。

【分析】直接代公式（4-16）来计算。

【解】已知 $d_1 = 159\mathrm{mm}$；$d_2 = 159 + 2 \times 80 = 319\mathrm{mm}$，根据式（4-16），得

$$q_1 = \frac{Q}{l} = \frac{t_1 - t_2}{\dfrac{1}{2\pi\lambda} \ln \dfrac{d_2}{d_1}} = \frac{350 - 50}{\dfrac{1}{2\pi \times 0.06} \ln \dfrac{319}{159}} = 162.43 \quad \mathrm{W/m}$$

【例 4-5】外径、温度、保温层厚度都同例题 4-4。只是将保温层分做两层，内层厚度为 $\delta_1 = 60\mathrm{mm}$，材料的导热系数 $\lambda_1 = 0.06\mathrm{W/(m \cdot ℃)}$，外层厚度为 $\delta_2 = 20\mathrm{mm}$，材料的导热系数 $\lambda_2 = 0.15\mathrm{W/(m \cdot ℃)}$，试求此时单位长度管道的热损失。

【分析】本题为多层（双层）圆筒壁的导热问题，可用式（4-21）计算；若属多层薄壁圆筒，即 $d_{i+1}/d_i \leqslant 2$ 时，还可用式（4-25）来近似计算。

【解】已知 $d_1 = 159\mathrm{mm}$；$d_2 = 159 + 2 \times 60 = 279\mathrm{mm}$；$d_3 = 279 + 2 \times 20 = 319\mathrm{mm}$。根据式

(4-21)，得

$$q_l = \frac{Q}{l} = \frac{t_1 - t_3}{\frac{1}{2\pi\lambda_1}\ln\frac{d_2}{d_1} + \frac{1}{2\pi\lambda_2}\ln\frac{d_3}{d_2}}$$

$$= \frac{350 - 50}{\frac{2}{2\pi \times 0.06}\ln\frac{279}{159} + \frac{1}{2\pi \times 0.15}\ln\frac{319}{279}}$$

$$= 183.58\text{W/m}$$

本题中，由于 $d_2/d_1 = \frac{279}{159} = 1.755 < 2$；$d_3/d_2 = \frac{319}{279} = 1.143 < 2$，该两层保温层都可视为薄型圆筒，固其单位管长的热损失，可由式（4-25）简化计算：

$$q_l = \frac{Q}{l} = \frac{t_1 - t_3}{\frac{\delta_1}{\lambda_1 \pi d m_1} + \frac{\delta_2}{\lambda_2 \pi d m_2}}$$

式中　$\delta_1 = 60\text{mm}$；$\delta_2 = 20\text{mm}$；

$$d_{m1} = \frac{159 + 279}{2} = 219\text{mm}; \quad d_{m2} = \frac{279 + 319}{2} = 299\text{mm},$$

于是　　　$$q_1 = \frac{350 - 50}{\frac{60}{0.06 \times \pi \times 219} + \frac{20}{0.15 \times \pi \times 299}} = 187.94 \quad \text{W/m}$$

计算误差为　　$$\frac{187.94 - 183.58}{183.58} \times 100\% = 2.39\%$$

课题3　对流换热

3.1　影响对流换热的因素

概括地讲，影响对流换热的因素主要为下述四个方面：

3.1.1　流体的物理性质

流体的物理性质，即流体的种类对对流换热有着很大的影响。例如热物体在水中要比在同样温度的空气中冷却得快。对对流换热强弱有影响的物理参数，常称之为流体的热物理性质参数，简称热物性参数。它主要有：热导率 λ、密度 ρ、比热容 c、动力黏度 μ 等。流体的热导率 λ 值大，导热能力强；流体的比热容和密度之积 $c\rho$ 大，则单位体积的流体转移时所能携带的热量也多，热对流作用也强；而动力黏度 μ 大，说明流体流动的内阻碍大，使热对流作用下降而不利于换热。

对于每一种流体来说，其热物性参数值又会随温度（气体还随压力）的改变而改变，而当温度（压力）一定时，这些参数都具有一定的对应数值。在换热时，由于流体内温度各不相同，使热物性参数也各处不等。为方便计算，通常是选择一特征温度（称为定性温度）来确定热物性参数值，把热物性参数当作常量处理。

3.1.2　流体运动的原因

按流体运动发生的原因，流体运动可分成两类。一类是由于流体冷热各部分的密度不同所引起的自然运动；另一类是受外力，如风机或水泵的作用所发生的强迫运动。一般情况下，强迫运动的换热强度要比自然换热高得多。

流体发生强迫运动时，也会发生自然运动。当强迫运动速度很大时，自然运动对换热的影响可以忽略不计；而当强迫运动不太强烈时，自然运动的影响便相对增大而应加以考虑，这种情况称之为混合对流换热。

3.1.3　流体运动的状态

由课程"流体力学泵与风机"知道，流体运动的状态可分为层流和紊流两种。层流是雷诺数 $Re \leqslant 2300$，流体各部分均沿流道壁面作平行运动，互不干扰；紊流是 $Re \geqslant 10^4$，流动处于不规则的混乱状态，只在靠近流道壁面处存在一厚度很薄的边界层流。当流体处于 $2300 < Re < 10^4$ 时，则称其流动处于过渡流状态。

在对流换热中，流体运动的状态对热量转移有着重要的影响。层流时，沿壁面法线方向的热量转移主要依靠导热，其大小取决于流体的导热系数；紊流时，依靠导热转移热量的方式只保留在很薄的边界层流中，而紊流核心中的传热则依靠流体各部分的剧烈运动实现。由于紊流核心的热阻远小于边界层的热阻，因此紊流换热的强弱主要取决于边界层流的热阻。紊流的边界层流厚度因远小于层流时的厚度，故紊流的热交换强度要远大于层流。

如图 4-12 反映了流态准则数 Re 对对流换热量 Q_a 的影响关系。从图可看出，对流换热量是随 Re 的增加而增强，但层流阶段 Q_a 增加很慢，过渡阶段增加最快，紊流阶段增加又减慢。工程上，为了有效地增强换热，通常用增加流体流速的方法控制 Re 在 $10^4 \sim 10^5$ 之间。而 Re 太大，虽可进一步增加换热量，但势必引起流动动力的很大消耗。

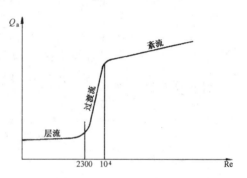

图 4-12　Re 对对流换热量的影响

3.1.4　换热表面的几何形状、尺寸和布置方式

影响对流换热强弱的因素还有换热物体表面的几何形状、大小、粗糙度、以及相对于流体运动方向的位置等。例如，换热的平板面可以平放、竖放或斜放，换热的面还可以朝上或朝下，这都将引起不同的换热条件与效果。

综上所述，影响对流换热的因素很多。对流换热量 Q_a 是诸多物理参量：换热面形状 φ、尺寸 l、换热面面积 F、壁温 t_w、流体温度 t_f、速度 ω、热导率 λ、比热容 c、密度 ρ、动力黏度 μ、体积膨胀系数 β 等的函数。即：

$$Q_a = f(\omega, \ \rho, \ c, \ \mu, \ \beta, \ t_f, \ t_w, \ F, \ l, \ \varphi, \ \cdots) \tag{4-26}$$

3.2　对流换热的计算与对流换热系数

一般情况下，计算流体和固体壁面间的对流换热量 Q_a 的基本公式是牛顿冷却公式：

$$Q_a = \alpha \cdot \Delta t \cdot F \tag{4-27}$$

式中　Δt——流体与壁面之间的温差，℃；

　　　F——换热表面的面积，m^2；

α——对流换热系数，简称换热系数，W／（m²·℃）。

换热系数 α 的大小表达了对流换热过程的强弱，在数值上等于单位面积上，当流体同壁面之间温差1℃时，在单位时间内所能传递的热量。

利用热阻的概念，将公式（4-25）改写成：

$$Q_\alpha = \frac{\Delta t}{1/\ (\alpha \cdot F)} = \frac{\Delta t}{R_\alpha} \tag{4-28}$$

式中 $R_\alpha = \frac{1}{\alpha \cdot F}$，表示 F 面积上的对流换热热阻,℃/W。对流换热的模拟电路见图 4-13。

流体和固体壁面间单位面积上的对流换热量常叫做对流热流密度，用字母 q 表示。

$$q = Q_\alpha/F = \alpha \cdot \Delta t \tag{4-29}$$

3.3 与对流换热相关的准则

对流换热过程是十分复杂的，牛顿冷却公式中的换热系数集中了影响对流换热过程的一切复杂因素，研究对流换热问题的关键就是如何求解换热系数。

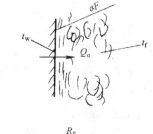

图 4-13 对流换热的模拟电路

理论和实验都表明，影响对流换热作用的不是单个物理量，而是诸多因素（包括物理量和边界条件）的综合作用结果，这个综合作用结果是用相似准则来描述的。对流换热情况的任何方程均可表述为各相似准则之间的函数关系式。例如，在对流换热中，影响换热运动黏度 ν、速度 ω、壁温 t_w、流体温度 t_f、热导率 λ、比热容 c、密度 ρ、体积膨胀系数 β 等物理量所起的作用，可由下列准则来描述：

3.3.1 普朗特（Prandtl）准则 Pr

普朗特准则 $Pr = \frac{\nu}{a}$，是用来说明工作流体的物理性质（简称流体物性）对对流换热影响的准则。Pr 越大，表示流体的运动黏度 ν 越大，而热扩散率 $a\left(=\frac{\lambda}{c\rho}\right)$ 下降。前者说明运动引起的传热量将下降，后者说明流体对温度变化的传递能力下降，导热降低。故对流换热量是随 Pr 准则数的上升而下降。

3.3.2 雷诺（Reynolds）准则 Re

雷诺准则 $Re = \frac{\omega l}{\nu}$，是用来反映流体运动的状态（简称流体流态）对对流换热影响的准则。其影响情况见图 4-12。

3.3.3 格拉晓夫（Grashof）准则 Gr

格拉晓夫准则 $Gr = \frac{g\beta\Delta t l^3}{\nu^2}$，是反映流体自然流动时浮升力与黏滞力相对大小的准则。流体自由流动状态是浮升力与黏滞力相互矛盾和作用的结果，Gr 增大，说明黏滞力减小，浮升力将引起换热量的增大。

3.3.4 努谢尔特（Nusselt）准则 Nu

努谢尔特准则 $Nu = \frac{\alpha l}{\lambda}$，是用来说明对流换热自身特性的准则，其数值越大，表示流体流动作用引起的对流换热强度越强。谢尔特准则 Nu 中包含着待求的对流换热系数，称其为待定准则。

3.4 计算对流换热系数的基本准则方程

3.4.1 对流换热计算的基本类型

对流换热现象有许多类型，不同的类型有着不同形式的对流换热准则方程式相对应。在进行对流换热计算时，只有弄清对流换热的类型，才能避免准则方程式的选错，找出适用的计算式。总体来讲，对流换热可按下面几个层次来分类：

先是按对流换热过程中流体是否改变相态，区分出换热是单相流体的对流换热还是变相流体的对流换热。这里的相态是指流体的液态和气态。所谓单相流体的对流换热是指流体在换热过程中相态保持不变，而变相流体的对流换热则是流体在换热过程中发生了相态的变化，如液态流体变成了气态流体的沸腾换热，气态流体变成液态流体的凝结换热。

其次，在单相流体的换热中，按照流体流动的原因，可分成自然对流换热、强迫对流换热和综合对流换热三类。它们可用 Gr 与 Re^2 的比值范围来区分。一般，$Gr/Re^2 > 10$ 时，定为主要以运动浮升力引起的自然换热；$Gr/Re^2 < 0.1$ 时，定为由机械外力作用引起运动的强迫换热；$0.1 \leqslant Gr/Re^2 \leqslant 10$ 时，则定为既考虑自然换热影响，又考虑强迫换热影响的综合对流换热。

再次，按流体与换热面的换热位置或空间大小又可分为不同情况的换热。如强迫对流换热可分为流体管内的换热和流体外掠管壁的换热；自然对流换热可分为无限大空间的换热和有限空间的换热。这里有限与无限空间的区别是以换热时冷、热流体的自由运动是否相互干扰为界的。一般规定，换热方向的空间厚度 δ 与换热面平行方向的长度 h 的比值 $\frac{\delta}{h} \leqslant 0.3$ 时，为有限空间，$\frac{\delta}{h} > 0.3$ 时，为无限空间。

此外，上面各类对流换热还可根据流体流动的形态可分成层流（$Re < 2300$）、过渡流（$2300 \leqslant Re \leqslant 10^4$）和紊流（$Re > 10^4$）三种情况。

3.4.2 对流换热准则方程的一般形式

描述对流换热现象的方程式，原则上是由与对流换热相关的准则组成的函数关系，称之为准则方程式。对于稳态无相变的对流换热的准则方程，可描述为

$$Nu = f \ (Re, \ Gr, \ Pr) \tag{4-30}$$

方程式的具体形式由实验确定。对于强迫紊流的对流换热，由于 Gr 对换热的影响可以不计，可写成 $Nu = f \ (Re, \ Pr)$ 函数，一般整理成如下的幂函数形式：

$$Nu = CRe^n Pr^m \tag{4-31}$$

若上述情况的流体为空气时，Pr 可作为常数来处理（取 $Pr \approx 0.7$），于是式（4-31）又可简化成 $Nu = f \ (Re)$，通常写成如下形式：

$$Nu = CRe^n$$

对于自由流动的对流换热，$Re = f \ (Gr)$，Re 不是一个独立的准则，式（4-30）可写成如下形式：

$$Nu = f \ (Gr, \ Pr) \ = C \ (Gr \cdot Pr)^n \tag{4-32}$$

以上各式中的 C、n、m 都是由实验确定的常数。

在对流换热准则方程中，待解量换热系数 α 包含在 Nu 准则中，所以称 Nu 准则为待定准则。对于求解 Nu 的其他准则，由于准则中所含的量都是已知量，故这些准则通称已定准则。已定准则的数值一经确定，待定准则，如 Nu 就可以通过准则方程很方便地求解出来。

3.4.3 定性温度、定型尺寸和特性速度的确定

（1）定性温度

确定准则中热物性参数数值的温度叫定性温度。由于流体的物性随温度而变，且换热中不同换热面上有不同的温度，这给换热的分析计算带来复杂。为了使问题简化，通常经验地按某一特征温度，即定性温度来确定流体的物性，以使物性作常数处理。

如何选取物性的定性温度是一个重要的问题。它主要有以下三种选择：

1）流体平均温度 t_f，简称流体温度；

2）壁表面平均温度 t_w，简称壁温；

3）流体与壁的算术平均温度 t_m，即 $t_m = \dfrac{t_f + t_w}{2}$，也称边界层平均温度。

（2）定型尺寸

相似准则所包含的几何尺寸，如 Re、Gr 和 Nu 中的 l，都是定型尺寸。所谓定型尺寸是指反映与对流换热有决定影响的特征尺寸。通常，管内流动换热的定型尺寸取管内径 d，管外流动换热的取外径 D，而非圆管道内换热的则取当量直径 de：

$$de = \frac{4F}{U}$$

式中　　F——通道断面面积，m^2；

　　　　U——断面湿周长，m。

（3）特征速度

它是指 Re 准则中的流体速度 ω。通常管内流体是取管截面上的平均流速，流体外掠单管则取来流速度，外掠管簇时取管与管之间最小流通截面的最大流速。

总之，在对流换热计算中，对所用的准则方程式一定要注意它的定性温度，定型尺寸和特征速度等选定，不然会引起计算上的错误。

3.5　对流换热系数计算简介

3.5.1 单相流体自然流动时的换热

（1）无限空间中的自然换热计算

稳定状态下自然换热的准则方程形式为：

$$\text{Nu}_m = f\,(\text{Pr},\ \text{Gr}) = C\,(\text{Gr} \cdot \text{Pr})_m^n \tag{4-33}$$

式中的 C 和 n 是根据换热表面的形状、位置及 $\text{Gr} \cdot \text{Pr}$ 的数值范围由表 4-2 选取。下标 m 表示求准则的定性温度采用边界层的平均温度 $t_m = \dfrac{t_f + t_w}{2}$。

由表 4-2 可知，在紊流换热中，式（4-33）中的 $n = \dfrac{1}{3}$，这时 Gr 和 Nu 中的定型尺寸 l 可以相抵消，故自然流动的紊流换热与定型尺寸无关。

对于常温常压空气，Pr 作常数处理，可采用表 4-2 中的简化公式计算 α。计算用到的

有关空气的物理参数值见附录 4-2 表。

对于工程中遇到的倾斜壁的自然换热，通常是先分别算出倾斜板在水平面和垂直面上的投影换热系数 α_1 和 α_2，然后平方相加再开方来计算倾斜壁的自然换热系数 $\alpha\left(=\sqrt{\alpha_1^2+\alpha_2^2}\right)$。

公式（4-33）中的 C、n 值　　　　　表 4-2

表面形状及位置	流动情况示意	C，n 值		定型尺寸 l (m)	适用范围 Gr·Pr	空气简化公式
		流态	C	n			
垂直平壁及垂直圆柱		层流	0.59	$\frac{1}{4}$	高度 h	$10^4 \sim 10^9$	$\alpha = 1.28\left(\dfrac{\Delta t}{h}\right)^{\frac{1}{4}}$
		紊流	0.12	$\frac{1}{3}$		$10^9 \sim 10^{12}$	$\alpha = 1.17\Delta t^{\frac{1}{3}}$
水平圆柱		层流	0.53	$\frac{1}{4}$	圆柱外径	$10^4 \sim 10^9$	$\alpha = 1.16\left(\dfrac{\Delta t}{D}\right)^{\frac{1}{4}}$
		紊流	0.13	$\frac{1}{3}$	D	$10^9 \sim 10^{12}$	$\alpha = 1.17\Delta t^{\frac{1}{3}}$
热面朝上或冷面朝下的水平壁		层流	0.54	$\frac{1}{4}$	矩形取两个边长的平均值；圆盘取 0.9 直径	$10^5 \sim 2\times10^7$	$\alpha = 1.19\left(\dfrac{\Delta t}{t}\right)^{\frac{1}{4}}$
		紊流	0.14	$\frac{1}{3}$		$2\times10^7 \sim 3\times10^{10}$	$\alpha = 1.37\Delta t^{\frac{1}{3}}$
热面朝下或冷面朝上的水平壁		层流	0.27	$\frac{1}{4}$	同上	$3\times10^5 \sim 3\times10^{10}$	$\alpha = 0.59\left(\dfrac{\Delta t}{l}\right)^{\frac{1}{4}}$

【例 4-6】一室外水平蒸汽管外包保温材料，其表面温度为 40℃，外径 $D = 100\mathrm{mm}$，室外温度是 0℃。试求蒸汽管外表面的换热系数和每米管长的散热量。

【分析】首先应分析出本题是属于无限空间的自然换热，然后根据公式（4-33）要求的定性温度，查知有关物理参数值，计算相关准则数，再根据有关准则数的范围从表 4-2 中找得相应的计算式或相关参数即可计算。

【解】求定性温度：$t_m = \dfrac{1}{2}\left(t_{w1} + t_{w2}\right) = \dfrac{40+0}{2} = 20℃$。定型尺寸 $l = D = 0.1\mathrm{m}$。按定性温度查附录 4-2，得空气的有关物理参数：

$$\lambda = 2.57\times10^{-2}\ \mathrm{W/(m\cdot℃)}; Pr = 0.703$$

$$\nu = 15.05 \times 10^{-6} \text{m}^2/\text{s}; \quad \beta = \frac{1}{273 + 20} K^{-1}$$

$$\text{Gr} = \frac{\beta g \Delta t l^3}{\nu^2} = \frac{1}{293} \times \frac{9.81 \times (40-0) \times 0.1^3}{(15.06 \times 10^{-6})^2} = 5.905 \times 10^6$$

$$(\text{Gr} \cdot \text{Pr})_m = 5.905 \times 10^6 \times 0.703 = 4.151 \times 10^6$$

由表 4-2 查得：$C = 0.53$，$n = \frac{1}{4}$代入方程（4-31）：

$$\text{Nu} = C (\text{Gr} \cdot \text{Pr})_m^n = 0.53 \times (4.151 \times 10^6)^{0.25} = 23.92$$

由 $\text{Nu} = \frac{\alpha l}{\lambda}$ 可得换热系数 α 为：

$$\alpha = \frac{\text{Nu} \cdot \lambda}{l} = \frac{23.92 \times 2.57 \times 10^{-2}}{0.1} = 6.147 \ \text{W}/(\text{m}^2 \cdot \text{℃})$$

每米管长的散热量 q_1 为：

$$q_l = \alpha \Delta t \pi D \times 1 = 6.147 \times (40-0) \pi \times 0.1 \times 1 = 77.16 \ \text{W/m}$$

（2）有限空间中的自然换热计算

有限空间的自然换热实际是夹层冷表面和热表面换热的综合结果。计算这一复杂过程换热量的方法是把它当做平壁或圆筒壁的导热来处理。若引入"当量导热系数 λ_{dl}"，则通过夹层的热流密度为

$$q = \frac{\lambda_{dl}}{\delta} (t_{w1} - t_{w2}) \tag{4-34}$$

式中　t_{w1}、t_{w2}——分别为夹层的热表面温度和冷表面温度，℃；

　　　δ——夹层厚度，m。

由于

$$q = \alpha \cdot \Delta t = \frac{\alpha \cdot \delta}{\lambda} \cdot \frac{\lambda}{\delta} \Delta t = \text{Nu} \frac{\lambda}{\delta} \Delta t$$

将此式与式（4-32）相比较，可知

$$\text{Nu} = \frac{\lambda_{dl}}{\lambda} = f (\text{Gr} \cdot \text{Pr}) \tag{4-35}$$

通过实验可得式（4-35）的具体关联式，从而求出 Nu（或 α）和 λ_{dl}。空气在夹层中自然流动换热的计算公式见表 4-3。

计算时，对于垂直夹层，若 Gr < 2000 时，夹层中空气几乎是不运动的，取 $\lambda_{dl} = \lambda$，按导热过程计算；对于水平夹层，若热面在上，冷面在下，也按导热过程计算，取 $\lambda_{dl} = \lambda$。

应用表 4-3 时，定性温度为夹层冷、热表面的平均温度，即 $t_m = \frac{1}{2} (t_{w1} + t_{w2})$；定性尺寸为夹层厚度 δ。

夹层位置	计算公式	适用范围
垂直夹层	$\dfrac{\lambda_{dl}}{\lambda} = 0.18\mathrm{Gr}^{\frac{1}{4}}\left(\dfrac{\delta}{h}\right)^{\frac{1}{9}}$	$2000 < \mathrm{Gr} < 2\times10^4$
	$\dfrac{\lambda_{dl}}{\lambda} = 0.065\mathrm{Gr}^{\frac{1}{3}}\left(\dfrac{\delta}{h}\right)^{\frac{1}{9}}$	$2\times10^4 < \mathrm{Gr} < 1.1\times10^7$
水平夹层（热面在下）	$\dfrac{\lambda_{dl}}{\lambda} = 0.195\mathrm{Gr}^{\frac{1}{4}}$	$10^4 < \mathrm{Gr} < 4\times10^5$
	$\dfrac{\lambda_{dl}}{\lambda} = 0.068\mathrm{Gr}^{\frac{1}{3}}$	$\mathrm{Gr} > 4\times10^5$

【例 4-7】一个竖直封闭空气夹层，两壁由边长为 0.5m 的方形壁组成，夹层厚 25mm，两壁温度分别为 – 15℃ 和 15℃。试求夹层的当量导热系数和通过此空气夹层的自然对流换热量。

【分析】本题为有限空间的自然换热，应根据求得的 Gr 数值范围从表 4-3 中选择出适用的当量导热系数 λ_{dl} 计算式，从而计算得空气夹层的自然对流换热量。

【解】定性温度 $t_m = \dfrac{1}{2}\ (t_{w1} + t_{w2})\ = \dfrac{1}{2}\ (15 - 15) = 0℃$。查附录 4-2，得空气的物理参数如下：

$$\lambda = 2.44\times10^{-2}\,\mathrm{W/(m\cdot℃)};\ \ \mathrm{Pr} = 0.707;$$

$$\nu = 13.28\times10^{-6}\,\mathrm{m^2/s};\ \ \beta = \dfrac{1}{273}\mathrm{K^{-1}}$$

$$\mathrm{Gr} = \dfrac{\beta g\Delta t l^3}{\nu^2} = \dfrac{1}{273}\times\dfrac{9.81\times\ (15+15)\ \times0.025^3}{(13.28\times10^{-6})^2} = 9.551\times10^4$$

由表 4-3 查得当量导热系数计算式为：

$$\lambda_{dl} = 0.065\mathrm{Gr}^{\frac{1}{3}}\left(\dfrac{\delta}{h}\right)^{\frac{1}{9}}\cdot\lambda = 0.065\times\ (9.551\times10^4)^{\frac{1}{3}}\times\left(\dfrac{0.025}{0.5}\right)^{\frac{1}{9}}\times2.44\times10^{-2}$$

$$= 0.052\ \mathrm{W/\ (m\cdot℃)}$$

通过夹层的自然对流换热量为：

$$Q\ = \dfrac{\lambda_{dl}}{\delta}\ (t_{w2} - t_{w1})\ F = \dfrac{0.052}{0.025}\times\ (15+15)\ \times0.5\times0.5$$

$$= 15.6\ \mathrm{W}$$

3.5.2　单相流体强迫流动时的换热

（1）流体在管内强迫流动的换热

1）换热影响的分析。流体管内强迫流动换热时，影响换热量大小的因素除与流体的流态（层流、紊流、过渡状态）有关外，还应考虑如下问题：

A. 进口流动不稳定的影响。流体在刚进入管内时，流体的运动是不稳定的，只有流动一段距离后，才能达到稳定。图 4-14 为沿管道长度因流体进口不稳

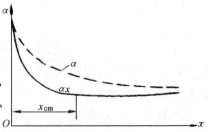

图 4-14　管内流动局部换热系数 α_x 和平均换热系数 α 的变化

定流动影响引起的换热系数 α 的变化情况。在 λ 口段（$x \leqslant x_{cm}$ 内），α 值变化较大，而过了 $x > x_{cm}$ 后，α 趋于稳定，近似为常数。实验表明，对于层流，x_{cm} 距离约 $0.03d\text{Re}$，即 $x_{cm} \leqslant 70d$；对于旺盛紊流来说，x_{cm} 约 $40d$。流体在进口段不稳定流动时对换热程度的影响称之为进口效应。工程上一般将管长 1 与管径 d 的比值 $\geqslant 50$，称为长管的换热，它可忽略进口效应；但对于 $l/d < 50$ 的短管，则需考虑进口效应。计算上是在准则方程式的左边乘以修正系数 C_l，见表 4-4 和表 4-5。

层流时的修正系数 C_l 表 4-4

l/d	1	2	5	10	15	20	30	40	50
C_l	1.90	1.70	1.44	1.28	1.18	1.13	1.05	1.02	1

紊流时的修正系数 C_l 表 4-5

Re_l \ l/d	1	2	5	10	15	20	30	40	50
1×10^4	1.65	1.50	1.34	1.23	1.17	1.13	1.07	1.03	1
2×10^4	1.51	1.40	1.27	1.18	1.13	1.10	1.05	1.02	1
5×10^4	1.34	1.27	1.18	1.13	1.10	1.08	1.04	1.02	1
1×10^5	1.28	1.22	1.15	1.10	1.08	1.06	1.03	1.02	1
1×10^6	1.14	1.11	1.08	1.05	1.04	1.03	1.02	1.01	1

B. 热流方向的影响。流体与管壁进行换热的过程中，流体流动为非等温过程。在沿管长方向，流体会被加热或被冷却，流体温度的变化必然改变流体的热物理性质，从而影响管内速度场的形状，进而影响换热程度，见图 4-15。图中曲线 a 为等温流动时的速度分布。当液体被加热（或气体被冷却）时，近壁处液体的黏度比管中心区低，因而壁面处速度相对加大，中心区相对减小，见曲线 c；当液体被冷却（或气体被加热）时，结果与上面相反，速度分布为曲线 b。

对流换热中为了修正流体加热或冷却（即热流方向）对热物理性质的影响，是在流体温度 t_f 为定性温度的准则方程式的左边，乘上修正项 $(\text{Pr}_f/\text{Pr}_w)^n$ 或 $(\mu_f/\mu_w)^m (T_f/T_w)^k$ 等。

C. 管道弯曲的影响。流体在弯曲管道流动时，产生的离心力会引起流体在流道内外之间的二次环流，见图 4-16，增加了换热的效果，因而使它的换热与直管有所不同。当弯管在整个管道中所占长度比例较大时，必须在直管道换热计算的基础上加以修正，通常是在关联式的左边乘上修正系数 C_R。对于螺旋管，即蛇形盘管 C_R 由下式确定：

$$\left.\begin{array}{ll} \text{对于气体} & C_R = 1 + 1.77\dfrac{d}{R} \\[2mm] \text{对于液体} & C_R = 1 + 10.3\left(\dfrac{d}{R}\right)^3 \end{array}\right\} \tag{4-36}$$

式中　R——螺旋管弯曲半径，m；

d——管子直径，m。

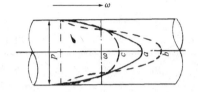
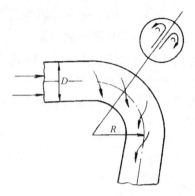

图 4-15　热流方向对速度场的影响
a—等温流；b—冷却液体或加热气体；
c—加热液体或冷却气体

图 4-16　弯管流动中的二次环流

2）流体管内层流的换热计算式

流体在管内强迫层流时的换热准则方程式形式为：

$$Nu = CRe^n Pr^m Gr^p$$

计算时可采用下列公式

$$Nu = 0.15 Re_l^{0.33} Pr_f^{0.43} Gr_f^{0.1} \left(\frac{Pr_f}{Pr_w} \right)^{0.25} C_1 \cdot C_R \tag{4-37}$$

式中各准则的下标为 f 时，表示定性温度取流体温度 t_f，下标为 w 时，定性温度取壁面温度 t_w。

在运用公式（4-37）时，若流体为黏度较大的油类，由于自然对流被抑制，流体呈严格的层流状态，需取式中准则 $Gr = 1$。此时换热系数为层流时最低值。

由于层流时的换热系数小，除少数应用黏性很大的设备有应用外，绝大多数的换热设备都是按紊流范围设计。

3）流体管内紊流的换热计算式

流体管内强迫紊流时的换热，可忽略自由运动部分的换热，其准则方程具有如下形式：

$$Nu_f = CRe_l^n Pr_l^m$$

根据实验整理，当 $t_f - t_w$ 为中等温差以下时（指气体 $\leqslant 50℃$；水 $\leqslant 30℃$；油类 $\leqslant 10℃$），Re_f 为 $10^4 \sim 1.2 \times 10^5$，$Pr_f = 0.7 \sim 120$ 范围内，用下式计算：

$$Nu_f = 0.023 Re_f^{0.8} Pr_f^n \cdot C_R \cdot C_1 \tag{4-38}$$

式中 n 当流体被加热时取 0.4，流体被冷却时取 0.3。当 $t_f - t_w$ 超过中等温差时，$Re_f = 10^4 \sim 5 \times 10^5$，$Pr_f = 0.6 \sim 2500$ 范围内，可采用下式计算：

$$Nu_f = 0.021 Re_f^{0.8} Pr_f^{0.43} \left(\frac{Pr_f}{Pr_w} \right)^{0.25} C_1 \cdot C_R \tag{4-39}$$

对于空气，$Pr = 0.7$，上式可简化为

$$\mathrm{Nu_f} = 0.018\mathrm{Re_f^{0.8}} \cdot C_1 \cdot C_R \tag{4-40}$$

4）流体管内过渡状态流动的换热计算式

对于 $\mathrm{Re_f} = 2300 \sim 10^4$ 的过渡区，换热系数既不能按层流状态计算，也不能按紊流状态计算。整个过渡区换热规律是多变的，换热系数将随 $\mathrm{Re_f}$ 数值的变化而变化较大。根据实验整理可用下面的关联式计算：

$$\mathrm{Nu_f} = C\mathrm{Pr_f^{0.43}}\left(\frac{\mathrm{Pr_f}}{\mathrm{Pr_w}}\right) \tag{4-41}$$

式中 C 根据 $\mathrm{Re_f}$ 数值由表4-6定。

$\mathrm{Re_f} = 2200 \sim 10^4$ 时 C 的数值　　　　　　　　　　表4-6

$\mathrm{Re_f} \cdot 10^{-2}$	2.2	2.3	2.5	3.0	3.5	4.0	5.0	6.0	7.0	8.0	9.0	10
C	2.2	3.6	4.9	7.5	10	12.2	16.5	20	24	27	29	30

【例4-8】内径 $d = 32\mathrm{mm}$ 的管内水流速 $0.8\mathrm{m/s}$，流体平均温度 $70℃$，管壁平均温度 $40℃$，管长 $L = 100d$。试计算水与管壁间的换热系数。

【分析】本题为管内强迫换热。应先求出流体流动的雷诺数 $\mathrm{Re_f}$，判断出其属于何种流态的对流换热，从而找出适用的计算式求得换热系数。

【解】由定性温度 $t_f = 70℃$ 和 $t_w = 40℃$ 从附录4-3查得水的物性参数如下：

$$\nu_f = 0.415 \times 10^{-6}\mathrm{m^2/s};\ \mathrm{Pr_f} = 2.55$$
$$\lambda_f = 66.8 \times 10^{-2}\mathrm{W/(m \cdot ℃)};$$

因为
$$\mathrm{Re_f} = \frac{\omega d}{\nu_f} = \frac{0.032 \times 0.8}{0.415 \times 10^{-6}} = 6.169 \times 10^4 > 10^4$$

所以，管内流动为旺盛紊流。由于温差 $t_f - t_w = 30℃$ 未超过 $30℃$，故用式（4-39）计算：

$$\mathrm{Nu_f} = 0.023\mathrm{Re_f^{0.8}}\mathrm{Pr_f^{0.3}}C_R C_l = 0.023 \times (6.169 \times 10^4)^{0.8} \times 2.55^{0.3} \times 1 \times 1$$
$$= 207$$

于是换热系数 α 为

$$\alpha = \frac{\mathrm{Nu_f} \cdot \lambda_f}{d} = \frac{207 \times 66.8 \times 10^{-2}}{0.032} = 4321 \quad \mathrm{W/(m^2 \cdot ℃)}$$

（2）流体外掠管壁的强迫换热

1）换热影响的分析

流体外掠管壁的强迫换热除了与流体的 Pr 和 Re 有关外，还与以下因素有关：

①单管换热还是管束换热。流体横向流过管束时的流动情况要比单管绕流复杂，管束后排管由于受前排管尾流的扰动，使得后排管的换热得到增强，因而管束的平均换热系数要大于单管。

②与流体冲刷管子的角度（俗称冲击角 φ）有关。显然正向冲刷（$\varphi = 90°$）管子或管束晶的换热强度要比斜向冲刷（$\varphi \leqslant 90°$）管子或管束的大。对于斜向冲刷的换热系数计算

是在正向冲刷管子计算的结果上，乘上冲击角修正系数 C_φ。C_φ 值可由表4-7、表4-8查得。

单圆管冲击角修正系数 C_φ 表4-7

冲击角 φ	90°～80°	70°	60°	45°	30°	15°
C_φ	1.0	0.97	0.94	0.83	0.70	0.41

圆管管束的冲击角修正系数 C_φ 表4-8

冲击角 φ		90°～80	70°	60°	50°	40°	30°	20°	10°	0°
C_φ	顺排	1.0	0.98	0.94	0.88	0.78	0.67	0.52	0.42	0.38
	叉排	1.0	0.98	0.92	0.83	0.70	0.53	0.43	0.37	0.34

③对于管束换热，还与管子的排列方式、管间距及管束的排数有关。管子的排列方式一般有顺排和叉排两种。如图4-17所示，流体流过顺排和叉排管束时，除第一排相同外，叉排后排管由于受到管间流体弯曲、交替扩张与收缩的剧烈扰动，其换热强度比顺排要大得多。当然叉排管束比起顺排来说，也有阻力损失大、管束表面清刷难的缺点。实际上，设计选用时，叉排和顺排的管束均有运用。

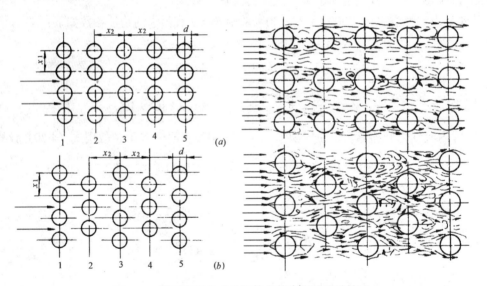

图4-17　管束排列方式及流体在管束间的流动情况
（a）顺排；（b）叉排

对于同一种排列方式的管束，管间相对距离，$l_1 = \dfrac{x_1}{d}$ 和 $l_2 = \dfrac{x_2}{d}$ 的大小对流体的运动性质和流过管面的状况也有很大的影响，进而影响换热的强度。

实验还表明，管束前排对后排的扰动作用对平均换热系数的影响要到10排以上的管子才能消失。计算时，这种管束排数影响的处理方法是：在不考虑排数影响的基本实验关

156

联式的右边乘上排数修正系数 C_z，见表 4-9。

管排数的修正系数 C_z 表 4-9

总排数	1	2	3	4	5	6	7	8	9	≥ 10
顺　排	0.64	0.80	0.87	0.90	0.92	0.94	0.96	0.98	0.99	1
叉　排	0.68	0.75	0.83	0.89	0.92	0.95	0.97	0.98	0.99	1

2）流体外掠单管时的换热计算

虽然外掠单管沿管面局部换热系数变化较复杂，但平均换热系数 α 随 Re 和 Pr 变化而变化的规律，根据实验数据来看却较明显，可按 Re 数的不同分段用下列关联式计算：

$$\mathrm{Nu_f} = C\mathrm{Re_f^n}\mathrm{Pr_f^{0.37}}\left(\frac{\mathrm{Pr_f}}{\mathrm{Pr_w}}\right)^{0.25} \cdot C_\varphi \tag{4-42}$$

式中 C、n 的取值由表 4-10 定。

式（4-42）中的 C 和 n 值   表 4-10

$\mathrm{Re_f}$	$1 \sim 40$	$40 \sim 10^3$	$10^3 \sim 2 \times 10^5$	$2 \times 10^5 \sim 10^6$
C	0.75	0.51	0.26	0.076
n	0.4	0.5	0.6	0.7

公式（4-42）适用于 $0.7 < \mathrm{Pr_f} < 500$，$1 < \mathrm{Re_f} < 10^6$。当流体 $\mathrm{Pr_f} > 10$ 时，$\mathrm{Pr_f}$ 的幂次应改为 0.36。定性温度为来流温度；定型尺寸为管外径；速度取管外流速最大值。

【例 4-9】试求水横向流过单管时的换热系数。已知管外径 $D = 20\mathrm{mm}$，水的温度为 20℃，管壁温度为 50℃，水流速度 1.5m/s。

【分析】本题属于外掠单管的强迫换热，应根据式（4-42）和表 4-10 来求解换热系数。

【解】当 $t_f = 20℃$ 时，从附录 4-3 查得：

$$\lambda_f = 59.9 \times 10^{-2}\mathrm{W/（m \cdot ℃）}; \quad \mathrm{Pr_f} = 7.02$$

$$v_f = 1.006 \times 10^{-6}\mathrm{m^2/s}$$

当 $t_w = 50℃$ 时，$\mathrm{Pr_w} = 3.54$。

由于
$$\mathrm{Re_f} = \frac{\omega l}{\nu} = \frac{1.5 \times 0.02}{1.006 \times 10^{-6}} = 2.982 \times 10^4$$

故由公式（4-42）及表 4-10，得计算关联式

$$\mathrm{Nu_f} = 0.26\mathrm{Re_f^{0.6}}\mathrm{Pr_f^{0.37}} = \left(\frac{\mathrm{Pr_f}}{\mathrm{Pr_w}}\right)^{0.25} C_\varphi$$

$$= 0.26 \times （2.982 \times 10^4）^{0.6} \times 7.02^{0.37} \times \left(\frac{7.02}{3.54}\right)^{0.25} \times 1$$

$$= 307.01$$

所以换热系数

$$\alpha = \frac{\mathrm{Nu_f}\lambda_f}{D} = \frac{307.01 \times 59.9 \times 10^{-2}}{0.02}$$

$$= 9195 \text{ W/} (\text{m}^2 \cdot \text{℃})$$

3）流体外掠管束时的换热计算

外掠管束换热的一般函数式为 $\text{Nu} = f\left[\text{Re}, \ \text{Pr}, \ \left(\dfrac{\text{Pr}_f}{\text{Pr}_w}\right)^{0.25}, \ \dfrac{x_1}{d}, \ \dfrac{x_2}{d}, \ C_\varphi, \ C_z\right]$，写成幂函数为：

$$\text{Nu}_m = C\text{Re}_m^m \cdot \text{Pr}_m^{1/3} \left(\frac{\text{Pr}_f}{\text{Pr}_w}\right)^{0.25} \cdot C_\varphi \cdot C_z \tag{4-43}$$

式中 C、m 取值由表 4-11 定。

公式 (4-43) 中的 C 和 m　　　　　　　　　　　　表 4-11

x_2/d ＼ x_1/d		1.25		1.5		2		3	
		C	m	C	m	C	m	C	m
顺　排	1.25	0.348	0.592	0.275	0.608	0.100	0.704	0.0633	0.752
	1.5	0.367	0.586	0.250	0.620	0.101	0.702	0.0678	0.744
	2	0.418	0.570	0.299	0.602	0.229	0.632	0.198	0.648
	3	0.290	0.601	0.357	0.584	0.374	0.581	0.286	0.608
叉　排	0.6							0.213	0.636
	0.9					0.446	0.571	0.401	0.581
	1			0.497	0.558				
	1.125					0.478	0.565	0.518	0.560
	1.25	0.518	0.556	0.505	0.554	0.519	0.556	0.522	0.562
	1.5	0.451	0.568	0.460	0.562	0.452	0.568	0.488	0.568
	2	0.404	0.572	0.416	0.568	0.482	0.556	0.449	0.570
	3	0.310	0.592	0.356	0.580	0.440	0.562	0.421	0.574

式 (4-43) 的定性温度为 $t_m = (t_f + t_w)/2$；定型尺寸为管外径；Re 中的流速为截面最窄处的流速，适用范围为 $2000 < \text{Re} < 4 \times 10^4$。

【例 4-10】 试求空气加热器的换热系数和换热量。已知加热器管束为 5 排，每排 20 根管，长为 1.5m，外径 $D = 25\text{mm}$，采用叉排。管间距 $x_1 = 50\text{mm}$、$x_2 = 37.5\text{mm}$，管壁温度 $t_w = 110\text{℃}$，空气平均温度为 30℃，流经管束最窄断面处的速度为 2.4 m/s。

【分析】 本题为流体外掠管束时的换热。应根据式 (4-43) 和表 4-11 来求解换热系数。

【解】 由定性温度 $t_m = (t_w + t_f)/2 = (110 + 30)/2 = 70\text{℃}$，从附录 4-2 查得空气物性参数为：

$$\lambda_m = 2.96 \times 10^{-2} \text{ W/} (\text{m} \cdot \text{℃}); \quad \text{Pr}_m = 0.694$$
$$v_m = 20.2 \times 10^{-6} \quad \text{m}^2/\text{s};$$

$t_w = 110\text{℃}$ 时，$\text{Pr}_w = 0.687$

$t_f = 30\text{℃}$ 时，$\text{Pr}_f = 0.703$

$$\mathrm{Re_m} = \frac{\omega D}{\nu} = \frac{2.4 \times 0.025}{20.02 \times 10^{-6}} = 2997$$

由 $\dfrac{x_1}{d} = \dfrac{50}{25} = 2$ 和 $\dfrac{x_2}{d} = \dfrac{37.5}{25} = 1.5$ 查表 4-11 得 $m = 0.568$，$C = 0.452$。根据式(4-43)知：

$$\mathrm{Nu_m} = 0.452\,\mathrm{Re_m^{0.568}}\,\mathrm{Pr_m^{\frac{1}{3}}}\left(\frac{\mathrm{Pr_f}}{\mathrm{Pr_w}}\right)^{0.25} \cdot C_\varphi \cdot C_z$$

式中 $C_\varphi = 1$，C_z 由表 4-9 根据 $Z = 5$ 查，$C_z = 0.92$

$$\mathrm{Nu_m} = 0.452 \times 2997^{0.568} \times 0.694^{\frac{1}{3}} \times \left(\frac{0.703}{0.687}\right)^{0.25} \times 1 \times 0.92$$

$$= 34.94$$

$$\alpha = \mathrm{Nu_m}\frac{\lambda_m}{D} = 34.94 \times \frac{2.96 \times 10^{-2}}{0.025}$$

$$= 41.369\ \mathrm{W/(m^2 \cdot \mathbb{C})}$$

换热量

$$Q_\alpha = \alpha F\,(t_w - t_f) = 41.369 \times \pi \times 0.025 \times 5 \times 20 \times (110 - 30)$$

$$= 38989\ \mathrm{W}$$

3.5.3 单相流体综合流动时的换热 $\left(0.1 \leqslant \dfrac{\mathrm{Gr}}{\mathrm{Re}^2} \leqslant 10\right)$

在综合流动换热中，流体层流时浮升力的换热量或流体紊流时强迫换热量虽然占主要作用，但作层流时强迫流动的换热或作紊流时自由流动的换热都不可忽略，不然所引起的误差将超过工程的精度要求。关于综合对流换热分析计算已超出本书的范围，这里只介绍横管管内的两个综合换热计算的关联式：

横管内紊流时

$$\mathrm{Nu_m} = 4.69\,\mathrm{Re_m^{0.27}}\,\mathrm{Pr_m^{0.21}}\,\mathrm{Gr_m^{0.07}}\left(\frac{d}{L}\right)^{0.36} \tag{4-44}$$

横管内层流时

$$\mathrm{Nu_m} = 1.75\left(\frac{\mu_f}{\mu_w}\right)^{0.14}\left[\mathrm{Re_m}\mathrm{Pr_m}\frac{d}{L} + 0.012 \times \left(\mathrm{Re_m}\mathrm{Pr_m}\frac{d}{L}\mathrm{Gr_m^{\frac{1}{3}}}\right)^{\frac{4}{3}}\right]^{\frac{1}{3}} \tag{4-45}$$

3.5.4 变相流体的对流换热

变相流体的对流换热，由于在换热中潜热的作用，过冷或过热度的影响以及在换热过程中流体温度保持基本不变，使得变相流体的对流换热与单相流体的对流换热有很大的差别。

变相流体的对流换热可分液体沸腾时的换热和蒸汽凝结时的换热两大类。

(1) 蒸汽凝结时的换热

蒸汽同低于饱和温度的冷壁接触，就会凝结成液体。在壁面上凝结液体的形式有两种，见图 4-18。一种是膜状凝结，其凝结液能很好地润湿壁面，在壁面上形成一层完整的液膜向下流动；另一种是珠状凝结，其凝结液不能润湿壁面而聚结为一个个液珠向下滚动。由于珠状凝结，壁面除液珠占住的部分外，其余都裸露于蒸汽中，其换热热阻要比膜状凝结的要小得多，因此珠状凝结的换热系数可达膜状凝结的 10 余倍。

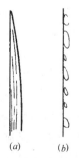

(a) (b)

图 4-18 蒸汽
的凝结形式
(a)膜状凝结；
(b)珠状凝结

在光滑的冷却壁面上涂油，可得到人工珠状凝结，但这样的珠状凝结不能持久。工业设备中，实际上大多数场合为膜状凝结，故这里仅介绍膜状凝结的计算。

根据相似理论进行的实验整理，蒸汽膜状凝结时的换热系数计算式为：

$$\alpha = C \left[\frac{\rho^2 \lambda^3 g \gamma}{\mu L (t_{bh} - t_w)} \right]^{\frac{1}{4}} \tag{4-46}$$

式中 γ 是汽化潜热。系数 C，对于竖管、竖壁取 0.943；对于横管 C 取 0.725，并取定型尺寸 $L = d$（管外径）。定性温度除汽化潜热按蒸汽饱和温度 t_{bh} 确定外，其他物性均取膜层平均温度 $t_m = \dfrac{t_{bh} + t_w}{2}$。

对于单管，在其他条件相同时，横管平均换热系数 α_H 与竖管平均换热系数 α_V 的比值为：

$$\frac{\alpha_H}{\alpha_V} = \frac{0.725}{0.943} \left(\frac{L}{d} \right)^{\frac{1}{4}} = 0.77 \left(\frac{L}{d} \right)^{\frac{1}{4}}$$

由此可知，当管长 L 与管外径 d 的比值 $\dfrac{L}{d} = 2.86$ 时，$\alpha_H = \alpha_V$；而当 $\dfrac{L}{d} > 2.86$ 时，$\alpha_H > \alpha_V$。例如当 $d = 0.02m$，$L = 1m$ 时，$\alpha_H = 2.07\alpha_V$。因此工业上的冷凝器多半采用卧式。

在进行蒸汽凝结换热计算时还需考虑以下几点的影响：

1）不凝气体的影响。蒸汽中含有不凝性气体，如空气，当它们附在冷却面上时，将引起很大的热阻，使凝结换热强度下降。实验表明，当蒸汽中含1%质量的空气时，α 降低60%。

2）冷却表面情况的影响。冷却壁面不清洁，有水垢、氧化物、粗糙，会使膜层加厚，可使 α 降低30%左右。

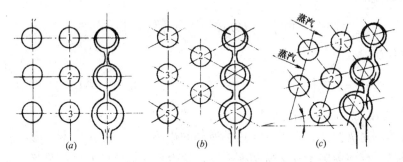

图 4-19　凝结器中管子的排列图式
（a）排式；（b）斜方形排列式；（c）齐纳白排列式

3）对于多排的横向管束，还与管子的排列方式有关。如图4-19所示，由于凝结液要从上面管排流至下面管排，使得越下面管排上的液膜越厚，α 也就越小。图中齐纳白排列方式由于可减少凝结液在下排上暂留，平均换热系数较大。各排平均换热系数按下式计算：

$$\alpha_n = \varepsilon_n \alpha \tag{4-47}$$

式中　α——按式（4-44）计算的第一排换热系数；

α_n——第 n 排管的换热系数；

ε_n——第 n 排管的修正系数，由图4-20曲线图查得。

管束的平均换热系数 α_P 再按下式计算：

$$\alpha_P = \sum_{i=1}^{n} \alpha_i / n = \frac{\alpha}{n} \sum_{i=1}^{n} \varepsilon_i \qquad (4\text{-}48)$$

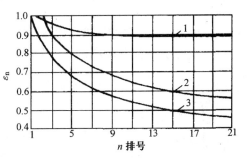

【例4-11】 横向排列的黄铜管，顺排8排管子，管外径为16mm，水蒸气饱和温度为120℃，若管表面温度为60℃时，试计算管束的平均凝结换热系数。

【分析】 本题属于变相流的管束对流换热。先由式（4-46）求得顶排平均换热系数 α 后，再由式（4-48）和图4-20来求得管束的平均换热系数。

图 4-20 修正系数 ε_n

1—齐纳白排列式；2—斜方形排列式；3—顺排式

【解】 由水蒸气饱和温度 $t_{bh} = 120℃$ 查水蒸气表，得汽化热 $\gamma = 2202.9\text{kJ/kg}$。液膜平均温度为 $t_m = \dfrac{t_{bh} + t_w}{2} = \dfrac{120 + 60}{2} = 90℃$，据此查凝结水物性参数：

$$\rho = 965.3\text{kg/m}^3; \quad \lambda = 0.86 \text{ W/ (m·℃)}$$
$$\mu = 314.9 \times 10^{-6} \text{kg/ (m·s)}$$

由式（4-46），得顶排平均换热系数为：

$$\alpha = C\left[\frac{\rho^2 \lambda^3 g\gamma}{\mu L (t_{bh} - t_w)}\right]^{\frac{1}{4}} = 0.725\left[\frac{965.3^2 \times 0.68^3 \times 9.81 \times 2202900}{314.9^{-6} \times 0.016 \times (120 - 60)}\right]^{1/4}$$
$$= 8721.75 \text{ W/ (m}^2\text{·℃)}$$

根据式（4-48）和图4-20，管束的平均换热系数为：

$$\alpha_P = \frac{\alpha}{n} \sum_{i=1}^{n} \varepsilon_i$$
$$= \frac{8721.75}{8} \times (1 + 0.85 + 0.77 + 0.71 + 0.67 + 0.64 + 0.62 + 0.6)$$
$$= 6388.7 \text{W/(m}^2\text{·℃)}$$

（2）流体沸腾时的换热

1）沸腾换热的分析及类型

液体在沸腾换热时，液体的实际温度要比饱和温度略高一些，即处于过热状态。如图4-21所示，液体各处过热的程度是不同的，离加热面越近，过热度越大。与加热面接触的那部分液体的温度就等于加热面的温度 t_w，其过热度 Δt 等于 t_w 与液体饱和温度 t_{bh} 的差，而 Δt 大小又与加热面上的加热强度 q 有关。一般情况 Δt 随 q 的增大而增大。而 Δt 越大，不仅加热面上的汽化核心数增多，而且汽泡核心迅速扩大、浮升的能力增强，从而加剧了紧贴加热面处的液体扰动，使换热系数增大。

如图4-22所示，随着 Δt 不同有三种基本沸腾的状态：一是图中 AB 段过程，壁面过热度 Δt 较小（≤4℃），加热面上产生的汽泡不多，换热以近似单相流体自然流动的规律进行，称之为对流沸腾，α 随 Δt 变化曲线较平缓；二是 BC 段，此范围内 Δt 约 5～25℃，加热面上的汽泡能大量迅速地生成和长大，并因大量汽泡的膨胀浮升引起液体的激烈运动，使 α 急剧上升。在此区域沸腾换热强度主要取决于汽泡的存在和运动，故称为泡态沸腾；三是 C 点以后，过热度 Δt 更大，由于生成的汽泡数目太多，以致它们相互汇合，在加热面上形成了汽膜，几乎把液体与加热面隔开，传热主要靠汽膜的导热、对流辐射来进行，反而使换热的能力下降。这时的沸腾换热叫做膜态沸腾。

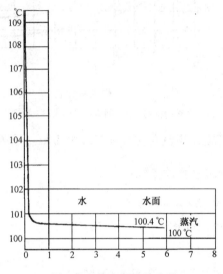

图 4-21　沸水温度的变化

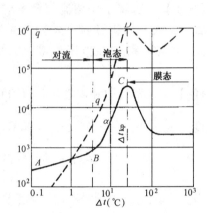

图 4-22　水在大容器中
三种基本沸腾的状态

工程上把泡态沸腾与膜态沸腾的热负荷转化点叫做临界热负荷 q_C。当热负荷 $q > q_C$ 时，将发生膜态沸腾，α 值下降，Δt 迅速上升，就会使加热面因过热而被烧坏。因此工程上，设计锅炉、水冷壁、蒸发器等设备时，必须控制在 $q < q_C$ 的范围内。

此外，沸腾时液面上的压力 p 对换热也有重要的影响。压力越大，汽化中的汽泡半径将减小，使汽泡核数增多，沸腾换热也随之增强。

2）大空间泡态沸腾的换热计算

综上所述，影响换热系数的因素主要是过热度 Δt（或加热负荷 q）和压力 p。根据实验结果，水在 $0.2 \sim 100$ 个大气压下在大空间泡态沸腾时的换热系数可按下列公式计算：

$$\alpha = 3p^{0.15}q^{0.7} \tag{4-49}$$

或　　　　　　　　　　　$$\alpha = 38.7\Delta t^{2.33}p^{0.5} \tag{4-50}$$

式中　　p——沸腾时的绝对压力，bar；

　　　　q——热流密度或加热负荷，W/m^2；

　　　　Δt——加热面过热度，$t_w - t_{bh}$，℃。

3）管内沸腾的换热

液体在管内发生沸腾时，由于空间的限制，沸腾产生的蒸汽不能逸出而和液体混合在一起，形成了汽液两相混合在管内流动。由图 4-23，可以看出，管子的位置，汽液的比例、压力，液体的流速、方向，管子的管径等都将对换热产生很大的影响，从而使它的换热计算比大空间泡态沸腾要复杂得多，因受篇幅限制不再讨论。

162

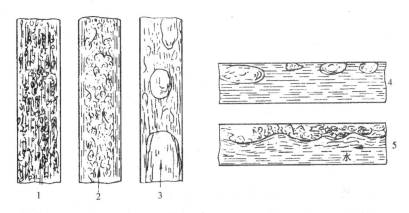

图 4-23　两相混合物在管内流动情况

【例 4-12】 在 $p = 10^5 \mathrm{Pa}$ 的绝对压力下，水在 $t_w = 114℃$ 的清洁铜质加热面上作大容器内沸腾。试求热流密度和单位加热面积的汽化量。

【分析】 本题属于大空间的沸腾换热，可联立式（4-49）和式（4-50），计算出热流密度后，根据热流密度与汽化量的热平衡关系求得单位加热面积的汽化量。

【解】 由附录 4-3 查得 $p = 10^5 \mathrm{Pa}$ 时，$t_{bh} = 100℃$、$\gamma = 2258 \mathrm{kJ/kg}$。壁面过热度 $\Delta t = t_w - t_{bh} = 114 - 100 = 14℃$，在泡态沸腾的区域内，故联立式(4-49)式(4-50)，得

$$q^{0.7} = \frac{38.7 \Delta t^{2.33} p^{0.5}}{3 p^{0.15}} = \frac{38.7 \times 14^{2.33} \times 1^{0.5}}{3 \times 1^{0.15}}$$

$$= 6040.4$$

所以，热流密度为

$$q = \sqrt[0.7]{6040.4} = 252070 \mathrm{W/m^2}$$

单位加热面积的汽化量为：

$$m = \frac{q}{r} = \frac{252070}{2258 \times 10^3} = 0.1116 \ \mathrm{kg/(m^2 \cdot s)}$$

课题 4　辐 射 换 热

4.1　热辐射的基本概念

4.1.1　热辐射是以不同波长的电磁波来传播能量的

理论上，物体热辐射的电磁波波长可以包括整个波谱，即波长从零至无穷大，它们包括 γ 射线、X 射线、紫外线、红外线、可见光、无线电波等。理论和实验表明，在工业上所遇到的温度范围内，即 2000K 以下，有实际意义的热辐射波长（指能被物体吸收转化为物体热能的电磁波波长）位于 $0.38 \sim 100 \mu\mathrm{m}$ 之间，如图 4-24 所示，且大部分能量位于红外线区段的 $0.76 \sim 20 \mu\mathrm{m}$ 范围内。在可见光区段，即波长为 $0.38 \sim 0.76 \mu\mathrm{m}$ 的区段，热辐射能量的比重并不大。太阳的温度约 5800K，其温度比一般工业所遇温度高出很多，其辐射的能量主要集中在 $0.2 \sim 2 \mu\mathrm{m}$ 的波长范围内，可见光区段占有很大的比重。

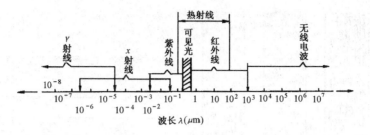

图 4-24　电磁波的波谱

4.1.2　热辐射的吸收、反射和透射能量的规律

当热辐射的能量投射到物体表面上时，和可见光一样会发生能量被吸收、反射和透射现象。如图 4-25，假设投射到物体上的总能量 Q 中，有 Q_A 的能量被吸收，Q_R 的能量被反射，Q_D 的能量穿透过物体，则按能量守恒定律有：

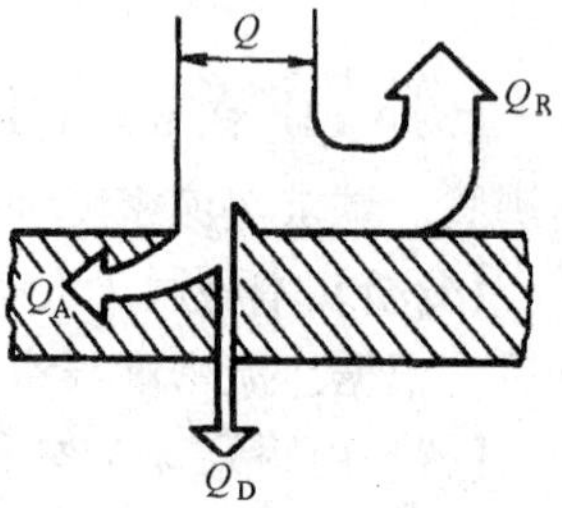

$$Q = Q_A + Q_R + Q_D$$

等号两边同除以 Q，得

$$1 = \frac{Q_A}{Q} + \frac{Q_R}{Q} + \frac{Q_D}{Q}$$

令式中能量百分比 $Q_A/Q = A$，$Q_R/Q = R$，$Q_D/Q = D$，分别称之为该物体对投入辐射能的吸收率、反射率和透射率，于是有

$$A + R + D = 1 \tag{4-51}$$

图 4-25　物体对热辐射的吸收、反射和透射

显然，A、R、D 的数值均在 $0 \sim 1$ 的范围内变化，其大小主要与物体的性质，温度及表面状况等有关。

当 $A = 1$，$R = D = 0$，这时投射在物体上的辐射能被全部吸收，这样的物体叫做绝对黑体，简称黑体。

当 $R = 1$，$A = D = 0$ 时，投射的辐射能被物体全部反射出去，这样的物体叫做绝对白体，简称白体。

当 $D = 1$，$A = R = 0$ 时，说明投射的辐射能全部透过物体，这样的物体被叫做透明体。与此对应的把 $D = 0$ 的物体叫做非透明体。大多数工程材料，如各种金属、砖、木等都是非透明体，由于 $D = 0$，因此有式

$$A + R = 1$$

当 A 增大，则 R 减小；反之当 R 增大，A 则减小。由此可知，凡是善于反射的非透明体物质，就一定不能很好地吸收辐射能；反之，凡是吸收辐射能能力强的物体，其反射能力也就差。

要指出的是，前面所讲的黑体、白体、透明体是对所有波长的热射线而言的。在自然界里，还没有发现真正的黑体、白体和透明体，它们只是为方便问题分析而假设的模型。自然界里虽没有真正的黑体、白体和透明体，但很多物体由于 A 近似等于 1（如石油、煤烟、雪和霜等的 $A = 0.95 \sim 0.98$）或 R 近似等于 1（如磨光的金属表面，$R = 0.97$）或 D 近

似等于1（如一些惰性气体、双原子气体）可分别近似作为黑体、白体和透明体处理。另外，物体能否作黑体、或白体、或透明体处理，或者物体的 A、R、D 数值的大小与物体的颜色无关。例如，雪是白色的，但对于热射线其吸收率高达 0.98，非常接近于黑体；白布和黑布对于热射线的吸收率实际上基本相近。影响热辐射的吸收和反射的主要因素不是物体表面的颜色，而是物体的性质、表面状态和温度。物体的颜色只是对可见光而言。

图 4-26　黑体模型

研究黑体热辐射的基本规律，对于研究物体辐射和吸收的性质，解决物体间的辐射换热计算有着重要的意义。如图 4-26 所示，为人工方法制得的黑体模型，在空心体的壁面上开一个很小的小孔，则射入小孔的热射线经过壁面的多次吸收和反射后，几乎全被吸收，因此，此小孔就像一个黑体表面。在工程上，锅炉的窥视孔就是这种人工黑体的实例。在研究热辐射时，为了与一般物体有所区别，黑体所有量的右下角都标有"0"角码。

4.1.3　辐射力和单色辐射力的概念

（1）辐射力 E：表示物体在单位时间内，单位表面积上所发射的全波长（$\lambda = 0 \sim \infty$）的辐射能总量。绝对黑体的辐射力用 E_0 表示，单位为 W/m^2。

（2）单色辐射力 E_λ：它表示单位时间内单位表面积上所发射的某一特定波长 λ 的辐射能。黑体的单色辐射力用 $E_{0\lambda}$ 表示，其单位与辐射力的单位差一个长度单位，为 $W/(m^2 \cdot m)$。

在热辐射的整个波谱内，不同波长的单色辐射力是不同的。图 4-27 表示了黑体各相应温度下不同波长发射出的单色辐射力的变化。对于某一温度下，特定波长 λ 到 $d\lambda$ 区间发射出的能量，可用图中有阴影的面积 $E_{0\lambda} \cdot d\lambda$ 来表示。而在此温度下全波长的辐射总能量，即辐射力 E_0 为图中曲线下的面积。显然，辐射力与单色辐射力之间存在着如下关系：

$$E_0 = \int_0^\infty E_{0\lambda} d\lambda \qquad (4\text{-}52)$$

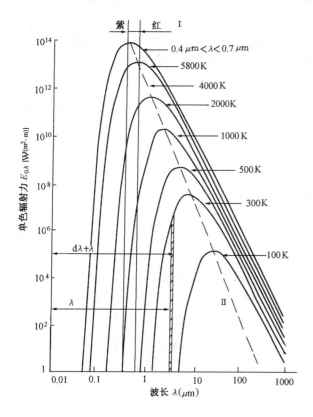

图 4-27　黑体在不同温度、波长下的单色辐射力 $E_{0\lambda}$
Ⅰ—可见光区域；Ⅱ—最大能量轨迹线

4.2　热辐射的基本定律

4.2.1　普朗克（Planck）定律

普朗克定律揭示了黑体的单色辐射力与波长、温度的依变关系。根据普朗克研究的结果，黑体单色辐射力 $E_{0\lambda}$ 与波长和温度有如下关系：

$$E_{0\lambda} = \frac{C_1 \cdot \lambda^{-5}}{e^{C_2/(\lambda \cdot T)} - 1}$$ (4-53)

式中　λ——波长，μm；

　　　e——自然对数的底；

　　　T——黑体的绝对温度，K；

　　C_1——实验常数，其值为 3.743×10^{-8}（$W \cdot \mu m^4$）$/m^2$；

　　C_2——实验常数，其值为 $1.4387 \times 10^4 \mu m \cdot K$。

图 4-27 实际上就是普朗克定律表达式（4-53）的图示。由图或由式（4-53）可知：

1）当温度一定，$\lambda = 0$ 时，$E_{0\lambda} = 0$；随着 λ 的增加，$E_{0\lambda}$ 也跟着增大，当波长增大到某一特定数值 λ_{max} 时，$E_{0\lambda}$ 为最大值，然后又随着 λ 的增加而减小，当 $\lambda = \infty$ 时，$E_{0\lambda}$ 又重新降至零。

2）单色辐射力 $E_{0\lambda}$ 的最大值随温度的增大而向短波方向移动。

3）当波长一定时，单色辐射力 $E_{0\lambda}$ 将随温度的升高而增大。

4）某一温度下，黑体所发出的总辐射能即为曲线下的面积。E_0 随着温度的升高而增大，而其在波长中的分布区域将缩小，并朝短波（可见光）方向移动。如工业温度下（$<2000K$，热辐射能量主要集中在 $0.76 \sim 10^2 \mu m$ 的红外线波长范围内，而太阳的温度高（5800K 以上），其热辐射的能量则主要集中于 $0.2 \sim 2 \mu m$ 的可见光波长范围内。

4.2.2　维恩（Wien）定律

维恩定律是反映对应于最大单色辐射力的波长 λ_{max} 与绝对温度 T 之间关系的。通过对式（4-51）中 λ 的求导等数学处理，就可得到维恩定律的数学表达式：

$$\lambda_{max} \cdot T = 2.9 \times 10^{-3}$$ (4-54)

此式说明，随着温度的升高，最大单色辐射力的波长 λ_{max} 将缩短，即前面所说的朝短波（可见光）方向移动。图 4-27 中的虚线表示最大能量轨迹线。

4.2.3　斯蒂芬—波尔茨曼（Stefan—Boltzman）定律

斯蒂芬—波尔茨曼定律是揭示黑体的辐射力 E_0 与温度 T 之间关系的定律。将式（4-53）代入式（4-52），通过积分，可得 E_0 的计算式：

$$E_0 = C_0 \left(\frac{T}{100} \right)^4$$ (4-55)

式中　C_0——黑体的辐射系数，$C_0 = 5.67 W/（m^2 \cdot K^4）$。

式（4-55）为斯蒂芬—波尔茨曼定律的数学表达式。此式表明，绝对黑体的辐射力同它的绝对温度的四次方成正比，故斯蒂芬—波尔茨曼定律又俗称四次方定律。

实际物体的辐射一般不同于黑体，其单色辐射力 E_λ 随波长、温度的变化是不规则的，并不严格遵守普朗克定律。图 4-28 中的曲线 2 示意了通过辐射光谱实验测定的实际物体在某一温度下的 $E_\lambda = f（\lambda，T）$ 关系。曲线 1 为同温度下黑体的 $E_{0\lambda}$。为了便于实际物体辐射力 E 的计算，工程上常把物体作为一种假想的灰体处理。这种灰体，其辐射光谱曲线 $E_\lambda = f（\lambda）$（即图 4-28 中的曲线 3）是连续的，且与同温度下的黑体 $E_{0\lambda}$ 曲线相似（即在所有的波长下，保持 $E_\lambda / E_{0\lambda}$ 定值 ε），曲线下方所包围的面积与曲线 2 的相等，则灰体的辐射力 E，也就是实际物体的辐射力，为

$$E = \int_0^\infty E_\lambda \, d\lambda = \int_0^\infty \varepsilon E_{0\lambda} \, d\lambda = \varepsilon \cdot E_0$$

$$= \varepsilon \cdot C_0 \left(\frac{T}{100} \right)^4 \tag{4-56}$$

式中定值 ε 称为物体的黑度，也叫发射率。它反映了物体辐射力接近黑体辐射力的程度，其大小主要取决于物体的性质、表面状况和温度，数值在 $0 \sim 1$ 之间。附录 4-4 列出了常用材料的黑度值，它们是用实验测得的。

4.2.4 克希荷夫（Kirch hoff）定律

克希荷夫定律确定了物体辐射力和吸收率之间的关系。这种关系可从两个表面之间的辐射换热来推出。

如图 4-29 为两个平行平壁构成的绝热封闭辐射系统。假定两表面，一个为黑体（表面Ⅰ）、一个为任意物体（表面Ⅱ）。两物体的温度、辐射力和吸收率分别为 T_0、E_0、A_0 和 T、E、A。并设两表面靠得很近，以至一个表面所放射的能量都全部落在另一个表面上。这样，物体表面Ⅱ的辐射力 E 投射到黑体表面Ⅰ上时，全部被黑体所吸收；而黑体表面Ⅰ的辐射力 E_0 落到物体表面Ⅱ上时，只有 $A \cdot E_0$ 部分被吸收，其余部分被反射回去，重新落到黑体表面Ⅱ上，而被其全部吸收。物体表面能量的收支差额 q 为

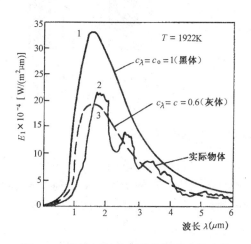

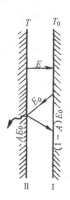

图 4-28　物体辐射表面单色辐射力的比较　　　图 4-29　两平行平壁的辐射系统

$$q = E - AE_0$$

当 $T_0 = T$ 时，即系统处于热辐射的动态平衡时，$q = 0$，上式变成

$$E = AE_0 \ \text{或} \ \frac{E}{A} = E_0$$

由于物体是任意的物体，可把这种关系写成

$$\frac{E_1}{A_1} = \frac{E_2}{A_2} = \frac{E_3}{A_3} = \cdots = \frac{E}{A} = E_0 = f(T) \tag{4-57}$$

此式就是克希荷夫定律的数学表达式。它可表述为：任何物体的辐射力与吸收率之比恒等于同温度下黑体的辐射力，并且只与温度有关。比较（4-57）与（4-56）两式，可得出克希荷夫定律的另一种表达形式

$$A = \frac{E}{E_0} = \varepsilon$$

由上面的分析，可得到以下两个结论：

1）由于物体的吸收率 A 永远小于 1，所以在同温度下黑体的辐射力最大；

2）物体的辐射力（或发射率）越大，其吸收率就越大，物体的吸收率恒等于同温下的黑度。即善于发射的物体必善于吸收。

克希荷夫定律也同样适用于单色辐射，即任何物体在一定波长下的辐射力 E_λ 与同样波长下的吸收率 A_λ 的比值恒等于同温度下黑体同波长的发射力 $E_{0\lambda}$，即：

$$\frac{E_\lambda}{A_\lambda} = E_{0\lambda} \text{ 或 } A_\lambda = \frac{E_\lambda}{E_{0\lambda}} = \varepsilon_\lambda \tag{4-58}$$

根据此道理，可以按物体的放射光谱（图 4-30）求出该物体的吸收光谱（图 4-31）。反之，已知了吸收光谱也就已知了放射光谱。当物体在某一种波长下不吸收辐射能时，也就不会放射辐射能；如果物体在一定波长下是白体或是透明体时，它在该波长下也就不会放射辐射能。

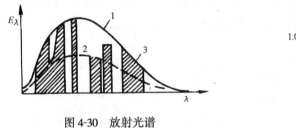

图 4-30　放射光谱
1—绝对黑体；2—灰体；3—气体

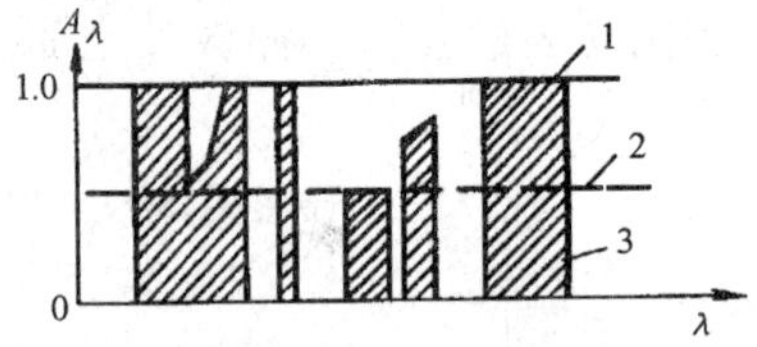

图 4-31　吸收光谱
1—绝对黑体；2—灰体；3—气体

4.3　两物体表面间的辐射换热计算

物体间的辐射换热是指若干物体之间相互辐射换热的总结果，实际物体吸收与反射能量的多少不仅与物体本身的情况有关，而且还与投射来的辐射能量，辐射物体间的相对位置与形状等有关。本节只讨论工程中常见的两个物体之间几种比较简单的辐射换热。

4.3.1　空间热阻和表面热阻

在前面的导热和对流换热计算中，曾利用导热热阻、对流换热热阻的概念来分析解决问题。物体间的辐射换热同样也可以用辐射热阻的概念来分析。物体间的辐射换热热阻可归纳为空间热阻和表面热阻两个方面。

（1）空间热阻

空间热阻是指由于物体表面尺寸、形状和相对位置等的影响，使一物体所辐射的能量不能全部投落到另一物体上而相当的热阻。空间热阻用 R_g 表示。

设有两个物体互相辐射，它们的表面积分别为 F_1 和 F_2，把表面 1 发出的辐射能落到表面 2 上的百分数称之为表面 1 对表面 2 的角系数 $\varphi_{1,2}$，而把表面 2 对表面 1 的角系数记为 $\varphi_{2,1}$，则两物体间的空间热阻可按下式计算：

$$R_g = \frac{1}{\varphi_{1,2} \cdot F_1} = \frac{1}{\varphi_{2,1} \cdot F_2} \tag{4-59}$$

由此式可以看出 $\varphi_{1,2} \cdot F_1 = \varphi_{2,1} \cdot F_2$，反映了两个表面在辐射换热时，角系数的相对性。只要已知 $\varphi_{1,2}$ 和 $\varphi_{2,1}$ 中的一个，另一个角系数也就可以通过式（4-59）求出。

角系数 φ 的大小只与两物体的相对位置、大小、形状等几何因素有关，即只要几何因素确定，角系数就可以通过有关的计算式或线算图、手册等求得。附录4-5列出了两平行平壁和两垂直平壁的角系数线算图。对于有些特别的情况，可以直接写出角系数的数值。例如，对于两无穷大平行平壁（或平行平壁的间距远小于平壁的两维尺寸时）来说，$\varphi_{1,2} = \varphi_{2,1} = 1$；对于空腔内物体与空腔内壁来说，见图4-33所示，则 $\varphi_{1,2} = 1$，而 $\varphi_{2,1} = \varphi_{1,2} \times \dfrac{F_1}{F_2}$。

（2）表面热阻

表面热阻是指由于物体表面不是黑体，以致于对投射来的辐射能不能全部吸收，或它的辐射力不如黑体那么大而相当的热阻。表面热阻用 R_b 表示。

对于实际物体来说，其表面热阻可用下式计算：

$$R_b = \frac{1-\varepsilon}{\varepsilon \cdot F} \tag{4-60}$$

对于黑体，由于 $\varepsilon = 1$，所以其 $R_b = 0$。

4.3.2 任意两物体表面间的辐射换热计算

设两物体的面积分别为 F_1 和 F_2，成任意位置，温度分别为 T_1 和 T_2，辐射力分别为 E_1 和 E_2，黑度分别为 ε_1 和 ε_2，则这两物体表面间的辐射换热模拟电路可为图4-32所示。图中 E_{01} 和 E_{02} 分别是物体看作黑体时的辐射力，分别等于 $C_0 \cdot \left(\dfrac{T_1}{100}\right)^4$ 和 $C_0 \cdot \left(\dfrac{T_2}{100}\right)^4$，它们相当于电路电源的电位。$J_1$ 和 J_2 分别表示了由于表面热阻的作用，实际物体表面的有效辐射电位。按照串联电路的计算方法，写出两物体表面间的辐射换热计算式为

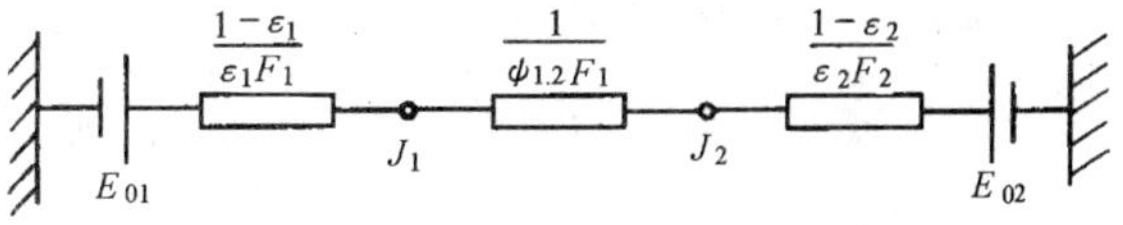

图4-32　两物体表面间的辐射换热模拟电路

$$Q_{1,2} = \frac{E_{01} - E_{02}}{\dfrac{1-\varepsilon_1}{\varepsilon_1 F_1} + \dfrac{1}{\varphi_{1,2}} + \dfrac{1-\varepsilon_2}{\varepsilon_2 F_2}}$$

如用 F_1 作为计算表面积，上式可写成

$$Q_{1,2} = \frac{F_1 (E_{01} - E_{02})}{\left(\dfrac{1}{\varepsilon_1} - 1\right) + \dfrac{1}{\varphi_{1,2} F_1} + \dfrac{F_1}{F_2}\left(\dfrac{1}{\varepsilon_2} - 1\right)} \tag{4-61}$$

4.3.3 特殊位置两物体间的辐射换热计算

（1）两无限大平行平壁间的辐射换热

所谓两无限大平行平壁是指两块表面尺寸要比其相互之间的距离大很多的平行平壁。由于 $F_1 = F_2 = F$，且 $\varphi_{2,1} = \varphi_{1,2} = 1$，式（4-61）可简化为

$$Q_{1,2} = \frac{F_1\,(E_{01} - E_{02})}{\dfrac{1}{\varepsilon_1} + \dfrac{1}{\varepsilon_2} - 1} = \frac{C_0 F}{\dfrac{1}{\varepsilon_1} + \dfrac{1}{\varepsilon_2} - 1}\left[\left(\frac{T_1}{100}\right)^4 - \left(\frac{T_2}{100}\right)^4\right]$$

$$= \varepsilon_{1,2} F C_0 \left[\left(\frac{T_1}{100}\right)^4 - \left(\frac{T_2}{100}\right)^4\right]$$

$$= C_{1,2} F \left[\left(\frac{T_1}{100}\right)^4 - \left(\frac{T_2}{100}\right)^4\right] \tag{4-62}$$

式中 $\varepsilon_{1,2} = \dfrac{1}{\dfrac{1}{\varepsilon_1} + \dfrac{1}{\varepsilon_2} - 1}$ 叫无限大平行平壁的相当黑度，$C_{1,2} = \varepsilon_{1,2}\,C_0$ 叫做无限大平行平壁的相当辐射系数。

（2）空腔与内包壁之间的辐射换热

空腔与内包壁之间的辐射换热见图 4-33 所示。工程上用来计算热源（如加热炉、辐射式散热器等）外壁表面与车间内壁之间的辐射换热，见图 4-34 所示，就属于这种情况。

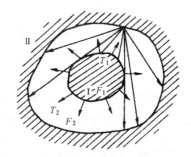

图 4-33　空腔与内包
壁的辐射换热

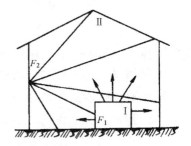

图 4-34　加热炉外表面与
车间内壁之间辐射换热

设内包壁面Ⅰ系凸形表面，则 $\varphi_{1,2} = 1$，式（4-59）可简化为：

$$Q_{1,2} = \frac{F_1\,(E_1 - E_{02})}{\dfrac{1}{\varepsilon_1} + \dfrac{F_1}{F_2}\left(\dfrac{1}{\varepsilon_2} - 1\right)} = \frac{F_1 C_0 \left[\left(\dfrac{T_1}{100}\right)^4 - \left(\dfrac{T_2}{100}\right)^4\right]}{\dfrac{1}{\varepsilon_1} + \dfrac{F_1}{F_2}\left(\dfrac{1}{\varepsilon_2} - 1\right)}$$

$$= C'_{1,2} F_1 \left[\left(\frac{T_1}{100}\right)^4 - \left(\frac{T_2}{100}\right)^4\right] \tag{4-63}$$

式中 $C'_{1,2} = \dfrac{C_0}{\dfrac{1}{\varepsilon_1} + \dfrac{F_1}{F_2}\left(\dfrac{1}{\varepsilon_2} - 1\right)}$ 称为空腔与内包壁面的相当辐射系数。

如果 $F_1 \ll F_2$，且 ε_2 数值较大，接近于 1，如车间内的辐射采暖板与室内周围墙壁之间的辐射换热就属于这种情况，此时 $\dfrac{F_1}{F_2}\left(\dfrac{1}{\varepsilon_2} - 1\right) \ll \dfrac{1}{\varepsilon_1}$，可以忽略不计，这时公式（4-63）可简化为

$$Q_{1,2} = \varepsilon_1 F_1 C_0 \left[\left(\frac{T_1}{100}\right)^4 - \left(\frac{T_2}{100}\right)^4\right]$$

$$= F_1 C_1 \left[\left(\frac{T_1}{100} \right)^4 - \left(\frac{T_2}{100} \right)^4 \right] \tag{4-64}$$

式中 $C_1 = \varepsilon_1 C_0$，是内包壁面 I 的辐射系数。

（3）有遮热板的辐射换热

为了减少物体或人员受到外界高温热源辐射的影响，可在物体或人与热源之间使用固定的屏障，如在热辐射的方向放置遮热板、夏天太阳下戴草帽或打阳伞等，都是十分有效的。下面从在两平行平面之间放置一块遮热板后的辐射换热热阻变化来说明。

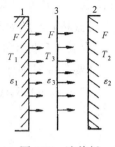

图 4-35 遮热板

如图 4-35 所示，设两平行平板的温度为 T_1 和 T_2，黑度为 ε_1 和 ε_2，放置一块面积与平行板相同的遮热板后，T_1 和 T_2 温度不变。遮热板两面的黑度相等，设为 ε_3；遮热板较薄，热阻不计，则其两边的温度相同为 T_3；并设这些平板的尺寸远大于它们之间的距离，则它们辐射换热的模拟电路为图 4-36 所示，热阻 R_f 为

$$R_f = \frac{1-\varepsilon_1}{F\varepsilon_1} + \frac{1}{F} + \frac{1-\varepsilon_3}{F\varepsilon_3} + \frac{1-\varepsilon_3}{F\varepsilon_3} + \frac{1}{F} + \frac{1-\varepsilon_2}{F\varepsilon_2}$$

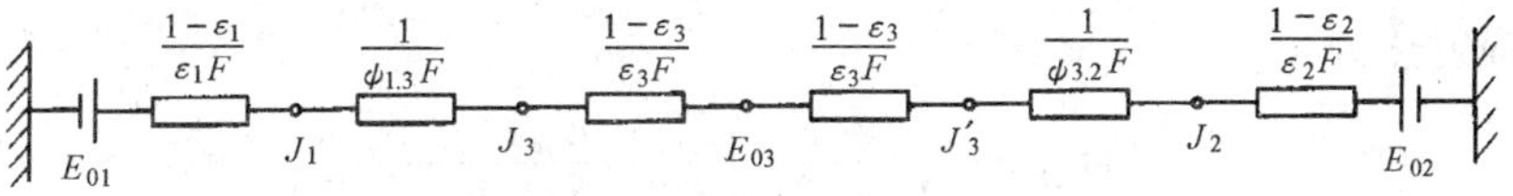

图 4-36 加遮热板后的模拟电路

换热量为 $Q_{1,2} = (E_{01} - E_{02}) / R_f'$。未加遮热板的热阻 R_f' 为：

$$R_f' = \frac{1-\varepsilon_1}{\varepsilon_1 F} + \frac{1}{F} + \frac{1-\varepsilon_2}{\varepsilon_2 F}$$

换热量 $Q_{1,2}' = \dfrac{E_{01} - E_{02}}{R_f'}$。设 $\varepsilon_1 = \varepsilon_2 = \varepsilon_3$，则 $R_f = 2R_f'$，从而

$$Q_{1,2} = \frac{E_{01} - E_{02}}{2R_f'} = \frac{1}{2} Q_{1,2}'$$

由此得出结论，两平行平板加入遮热板后，在 $\varepsilon_1 = \varepsilon_2 = \varepsilon_3$ 的情况下，辐射换热量减少 1/2；若所用遮热板的 $\varepsilon_3 < \varepsilon_1$ 或 ε_2（如选反射率 R 较大的遮热板），则遮热的效果将更好；若两平行平板间加入 n 块与 ε_1 或 ε_2 相同黑度的遮热板，则换热量可减少到 $1/(n+1)$。

【例 4-13】某车间的辐射采暖板的尺寸为 $1.5\text{m} \times 1\text{m}$，辐射板面的黑度 $\varepsilon_1 = 0.94$，板面平均温度 $t_1 = 100℃$，车间周围壁温 $t_2 = 11℃$。如果不考虑辐射板背面及侧面的热作用，试求辐射板面与四周壁面的辐射换热量。

【分析】本题是空腔与内包壁之间的辐射换热，且辐射板面积 F_1 比周围壁面 F_2 小得多，故应使用式（4-64）来计算。

【解】由式（4-64）得辐射板与四周壁面的辐射换热量为：

$$Q_{1,2} = \varepsilon_1 F_1 C_0 \left[\left(\frac{T_1}{100} \right)^4 - \left(\frac{T_2}{100} \right)^4 \right]$$

$$= 1.5 \times 1 \times 0.94 \times 5.67 \times \left[\left(\frac{273 + 100}{100} \right)^4 - \left(\frac{273 + 11}{100} \right)^4 \right]$$

$$= 1027.4\text{W}$$

【例 4-14】 水平悬吊在屋架下的采暖辐射板的尺寸为 $1.8\text{m} \times 0.9\text{m}$，辐射板表面温度 $t_1 = 107^{\circ}\text{C}$，黑度 $\varepsilon_1 = 0.95$。已知辐射板与工作台距离为 3m，平行相对，尺寸相同；工作台温度 $t_2 = 12^{\circ}\text{C}$，黑度 $\varepsilon_2 = 0.9$，试求工作台上所得到的辐射热。

【分析】 本题为两有限平行平板之间的辐射换热，在使用公式（4-63）计算时，应先通过附录 4-5 查出角系数 $\varphi_{1,2}$。

【解】 按照题意，工作台获得的辐射热可按式（4-63）计算。在式中

$F_1 = F_2 = 1.8 \times 0.9 = 1.62\text{m}^2$；

$$E_{01} = C_0 \left(\frac{T_1}{100} \right)^4 = 5.67 \left(\frac{107 + 273}{100} \right)^4 = 1182.3 \ \text{W/m}^2 ;$$

$$E_{02} = C_0 \left(\frac{T_2}{100} \right)^4 = 5.67 \left(\frac{12 + 273}{100} \right)^4 = 22.68 \ \text{W/m}^2 ;$$

角系数 $\varphi_{1,2}$ 由附录 4-5，根据 $\dfrac{b}{h} = \dfrac{0.9}{3} = 0.3$，$\dfrac{a}{h} = \dfrac{1.8}{3} = 0.6$ 查得 $\varphi_{1,2} = 0.05$。工作台上所得到的辐射热为

$$Q_{1,2} = \frac{F_1 \ (E_{01} - E_{02})}{\left(\dfrac{1}{\varepsilon_1} - 1 \right) + \dfrac{1}{\varphi_{1,2}} + \dfrac{F_1}{F_2} \left(\dfrac{1}{\varepsilon_2} - 1 \right)}$$

$$= \frac{1.62 \times \ (1182.3 - 22.68)}{\left(\dfrac{1}{0.95} - 1 \right) + \dfrac{1}{0.05} + \left(\dfrac{1}{0.9} - 1 \right)} = 93.17\text{W}$$

课题 5　传热过程与传热的增强与削弱

5.1　通过平壁、圆筒壁、肋壁的传热计算

热流体通过固体壁面将热量传给冷流体的过程是一种复合传热过程，简称为传热。根据固体壁面的形状，这种传热可分为通过平壁、通过圆筒壁和通过肋壁等传热。

5.1.1　通过平壁的传热

（1）通过单层平壁的传热

设有一单层平壁，面积为 F，厚度为 δ，导热系数为 λ，平壁两侧的流体温度为 t_{l1}、t_{l2}，放热系数为 α_1 和 α_2，平壁两侧的表面温度用 t_{b1} 和 t_{b2} 表示，见图 4-37（a）。

在此传热过程中，按热流方向依次存在热流体与壁面 1 间的对流换热热阻 $\dfrac{1}{\alpha_1 \cdot F}$，壁面 1 至壁面 2 间的导热热阻 $\dfrac{\delta}{\lambda \cdot F}$ 和壁面 2 与冷流体间的对流换热热阻 $\dfrac{1}{\alpha_2 \cdot F}$。因此，其传热的模拟电路为图 4-37（$b$）所示，传热量的计算式为

$$Q = \frac{t_{l1} - t_{l2}}{\dfrac{1}{\alpha_1 F} + \dfrac{\delta}{\lambda F} + \dfrac{1}{\alpha_2 F}} \qquad (4\text{-}65)$$

单位面积的传热量

$$q = \frac{Q}{F} = \frac{t_{l1} - t_{l2}}{\dfrac{1}{\alpha_1} + \dfrac{\delta}{\lambda} + \dfrac{1}{\alpha_2}}$$

或 $\qquad q = (t_{l1} - t_{l2})/R = K \cdot (t_{l1} - t_{l2}) \qquad (4\text{-}66)$

式中 R 为单位面积的传热热阻，$R = \dfrac{1}{\alpha_1} + \dfrac{\delta}{\lambda} + \dfrac{1}{\alpha_2}$；$K = \dfrac{1}{R}$，称为传热系数，单位为 $W/(m^2 \cdot K)$。

平壁两侧的表面温度为

$$\left. \begin{aligned} t_{b1} &= b_{l1} - \frac{Q}{\alpha_1 F} = t_{l1} - \frac{q}{\alpha_1} \\ t_{b2} &= t_{l2} + \frac{Q}{\alpha_2 F} = t_{l2} + \frac{q}{\alpha_2} \end{aligned} \right\} \qquad (4\text{-}67)$$

(2) 通过多层平壁的传热

多层平壁的传热，其传热的总热阻仍等于各部分热阻之和。如图 4-38 三层平壁的传热热阻为

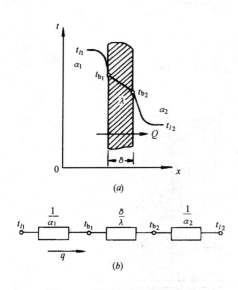

(a)

(b)

图 4-37　通过单层平壁的传热

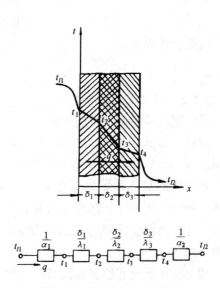

图 4-38　通过多层平壁的传热

$$R = \frac{1}{\alpha_1} + \frac{\delta_1}{\lambda_1} + \frac{\delta_2}{\lambda_1} + \frac{\delta_3}{\lambda_3} + \frac{1}{\alpha_2}$$

当平壁为 n 层时，热阻为

$$R = \frac{1}{\alpha_1} + \sum_{i=1}^{n} \frac{\delta_i}{\lambda_i} + \frac{1}{\alpha_2} \qquad (4\text{-}68)$$

热流量 q 为

$$q = \frac{t_{l1} - t_{l2}}{\frac{1}{\alpha_1} + \sum_{i=1}^{n} \frac{\delta_i}{\lambda_i} + \frac{1}{\alpha_2}} \qquad (4\text{-}69)$$

根据图中的模拟电路不难写出壁表面温度和中间夹层处的温度计算式来。

【例 4-15】某教室有一厚 380mm，导热系数 $\lambda_2 = 0.7\text{W}/(\text{m}\cdot\text{℃})$ 的砖砌外墙，两边各有 15mm 厚的粉刷层，内、外粉刷层的导热系数分别为 $\lambda_1 = 0.6\ \text{W}/(\text{m}\cdot\text{℃})$ 和 $\lambda_3 = 0.75\text{W}/(\text{m}\cdot\text{℃})$，墙壁内、外侧的放热系数为 $\alpha_1 = 8\text{W}/(\text{m}^2\cdot\text{℃})$ 和 $\alpha_2 = 23\text{W}/(\text{m}^2\cdot\text{℃})$，内、外空气温度分别为 $t_{l1} = 18\text{℃}, t_{l2} = -10\text{℃}$。试求通过单位面积墙壁上的传热量和内墙壁面的温度。

【分析】本题为多层平壁的传热问题，可由式（4-69）来计算。

【解】总传热热阻 R 为

$$R = \frac{1}{\alpha_1} + \sum_{i=1}^{n} \frac{\delta_i}{\lambda_i} + \frac{1}{\alpha_2}$$

$$= \frac{1}{8} + \frac{0.015}{0.6} + \frac{0.38}{0.7} + \frac{0.015}{0.75} + \frac{1}{23}$$

$$= 0.753\text{m}^2\cdot\text{℃/W}$$

可知通过墙壁的热流量 q 为

$$q = (t_{l1} - t_{l2})/R = \frac{18 - (-10)}{0.753}$$

$$= 37.18\text{W/m}^2$$

内壁表面温度为

$$t_{b1} = t_{l1} - \frac{q}{\alpha_1} = 18 - \frac{37.18}{8} = 13.35\text{℃}$$

5.1.2 通过圆筒壁的传热

（1）通过单层圆筒壁的传热

设有一根长度为 l，内、外径分别为 d_1、d_2 的圆筒管，导热系数为 λ，内、外表面的放热系数分别为 α_1、α_2；壁内、外的流体温度分别为 t_{l1} 和 t_{l2}，筒壁内、外表面温度分别用 t_{b1} 和 t_{b2} 表示。如图 4-39（a）所示。

假定流体温度和管壁温度只沿径向发生变化，则在径向的热流方向依次存在的热阻有：热流体与内壁对流换热的热阻 $\dfrac{1}{\alpha_1\cdot\pi\cdot d_1\cdot l}$，内壁至外壁之间的导热热阻 $\dfrac{1}{2\pi\lambda l}\ln\left(\dfrac{d_2}{d_1}\right)$ 和外壁与冷流体对流换热的热阻 $\dfrac{1}{\alpha_2\cdot\pi\cdot d_2\cdot l}$。因此，其传热的模拟电路如图 4-39（$b$）所示，传热量的计算式为：

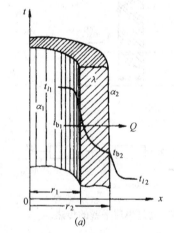

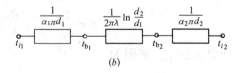

图 4-39　通过圆筒壁的传热

$$Q = \frac{t_{l1} - t_{l2}}{\dfrac{1}{\alpha_1 \pi d_1 l} + \dfrac{1}{2\pi\lambda l}\ln\left(\dfrac{d_2}{d_1}\right) + \dfrac{1}{\alpha_2 \pi d_2 l}} \quad (4-70)$$

单位长度的传热量为

$$q = \frac{Q}{l} = \frac{t_{l1} - t_{l2}}{\dfrac{1}{\alpha_1 \pi d_1} + \dfrac{1}{2\pi\lambda}\ln\left(\dfrac{d_2}{d_1}\right) + \dfrac{1}{\alpha_2 \pi d_2}}$$

$$= (t_{l1} - t_{l2})/R_l = K_l (t_{l1} - t_{l2}) \quad (4-71)$$

式中　$R_l = \dfrac{1}{\alpha_1 \pi d_1} + \dfrac{1}{2\pi\lambda}\ln\left(\dfrac{d_2}{d_1}\right) + \dfrac{1}{\alpha_2 \pi d_2}$ 称每米长圆筒壁传热的总热阻，m·℃/W；$K_l = 1/$

R_l，称为每米长圆筒壁的传热系数。由传热的模拟电路图不难得到筒壁内、外侧表面的温度为

$$\left.\begin{array}{l} t_{b1} = t_{l1} - \dfrac{q_l}{\alpha_1 \pi d_1} \\[4mm] t_{b2} = t_{l1} + \dfrac{q_l}{\alpha_2 \pi d_2} \end{array}\right\} \quad (4-72)$$

当圆筒壁不太厚，即 $\dfrac{d_2}{d_1} < 2$，计算精度要求不高时，可将圆筒壁作为平壁来近似计算。通过每米长单层圆筒壁的传热量为：

$$q_1 = \frac{t_{l1} - t_{l2}}{\dfrac{1}{\alpha_1 \pi d_1} + \dfrac{\delta}{\lambda \cdot \pi d_m} + \dfrac{1}{\alpha_2 \pi d_2}} \quad (4-73)$$

式中　δ——管壁的厚度，$\delta = (d_2 - d_1)/2$；

　　　d_m——圆筒壁的平均直径，$d_m = (d_2 + d_1)/2$。

在计算时，若圆筒壁导热热阻较小（相对两侧对流换热热阻而言，如较薄的金属圆筒壁），则可略去导热热阻，使计算更加简化。

（2）通过多层圆筒壁的传热

对于 n 层多层圆筒壁，由于其总热阻等于各层热阻之和，用传热模拟电路的概念，不难写出每米长圆筒壁的总传热热阻为

$$R_l = \frac{1}{\alpha_1 \pi d_1} + \sum_{i=1}^{n} \frac{1}{2\pi\lambda_i}\ln\left(\frac{d_{i+1}}{d_i}\right) + \frac{1}{\alpha_2 \pi d_{n+1}} \quad (4-74)$$

每米长多层圆筒壁的传热量为

$$q = \frac{t_{l1} - t_{l2}}{R_l} \quad (4-75)$$

同样，不难写出多层圆筒壁的内、外侧筒壁表面的温度和中间夹层处的温度计算式来。

当多层圆筒壁各层的厚度比值较小，即 $\dfrac{d_{i+1}}{d_i} < 2$，计算精度要求不高时，也可用如下简化近似公式计算

$$q_l = \frac{t_{l1} - t_{l2}}{\dfrac{1}{\alpha_1 \pi d_1} + \sum_{i=1}^{n} \dfrac{\delta_i}{\lambda_i \pi d_{mi}} + \dfrac{1}{\alpha_2 \pi d_{n+1}}} \tag{4-76}$$

式中　δ_i——圆筒的各层厚度，$\delta_i = (d_{i+1} - d_i)/2$；

d_{mi}——圆筒的各层平均直径，$d_{mi} = (d_{i+1} + d_i)/2$。

在计算时，还可根据具体情况，将比较小的热阻略去不计，使计算更加简化。

【例 4-16】内、外直径分别为 200mm、216mm 的蒸汽管道，外包有厚度为 60mm 的岩棉保温层，已知管材的导热系数 $\lambda_1 = 45 \text{W}/(\text{m} \cdot \text{℃})$，保温岩棉层的导热系数 $\lambda_2 = 0.04 \text{W}/(\text{m} \cdot \text{℃})$；管内蒸汽温度 $t_{l1} = 220 \text{℃}$，蒸汽与管壁面之间的对流换热系数 $\alpha_1 = 1000 \text{W}/(\text{m}^2 \cdot \text{℃})$；管外空气温度 $t_{l2} = 20 \text{℃}$，空气与保温层外表面的对流换热系数 $\alpha_2 = 10 \text{W}/(\text{m}^2 \cdot \text{℃})$。试求单位管长的热损失及保温层外表面的温度。

【分析】本题为多层圆筒壁的传热问题，可由式（4-75）来计算单位管长的热损失，由式（4-67）来计算保温层外表面的温度。

【解】根据题意，管内径 $d_1 = 0.2\text{m}$，外径 $d_2 = 0.216\text{m}$，保温层外径 $d_3 = 0.216 + 2 \times 0.06 = 0.336\text{m}$，由公式（4-74）知每米长保温管道的传热热阻为

$$R_l = \frac{1}{\alpha_1 \pi d_1} + \sum_{i=1}^{2} \frac{1}{2\pi\lambda_i} \ln\left(\frac{d_{i+1}}{d_i}\right) + \frac{1}{\alpha_2 \pi d_3}$$

$$= \frac{1}{1000\pi \times 0.2} + \frac{1}{2\pi \times 45} \ln\left(\frac{0.216}{0.2}\right) + \frac{1}{2\pi \times 0.04} \ln\left(\frac{0.336}{0.216}\right) + \frac{1}{10\pi \times 0.336}$$

$$= 1.855 \text{ m} \cdot \text{℃/W}$$

单位管长的热损失为

$$q = \frac{t_{l1} - t_{l2}}{R_l} = \frac{220 - 20}{1.855} = 107.8 \text{ W/m}$$

保温层外表面的温度为

$$t_{l2} = t_{l2} + \frac{q}{\alpha_i \cdot \pi d_3} = 20 + \frac{107.8}{10\pi \times 0.336}$$

$$= 30.21 \text{ ℃}$$

【例 4-17】试用简化法计算例 4-16 的热损失。

【分析】计算前，应先看本题是否满足使用简化法计算的条件。

【解】由于 $\dfrac{d_2}{d_1} = \dfrac{0.216}{0.2} < 2$，$\dfrac{d_3}{d_2} = \dfrac{0.336}{0.216} < 2$，故可用简化法来计算。由公式（4-76），得热损失为

$$q_1 = \frac{t_{l1} - t_{l2}}{\dfrac{1}{\alpha_1 \pi d_1} + \dfrac{\delta_1}{\lambda_1 \pi d_{m1}} + \dfrac{\delta_2}{\lambda_2 \pi d_{m2}} + \dfrac{1}{\alpha_2 \pi d_3}}$$

$$= \frac{220 - 20}{\dfrac{1}{1000\pi \times 0.2} + \dfrac{0.008}{45\pi \times 0.208} + \dfrac{0.06}{0.04\pi \times 0.276} + \dfrac{1}{10\pi \times 0.336}} = 109.5 \text{ W/m}$$

相对误差为

$$\frac{109.5 - 107.8}{107.8} \times 100\% = 1.577\%$$

5.1.3 通过肋壁的传热

工程上常采用在壁面上添加肋片的方式，即采用肋壁来增加冷、热流体通过固体壁面的传热效果。那么什么情况下才需要用肋壁来传热呢？肋壁是做一侧还是两侧都做？做一侧又应做在冷、热流体的哪一侧？肋片面积取多大？这些都是肋壁传热中常碰到的问题。下面我们通过如图4-40所示的肋壁传热分析来解决这些问题。

当以平壁传热时，其单位面积的传热系数 K 为

$$K = \frac{1}{R} = \frac{1}{\frac{1}{\alpha_1} + \frac{\delta}{\lambda} + \frac{1}{\alpha_2}}$$

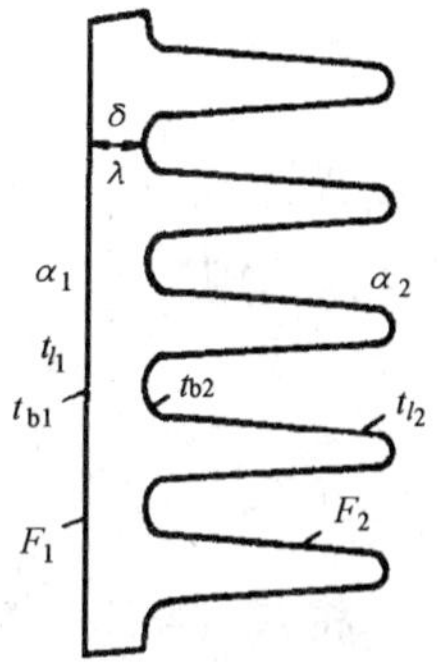

图4-40 通过肋壁的传热

在换热设备中，换热面一般由金属制成，导热系数 λ 较大，而壁厚 δ 较小，一般可忽略金属热阻 δ/λ 一项，传热系数近似等于

$$K = \frac{1}{\frac{1}{\alpha_1} + \frac{1}{\alpha_2}} = \frac{\alpha_1 \alpha_2}{\alpha_1 + \alpha_2} \tag{4-77}$$

由此式可以看出：传热系数 K 永远小于放热系数 α_1 和 α_2 中最小的一个，所以要想最有效地增大 K 值必须把放热系数中最小的一项增大；当取两侧换热系数代数和 $\alpha_1 + \alpha_2$ 不变时，以两侧换热系数相等时传热系数为最大。例如，蒸汽散热器蒸汽侧的换热系数若 $\alpha_1 = 1000\text{W}/(\text{m}^2 \cdot \text{℃})$，空气侧的换热系数 $\alpha_2 = 10\text{W}/(\text{m}^2 \cdot \text{℃})$，则由式（4-77）得传热系数为

$$K = \frac{1000 \times 10}{1000 + 10} = 9.90\text{W}/(\text{m}^2 \cdot \text{℃})$$

令蒸汽侧的 α_1 增大到 $2000\text{W}/(\text{m}^2 \cdot \text{℃})$，则

$$K' = \frac{2000 \times 10}{2000 + 10} = 9.95\text{W}/(\text{m}^2 \cdot \text{℃})$$

这时 $K'/K = 1.005$。若令空气侧的 α_2 增大到 $20\text{W}/(\text{m}^2 \cdot \text{℃})$，则

$$K'' = \frac{1000 \times 20}{1000 + 20} = 19.6\ \text{W}/(\text{m}^2 \cdot \text{℃})$$

这时 $K''/K = 1.98 > K'/K$，几乎增加了 K 值的一倍。由此可见，只有增大换热系数中最小的一个，即降低传热中热阻值最大一项的数值，才能最有效地增加传热。

此例中，若取代数和 $\alpha_1 + \alpha_2$ 数值不变，令 $\alpha_1 = \alpha_2 = 505\text{W}/(\text{m}^2 \cdot \text{℃})$，这时，可证明传热系数最大，为

$$K''' = \frac{\alpha_1 \cdot \alpha_2}{\alpha_1 + \alpha_2} = \frac{\alpha_1}{2} = \frac{505}{2} = 252.5\text{W}/(\text{m}^2 \cdot \text{℃})$$

由此表明，降低换热系数 α 较小一侧的热阻，最理想的热阻匹配应是 α_1 和 α_2 两侧的热阻相等。

为了增大较小一侧的换热系数 α_2（这里假设 $\alpha_2 < \alpha_1$），可以增大此侧流体的流速或流量，但它会引起流动阻力及能耗的增大，技术经济上不合理。通过在 α_2 侧加肋壁来传热，可减小这一侧的热阻，某种意义上讲就是增大了换热系数 α_2。

当以肋壁传热时，总传热系数为

$$K_{总} = \frac{1}{\frac{1}{\alpha_1 F_1} + \frac{\delta}{\lambda F_1} + \frac{1}{\alpha_2 F_2}}$$ (4-78)

若以光面为计算基准面的单位面积传热系数为:

$$K = \frac{K_{总}}{F} = \frac{1}{\frac{1}{\alpha_1} + \frac{\delta}{\lambda} + \frac{F_1}{F_2}\frac{1}{\alpha_2}}$$ (4-79)

令肋面面积 F_2 与光面面积 F_1 的比值 $F_2/F_1 = \beta$，叫肋化系数，并略去较小的金属导热热阻 δ/λ，则

$$K = \frac{1}{\frac{1}{\alpha_1} + \frac{1}{\beta \cdot \alpha_2}}$$

将式 (4-79) 与式 (4-77) 比较，由于 $F_2/F_1 = \beta > 1$，所以 $\frac{1}{\beta \cdot \alpha_2} < \frac{1}{\alpha_2}$，使 α_2 一侧的热阻得到了降低，也可说 α_2 得到了上升。

理论上，肋化系数 β 可取到等于 α_1/α_2，即可取很大的肋面面积，但受工艺和肋片间形成的小气候对换热影响等因素的限制，目前，常取 $F_2/F_1 = 10 \sim 20$。而当 α_1 和 α_2 无多大差别时，如锅炉空气预热器中烟气和空气两侧的换热系数，则不必加肋片或两侧同时加肋片。

综上分析可知：当两侧换热系数 α_1 和 α_2 相差较大时，在 α_1 和 α_2 小的一侧加肋片，可有效地增加传热，肋面面积 F_2 理论上可达 $F_1 \times (\alpha_1/\alpha_2)$，实际 F_2 取 $(10 \sim 20) F_1$。

【例 4-18】有一厚度 $\delta = 10mm$，导热系数 $\lambda = 52W/(m \cdot ℃)$ 的壁面,其热流体侧的换热系数 $\alpha_1 = 240W/(m^2 \cdot ℃)$,冷流体侧的换热系数 $\alpha_2 = 12W/(m^2 \cdot ℃)$;冷热流体的温度分别为 $t_{l2} = 15℃$、$t_{l1} = 75℃$。为了增加传热效果，试在冷流体侧加肋片，肋化系数 $\beta = \frac{F_2}{F_1} = 13$,试分别求出通过光面和加肋片每平方米的传热量(假设加肋片后的换热系数 α_2 不变)。

【分析】通过光面与加肋片两种情形的计算，以比较它们相差很大的传热效果。

【解】光面时，单位面积的传热系数为

$$K = \frac{1}{\frac{1}{\alpha_1} + \frac{\delta}{\lambda} + \frac{1}{\alpha_2}} = \frac{1}{\frac{1}{240} + \frac{0.01}{52} + \frac{1}{12}} = 11.40W/(m^2 \cdot ℃)$$

传热量 $q = K(t_{l1} - t_{l2}) = 11.40 \times (75 - 15) = 684W/m^2$

加肋片后，单位面积的传热系数为

$$K' = \frac{1}{\frac{1}{\alpha_1} + \frac{\delta}{\lambda} + \frac{1}{\beta \cdot \alpha_2}} = \frac{1}{\frac{1}{240} + \frac{0.01}{52} + \frac{1}{13 \times 12}} = 96.31 \ W/(m^2 \cdot ℃)$$

传热量 $q' = K'(t_{l1} - t_{l2}) = 96.31 \times (75 - 15) = 5778.6 \ W/m^2$

相比较，$\frac{q'}{q} = \frac{5778.6}{684} = 8.45$，可见加肋片的传热是光面传热的 8.45 倍。

5.2 传热的增强

在工程中，经常遇到如何来增强热工设备的传热的问题。解决这些问题，对于提高换热设备的生产能力、减小热工设备的尺寸等具有重要的意义。

5.2.1 增强传热的基本途径

由传热的基本公式 $Q = KF\Delta t$ 可知，增加传热可以从提高传热系数 K，扩大传热面积 F 和增大传热温度差 Δt 三种基本途径来实现。

(1) 增大传热温度差 Δt

增大传热温差有下面两种方法：

一是提高热流体的温度 t_{t1} 或是降低冷流体的温度 t_{t2}。在采暖工程上，冷流体的温度通常是技术上要求达到的温度，不是随意变化的，增加传热可采用提高热媒流体的温度来增强采暖的效果。例如，提高热水采暖的热水温度和提高辐射采暖板管内的蒸汽压力等。在冷却工程上，热流体的温度一般是技术上要求的温度，不随意改动，增加传热可采用降低冷流体的温度来提高冷却的效果。例如，夏天冷凝器中冷却水用温度较低的地下水来代替自来水，空气冷却器中降低冷冻水的温度，都能提高传热效果。

另一种方法是通过传热面的布置来提高传热温差。由换热器平均温度差的计算分析可知，当冷热流体的进口温度、流量一定的条件下，其传热的平均温差与流体的流动方式有关。当传热面的布置使冷、热流体同向流动，即顺流时，其平均温差最小；当布置成冷、热流体相互逆向流动，即逆流时，其平均温差最大。对于其他冷热流体的布置方式，平均温差则介于顺流与逆流之间。所以，为了增加换热器的换热效果应尽可能采用逆流的流动方式。

增加传热温差常受到生产、设备、环境及经济性等方面条件的限制。例如，提高辐射采暖板的蒸汽温度，不能超过辐射采暖允许的辐射强度，同时蒸汽的压力也受到锅炉条件的限制，并不是可以随意设定的；再如，采用逆流布置时，由于冷、热流体的最高温度在同一端，使得该处壁温特别高，对于高温换热器将受到材料高温强度的限制。因此，采用增大传热温差方案时，应全面分析，统筹兼顾地来考虑问题。

(2) 扩大传热面积 F

扩大传热面积是增加传热的一种有效途径。这里的面积扩大，不应理解为是通过增大设备的体积来扩大传热面积，而是应通过传热面结构的改进，如采用肋片管、波纹管、板翅式和小管径、密集布置的换热面等，来提高设备单位体积的换热面积，以达到换热设备高效紧凑的目的。

(3) 提高传热系数 K

提高传热系数是增加传热量的重要途径。由于传热系数的大小是由传热过程中各项热阻所决定，因此，要增大传热系数必须分析传热过程中各项热阻对它的不同影响。通过上一节肋壁传热的分析可知，传热系数受到各项热阻值的影响程度是不同的，其数值主要是由最大一项的热阻决定。所以，在由不同项热阻串联构成的传热过程中，虽然降低每一项热阻都能提高传热系数值，但最有效提高 K 值的方法应是减小最大一项热阻的热阻值。若在各项热阻中，有两项热阻差不多最大，则应同时减小这两项热阻值，才能较有效地提高 K 值。

当最大一项热阻是对流换热热阻时，则应通过增加这一侧的对流换热，如扰动流体，加大流体流动速度，加肋片等措施来提高传热系数；当导热热阻是最大一项热阻时，或是其上升到不可忽视的热阻项时，应通过减少壁厚，选用导热系数较大的材料，清扫垢层等措施来提高 K 值。

5.2.2 增强传热的分类

上面通过传热基本公式引出的三种增强传热的基本途径，实际上就是增强传热的一种分类方法。除此之外，还有以下两种常见的增强传热分类方法：

（1）按被增强的传热类型分：可分为导热的增强，单相流对流换热的增强，变相流对流换热的增强和辐射换热的增强。

导热增强可通过减少壁厚（在满足材料的强度、刚度条件下）和选用导热系数较大的材料来实现；单相流换热的增强，则可通过搅动流体，增大流速成为紊流，清除垢层等实现；变相流换热的增强，可通过增大流速，改膜状凝结换热为珠状凝结换热，使沸腾换热为泡态换热等实现；辐射换热可以设法增加辐射面的黑度，提高表面温度等来实现。

（2）按措施是否消耗外界能量可分为被动式和主动式两类。被动式增强传热的措施，不需要直接消耗外界动力就能达到增强传热的目的。如通过表面处理（即表面涂层，增加表面粗糙度等），扩展表面（如加肋片、肋条等），加旋转流动装置（如旋涡流装置、螺旋管）和加添加剂等都是被动式增强传热的措施。主动式增强传热的措施，则需要在增强传热效果的同时消耗一定的外部能量。如采用机械表面振动，流体振动，流速增大，喷射冲击，电场和磁场等。

上述各种传热增强措施，可以单独使用，也可以综合使用，以得到更好的传热效果。

5.3　传热的减弱

在工程中，不仅要考虑增强热工设备传热的问题，有时还需要考虑如何减弱热力管道或其他用热设备的对外传热的问题，这对减少热量损失、节约能源等具有重要的意义。

传热的减弱措施可以从增强传热的相反措施中得到。如减小传热系数、传热面积和传热温差等都可使传热减弱。正如增强传热分析的那样，减小传热系数应着重使各项热阻中最大一项的热阻值增大，才能最有效地减弱传热。其他通过降低流速，改变表面状况，使用导热系数小的材料，加遮热板等措施都可以在某种程度上收到隔热的效果。本处着重讨论热绝缘和圆管的临界热绝缘直径问题。

5.3.1 热绝缘的目的和技术

热绝缘的目的主要有以下两个方面：一是以经济、节能为目的的热绝缘，它从经济的角度来考虑选择热绝缘的材料和计算热绝缘的厚度；二是从改善劳动卫生条件，防止固体壁面结露或创造实现技术过程所需的环境的热绝缘，它则是着眼于卫生和技术的要求来选择和计算保温层的。

在工程上，一般采用的热绝缘技术是在传热的表面上包裹热绝缘材料，如石棉、泡沫塑料、微孔硅酸钙等。随着科学技术的不断发展，已出现了如下一些新型热绝缘技术：

（1）真空热绝缘。它是将换热设备的外壳做成夹层，除把夹层抽成真空（ $< 10^{-4}\text{Pa}$ ）外，并在夹层内壁涂以反射率较高的涂层。由于夹层中仅存在稀薄气体的传热和微弱的辐射，故热绝缘效果极好。如所用的双层玻璃保温瓶、双层金属的电热热水器保温外壳和电

饭煲外壳等都是这一技术的具体应用。

（2）泡沫热绝缘。它是利用发泡技术，使泡沫热绝缘层具有蜂窝状的结构，并在里面形成多孔封闭气包，使其具有良好的热绝缘作用。这种热绝缘技术已在热力管道工程中有较广泛的应用。在使用这种方法热绝缘时，应注意材料的最佳密度，并要注意保温层的受潮、龟裂，以防丧失良好的热绝缘性能。

（3）多层热绝缘。它是把若干片表面反射率高的材料（如铝箔）和导热系数低的材料（如玻璃纤维板）交替排列，并将其抽成真空而形成一个多层真空热绝缘体。由于辐射换热与遮热板数量成反比，与发射率成正比，故这种多层热绝缘体可把辐射换热减至最小，并由于稀薄气体使自由分子的导热作用也减至最小，多层热绝缘具有很高的绝热性能。现在它多用于深度低温装置中。

5.3.2　热绝缘的经济厚度

对于以经济节能为目的的热绝缘，主要是确定最经济的绝缘层厚度。它不仅要考虑不同热绝缘厚度时的热损失减少带来的年度经济利益（见图 4-41 曲线 1），同时还应考虑对应于这种不同热绝缘层厚度的投资、维护管理带来的年度经济损失（费用增大，见图 4-41 曲线 2），才能从图 4-41 所示的不同绝缘层厚度时两种费用的总和曲线 1＋2 中，得到最低费用的热绝缘层厚度 δ_j。δ_j 就叫做热绝缘的经济厚度。

要注意的是，上面所讲的热绝缘经济厚度是在热阻随热绝缘厚度增加而增大的条件下得出的，这对平壁和大管径圆管来说无疑是正确的。但在管径较小的圆管上覆盖保温材料是否是这样呢？从下面所述的圆管保温临界热绝缘直径的概念，可以看出是不一定的。

5.3.3　临界热绝缘直径

如图 4-42 所示的圆管外包有一层热绝缘材料，根据公式（4-71）可知这一保温管子单位长度的总传热热阻为

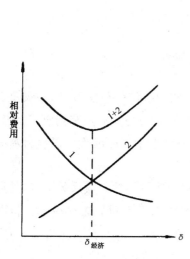

图 4-41　确定最经济绝
热层厚度的图解法

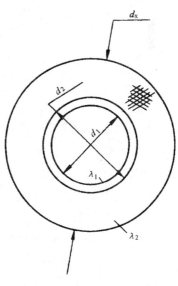

图 4-42　管子外包热绝缘层时
临界热绝缘直径的推演图

$$R_j = \frac{1}{\alpha_1 \pi d_1} + \frac{1}{2\pi\lambda_1}\ln\left(\frac{d_2}{d_1}\right) + \frac{1}{2\pi\lambda_2}\ln\left(\frac{d_x}{d_2}\right) + \frac{1}{\alpha^2 \pi d_x} \qquad (4\text{-}80)$$

当针对某一管道分析时，式中管道的内、外径 d_1、d_2 是给定的。α_1 和 α_2 分别是热流体和冷流体与壁面之间的对流换热系数，保温层厚度的变化对其影响可以不考虑，故可看作是常数。所以，R_l 表达式（4-80）中的前两项热阻数值不变。当保温材料选定后，R_l 只与表达式后两项热阻中的绝缘层外径 d_x 有关。当热绝缘层变厚时，d_x 增大，热绝缘层热阻 $\frac{1}{2\pi\lambda_2}\ln\left(\frac{d_x}{d_2}\right)$ 随之增大，而绝缘层外侧的对流换热热阻 $\frac{1}{\alpha_2 \pi d_x}$ 却随之减小。图 4-43 示出了总热阻 R_l 及构成 R_l 各项热阻随绝缘层外径 d_x 变化的情况，从中不难看出，总热阻 R_l 是先随 d_x 的增大而逐渐减小，当过了 C 点后，才随 d_x 的增大而逐渐增大。图中 C 点是总热阻的最小值点，对应于此点的热绝缘层外径称为临界热绝缘直径 d_C，它可通过式（4-80）中 R_l 对 d_x 的求导，并令其为零来求得。即

$$\frac{\mathrm{d}R_l}{\mathrm{d}d_x} = \frac{1}{\pi d_x} = \left(\frac{1}{2\lambda_2} - \frac{1}{\alpha_2 d_x}\right) = 0$$

$$d_C = 2\lambda_2/\alpha_2 \qquad (4\text{-}81)$$

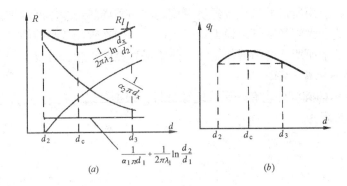

图 4-43　临界热绝缘直径 d_c

因此，必须注意，当管道外径 $d_2 < d_C$ 时，保温材料在范围 d_2 至 d_3 内不仅没起到热绝缘的作用，使热阻增大，反而由于热阻的变小，使热损失增大；只有当管子的外径 d_2 大于临界热绝缘直径 d_C 时，热绝缘热阻才随保温层厚度的增加而增大，保温材料全部起到热绝缘减少热损失的作用。

从式（4-81）可以看出，临界热绝缘直径 d_C 与热绝缘材料的导热系数 λ_2 和外层对流换热系数 α_2 有关。一般 α_2 由外界条件所定，所以可以选用不同的热绝缘层材料以改变 d_C 的数值。在供热通风工程中，通常所遇的管道外径都大于 d_C，只有当管子直径较小，且热绝缘材料性能较差时，才会出现管子的外径小于 d_C 的问题。

【例 4-19】现用导热系数 $\lambda = 0.17\mathrm{W}/(\mathrm{m}\cdot\text{℃})$ 的泡沫混凝土保温瓦作一外径为 15mm 管子的保温，是否适用？若不适用，应采取什么措施来解决？已知管外表面换热系数 $\alpha_2 = 14\mathrm{W}/(\mathrm{m}^2\cdot\text{℃})$。

【分析】 由式（4-81）计算出泡沫混凝土保温瓦的临界热绝缘直径 d_C 后，若 $d_C >$ 管子的外径 d_2，则此保温不适用；反之 $d_C \leqslant$ 管子的外径 d_2，则适用。若不适用，可通过公式（4-81）的分析，看采取哪些措施，能满足 $d_C \leqslant d_2$ 的要求。

【解】 由于用泡沫混凝土瓦时

$$d_C = \frac{2\lambda_2}{\alpha_2} = \frac{2 \times 0.17}{14} = 0.0243 > 0.015 \text{ m}$$

故这种保温材料不适合用。解决方法有两种：一是不改变管径，采用导热系数 $\lambda < \frac{d_2 \cdot \alpha_2}{2} = \frac{0.015 \times 14}{2} = 0.105$ W/(m·℃) 的材料作保温材料，如岩棉制品 $[\lambda = 0.038\text{W}/(\text{m}\cdot℃)]$，或玻璃棉 $[\lambda = 0.058 \text{ W}/(\text{m}\cdot℃)]$ 等；二是在条件允许的情况下，不改变保温材料，改用管外径 $d_2 > d_C = 0.0243\text{mm}$ 的管子。

思考题与习题

1. 热量传递有哪三种基本方式？它们有何区别？

2. 什么叫复合换热？什么叫复合传热？

3. 试解释温度场、温度梯度和导热系数概念，并说出影响导热系数的主要因素。

4. 傅立叶导热定律是如何叙述的？并写出其数学表达式。

5. 导热"欧姆定律"是怎样的概念？

6. 一块厚为 5mm 的大平板，平板两侧面间维持 40℃ 的温差，测得靠近平板中心面处（视为一维导热）的导热热流密度为 9500W/m³，试求该平板材料的导热系数。

7. 某建筑的砖墙高 3m，宽 4m，厚 0.25m，墙内、外表面温度分别为 15℃和 – 5℃，已知砖的导热系数为 0.7 W/(m·℃)，试求通过砖墙的散热量。

8. 某办公楼墙壁原是由一层厚度为 240mm 的砖层和一层厚度为 20mm 的灰泥构成。现在拟安装空调设备，在内表面加贴一层硬泡沫塑料，使导入室内的热量比原来减少 80%。已知砖的导热系数为 0.7 W/(m·℃)，灰泥的导热系数为 0.58 W/(m·℃)，硬泡沫塑料的导热系数为 0.06 W/(m·℃)，试求加贴硬泡沫塑料层的最小厚度为多少？

9. 一双层玻璃窗系由两层厚度为 3mm 的玻璃组成，其间空气间隙厚度为 6mm。设面向室内的玻璃表面温度和面向室外的玻璃表面温度分别为 20℃ 和 – 15℃。已知玻璃的导热系数为 0.78W/(m·℃)，空气的导热系数为 0.025W/(m·℃)，玻璃窗的尺寸为 670mm × 440mm。试确定该双层玻璃窗的热损失。如果采用单层玻璃窗，其他条件不变，其热损失是双层玻璃窗的多少倍？

10. 蒸汽管道的内、外直径分别为 160mm 和 170mm，管壁面导热系数为 58W/(m·℃)，管外覆盖两层保温材料：第一层厚度为 30mm，导热系数为 0.093 W/(m·℃)，第二层厚度为 40mm，导热系数为 0.17W/(m·℃)，蒸汽管的内表面温度为 300℃，保温层外表面温度为 50℃。试求：（1）各层热阻并比较其大小；（2）每米长蒸汽管的热损失；（3）各层间接触面上的温度 t_{w2} 和 t_{w3}。

11. 内表面温度为 320℃的内径为 200mm，外径为 210mm 的钢管（导热系数为 43 W/(m·℃)）上涂有 8cm 厚的保温材料，它的外表面温度保持 40℃，如每单位管长损失的热量限制为

200W/m 时，使用导热系数为多少的保温材料为好？

12. 影响对流换热的因素主要有哪四个方面？在计算时，它们是用什么准则或方式来概括或考虑的？

13. 试说出对流换热准则方程的概念，对于稳态无相变的强迫对流换热，其准则方程具有什么样的形式？

14. 有一表面积为 $1.5m^2$ 的散热器，其表面温度为 70℃，它能在 10min 内向 18℃ 的空气散出 936kJ 的热量，试求该散热器外表与空气的平均对流换热系数和对流换热热阻值。

15. 有 a、b 两根管道，内径分别为 16mm 和 32mm，当同一种流体流过时，a 管内流量是 b 管的 4 倍。已知两管温度场相同，试问管内流态是否相似？如不相似，在流量上采取什么措施才能相似？

16. 试求一根管外径 $d = 50mm$，管长 $l = 4m$ 的室内采暖水平干管外表面的换热系数和散热量。已知管表面温度 $t_w = 80℃$，室内空气温度 $t_f = 20℃$。

17. 试求四柱型散热器表面自然流动的换热系数。已知它的高度 $h = 732mm$，表面温度 $t_w = 86℃$，室内温度 $t_f = 18℃$。

18. 试求通过水平空气夹层板热面在下的当量导热系数。已知夹层的厚度为 $\delta = 50mm$，热表面温度 $t_{w1} = 3℃$，冷表面温度 $t_{w2} = -7℃$。

19. 某房间顶棚面积为 $4m \times 5m$，表面温度 $t_w = 13℃$，室内空气温度 $t_f = 25℃$，试求顶棚的散热量。

20. 试计算水在管内流动时与管壁间的换热系数 α。已知管内径 $d = 32mm$，长 $L = 4m$，水的平均温度 $t_f = 60℃$，管壁平均温度 $t_w = 40℃$，水在管内的流速 $\omega = 1m/s$。

21. 试求空气横向掠过单管时的换热系数。已知管外径 $d = 12mm$，管外空气最大流速为 14m/s，空气的平均温度 $t_f = 29℃$、管壁温度 $t_w = 12℃$。

22. 试求空气横掠过叉排管簇的换热系数。已知管簇为 6 排，空气通过最窄截面处的平均流速 $\omega = 14m/s$，空气的平均温度 $t_f = 18℃$，管径 $d = 20mm$。

23. 试确定顺排 8 排管簇的平均换热系数。已知管径 $d = 40mm$、$\frac{x_1}{d} = 1.8$、$\frac{x_2}{d} = 2.3$；空气的平均温度 $t_f = 300℃$，通过最窄截面的平均流速 $\omega = 10m/s$，冲击角 $\varphi = 60°$。

24. 试求空气加热器的平均换热系数。加热器由 9 排管顺排组成，管外径 $d = 25mm$，最窄处空气流速 $\omega = 5m/s$，空气平均温度 $t_f = 50℃$。

25. 试求水在大空间内，压力 $p = 0.9MPa$，管面温度 $t_w = 180℃$ 的沸腾换热系数。

26. 一台横向排列为 12 排黄铜管的卧式蒸汽热水器，管外径 $d = 16mm$，表面温度 $t_w = 60℃$，水蒸气饱和温度 $t_{bh} = 140℃$，其凝换热系数为多大？

27. 有一非透明体材料，能将辐射到其上太阳能的 90% 吸收转化为热能，则该材料的反射率 R 为多少？

28. 试用普朗克定律计算温度 $t = 423℃$、波长 $\lambda = 0.4\mu m$ 时黑体的单色辐射力 $E_{0\lambda}$，并计算这一温度下黑体的最大单色辐射力 $E_{0\lambda max}$ 为多少？

29. 上题中黑体的辐射力等于多少？对于黑度 $\varepsilon = 0.82$ 的钢板在这一温度下的辐射力、吸收率、反射率各为多少？

30. 某车间的辐射采暖板的尺寸为 $1.5m \times 1m$，黑度 $\varepsilon_1 = 0.94$，平均温度 $t_1 = 123℃$，车间

周围壁温 $t_2 = 13℃$，若不考虑辐射板背面及侧面的热作用，且墙壁面积 $F_2 >>$ 辐射采暖板面积，则辐射板面与四周壁面的辐射换热量为多少？

31. 试求直径 $d = 70mm$、长 $l = 3m$ 的汽管在截面为 $0.3m \times 0.3m$ 砖槽内的辐射散热量。已知汽管表面温度为 $423℃$，黑度为 0.8；砖槽表面温度为 $27℃$，黑度为 0.9。

32. 若上题中的汽管裸放在壁温为 $27℃$ 的很大砖屋内，则汽管的辐射散热量又等于多少？

33. 水平悬吊在屋架下的采暖辐射板的尺寸为 $2m \times 1.2m$，表面温度 $t_1 = 127℃$，黑度 $\varepsilon_1 = 0.95$。现有一尺寸与辐射板相同的工作台，距离辐射板 $3m$，平行地置于下方，温度为 $t_2 = 17℃$，黑度 $\varepsilon_2 = 0.9$，试求工作台上所能得到的辐射热。

34. 有一建筑物砖墙，导热系数 $\lambda = 0.93W/(m \cdot ℃)$、厚 $\delta = 240mm$，墙内、外空气温度分别为 $t_{l1} = 18℃$ 和 $t_{l2} = -10℃$，内、外侧的换热系数分别为 $\alpha_1 = 8W/(m^2 \cdot ℃)$ 和 $\alpha_2 = 19W/(m^2 \cdot ℃)$，试求砖墙单位面积的散热量和墙内、外表面的温度 t_{b1} 和 t_{b2}。

35. 上题中，若在砖墙的内外表面分别抹上厚度为 $20mm$，导热系数 $\lambda = 0.81W/(m \cdot ℃)$ 的石灰砂浆，则墙体的单位面积散热量和两侧墙表面温度 t_{b1} 和 t_{b2} 又各为多少？

36. 锅炉炉墙一般由耐火砖层，石棉隔热层和红砖外层组成。若它们的厚度分别为 $\delta_1 = 0.25m$、$\delta_2 = 0.05m$、$\delta_3 = 0.24m$，导热系数为 $\lambda_1 = 1.2W/(m \cdot ℃)$、$\lambda_2 = 0.095W/(m \cdot ℃)$ 和 $\lambda_3 = 0.6W/(m \cdot ℃)$。炉墙内的烟气温度 $t_{l1} = 510℃$，炉墙外的空气温度 $t_{l2} = 20℃$；换热系数分别为 $\alpha_1 = 40W/(m^2 \cdot ℃)$ 和 $\alpha_2 = 14W/(m^2 \cdot ℃)$，试求通过炉墙的热损失和炉墙的外表面温度 t_{b2} 以及石棉隔热层的最高温度。

37. 有一内、外径分别为 $320mm$、$350mm$ 的蒸汽供热管道，表面温度为 $200℃$。现在其外面包上导热系数 $\lambda = 0.035W/(m \cdot ℃)$ 的岩棉热绝缘层，厚度为 $50mm$，试问当外界空气温度为 $-10℃$，保温层外表与空气的换热系数 $\alpha = 14 W/(m^2 \cdot ℃)$ 时，管子每米长的热量损失为多少？保温层外表面温度又为多少？

38. 有一内、外径分别为 $25mm$、$32mm$ 的冷冻水管，冷冻水的温度为 $8℃$，与管内壁的换热系数 $\alpha_1 = 400W/(m^2 \cdot ℃)$，为防管外表面在 $32℃$ 空气中的结露，试对其进行保温，使其保温层外表面的温度在 $20℃$ 以上，问要用导热系数 $\lambda = 0.058W/(m \cdot ℃)$ 的玻璃棉保温层多厚？已知管道的导热系数 $\lambda_1 = 54W/(m \cdot ℃)$，保温层外表与空气的换热系数为 $10 W/(m^2 \cdot ℃)$。

39. 一肋壁传热，壁厚 $\delta = 5mm$，导热系数 $\lambda = 50W/(m \cdot ℃)$。肋壁光面侧流体温度 $t_{l1} = 80℃$，换热系数 $\alpha_1 = 210W/(m^2 \cdot ℃)$，肋壁肋面侧流体温度 $t_{l2} = 20 ℃$，换热系数 $\alpha_2 = 7W/(m^2 \cdot ℃)$，肋化系数 $F_2/F_1 = 13$，试求通过每平方米壁面（以光面计）的传热量？若肋化系数 $F_2/F_1 = 1$，即用平壁传热，则传热量又为多少？

40. 试求在外表面换热系数均为 $14W/(m^2 \cdot ℃)$ 的条件下，下列几种材料的临界热绝缘直径：

(1) 泡沫混凝土 [$\lambda = 0.29W/(m \cdot ℃)$]；

(2) 岩棉板 [$\lambda = 0.035 W/(m \cdot ℃)$]；

(3) 玻璃棉 [$\lambda = 0.058 W/(m \cdot ℃)$]；

(4) 泡沫塑料 [$\lambda = 0.041 W/(m \cdot ℃)$]。

单元 5　流体与热工的基本实验

知 识 点：流体静压强的测量；不可压缩流体静力学基本方程的验证；圆管层流和紊流的沿程损失与平均流速化的规律；沿程阻力系数的测量；三点法、四点法测量局部阻力系数的方法；常用温度、湿度、压力、流速和流量测量仪表的使用；空气温度、湿度、压力的测定和方法。

教学目标：掌握测压管、水银测压计、真空计、微压计的使用，验证不可压缩流体静力学基本方程；通过实验进一步了解沿程阻力与沿程损失的特点，并与计算公式进行印证；学习干湿球温度计、相对湿度计和热电偶温度计的使用，掌握测定空气温度、湿度、压力的方法。

课题 1　流体静力学实验

1.1　实验目的要求

(1) 掌握用测压管测量流体静压强的技能；

(2) 验证不可压缩流体静力学基本定律；

(3) 通过对诸多流体静力学现象的实验分析研讨，进一步提高解决静力学实际问题的能力。

1.2　实 验 装 置

本实验的装置如图 5-1 所示。

说明

1) 所有测管液面标高均以标尺（测压管 2）零点为基准；

2) 仪器铭牌所注 ∇_B、∇_C、∇_D 系测点 B、C、D 标高；若同时取标尺零点作为静力学基本方程的基准，则 ∇_B、∇_C、∇_D 亦为 z_B、z_C、z_D；

3) 本仪器中所有阀门旋柄顺管轴线为开。

1.3　实 验 原 理

在重力作用下不可压缩流体静力学基本方程

$$z + \frac{p}{\gamma} = \text{const}$$

或 　　　　　$$p = p_0 + \gamma h$$　　　　(5-1)

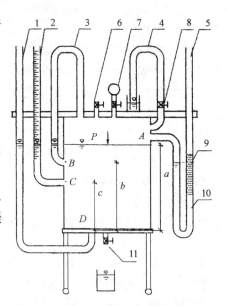

图 5-1　流体静力学实验装置图
1—测压管；2—带标尺测压管；3—连通管；
4—真空测压管；5—U 形测压管；6—通气阀；
7—加压打气球；8—截止阀；9—油柱；
10—水柱；11—减压放水阀

式中　z——被测点在基准面以上的位置高度；

p——被测点的静水压强,用相对压强表示；

p_0——水箱中液面的表面压强；

γ——液体重度；

h——被测点的液体深度。

另对装有水、油（图 5-2 及图 5-3）U 形测管,应用等压面可得油的相对密度 S_0 有下列关系：

$$S_0 = \frac{\gamma_0}{\gamma_w} = \frac{h_1}{h_1 + h_2} \tag{5-2}$$

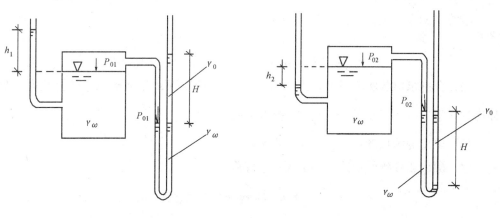

图 5-2　U 形测管　　　　　　　　　　图 5-3　U 形测管

据此可用仪器（不另外用尺）直接测得 S_0。

1.4　实验方法与步骤

（1）搞清仪器组成及其用法。包括：

1）各阀门的开关；

2）加压方法：关闭所有阀门（包括截止阀）,然后打气充气；

3）减压方法：开启筒底阀 11 放水；

4）检查仪器是否密封：加压后检查测管 1、2、5 液面高程是否恒定。若下降,表明漏气,应查明原因并加以处理。

（2）记录仪器号及各常数（记入表 5-1）。

（3）量测点静压强（各点压强用厘米水柱高表示）。

1）打开通气阀 6（此时 $p_0 = 0$）记录水箱液面标高 ∇_0 和测管 2 液面标高 ∇_H（此时 $\nabla_0 = \nabla_H$）；

2）关闭通气阀 6 及截止阀 8,加压使之形成 $p_0 > 0$,测记 ∇_0 及 ∇_H；

3）打开放水阀 11,使之形成 $p_0 < 0\left(\text{要求其中一次} \frac{p_B}{\gamma} < 0, \text{即} \nabla_H < \nabla_B\right)$测记 ∇_0 及 ∇_H。

（4）测出 4 号测压管插入小水杯中的深度。

(5) 测定油比重 S_0。

1) 开启通气阀 6，测记 ∇_0；

2) 关闭通气阀 6，打气加压（$p_0 > 0$），微调放气螺母使 U 形管中水面与油水交界面齐平（图 1-2），测记 ∇_0 及 ∇_H（此过程反复进行 3 次）；

3) 打开通气阀，待液面稳定后，关闭所有阀门；然后开启放水阀 11 降压（$p_0 < 0$），使 U 形管中的水面与油面齐平（图 5-3），测记 ∇_0 及 ∇_H（此过程亦反复进行 3 次）。

1.5　实验成果及要求

(1) 记录有关常数。　　　　　　　　　　　　　装置台号 NO. _____

各测点的标尺读数为：

$$\nabla_B = \qquad cm; \qquad \nabla_C = \qquad cm$$

$$\nabla_D = \qquad cm; \qquad \gamma_w = \qquad N/cm^3$$

(2) 分别求出各次测量时，A、B、C、D 点的压强，并选择一基准检验同一静止液体内的任意二点 C、D 的 $\left(z + \dfrac{p}{\gamma}\right)$ 是否为常数。

(3) 求出油的重度：　$\gamma_0 = $ _____ N/cm^3。

(4) 测出 4 号测压管插入小水杯水中深度。

1.6　实验分析与讨论

(1) 同一静止液体内的测压管水头线是根什么线？

(2) 当 $p_B < 0$ 时，试根据记录数据确定水箱内的真空区域。

(3) 若再备一根直尺，试采用另外最简便的方法测定 γ_0。

(4) 如测压管太细，对测压管液面的读数将有何影响？

(5) 过 C 点作一水平面，相对管 1、2、5 及水箱中液体而言，这个水平面是不是等压面？哪一部分液体是同一等压面？

流体静压强测量记录及计算表　　　单位：cm　　　　表 5-1

实验条件	次序	水箱液面 ∇_0	测压管液面 ∇_H	压强水头				测压管水头	
				$\dfrac{p_A}{\gamma} = \nabla_H - \nabla_0$	$\dfrac{p_B}{\gamma} = \nabla_H - \nabla_B$	$\dfrac{p_C}{\gamma} = \nabla_H - \nabla_C$	$\dfrac{p_D}{\gamma} = \nabla_H - \nabla_D$	$z_C + \dfrac{p_C}{\gamma}$	$z_D + \dfrac{p_D}{\gamma}$
$p_0 = 0$									
$p_0 > 0$									
$p_0 < 0$（其中一次 $p_B < 0$）									

注：表中基准面选在_____ $z_C = $ _____ cm $z_D = $ _____ cm

条　件	次序	水箱液面标尺读数 ∇_0	测压管 2 液面标尺读数 ∇_H	$h_1 = \nabla_H - \nabla_0$	h_1	$H_2 = \nabla_0 - \nabla_H$	h_2	$S_0 = \dfrac{\gamma_0}{\gamma_w} = \dfrac{\overline{h_1}}{\overline{h_1} + \overline{h_2}}$
$p_0 > 0$	1							
且 U 形管中水面与	2							
油水交界面齐平	3							$S_0 =$
$p_0 < 0$	1							$\gamma =$　　N/cm^3
且 U 形管中水面	2							
与油面齐平	3							

课题 2　沿程水头、局部水头损失实验

2.1　沿程水头损失实验

2.1.1　实验目的要求

1）加深了解圆管层流和紊流的沿程损失随平均流速变化的规律，绘制 $\lg h_f$-$\lg v$ 曲线；

2）掌握管道沿程阻力系数的量测技术和应用气—水压差计及电测仪测量压差的方法；

3）将测得的 Re-λ 关系值与莫迪图对比，分析其合理性，进一步提高实验成果分析能力。

2.1.2　实验装置

本实验的装置如图 5-4 所示。

根据压差测法不同，有两种形式：

形式Ⅰ：压差计测压差。低压差用水压差计量测；高压差用水银多管式压差计量测。装置简图如图 5-4 所示。

形式Ⅱ：电子量测仪测压差。低压差仍用水压差计量测；而高压差用电子量测仪（简称电测仪）量测。与形式Ⅰ比较，惟一不同在于水银多管式压差计被电测仪（图 5-5）所取代。

本实验装置配备：

（1）自动水泵与稳压器

自循环高压恒定全自动供水器由离心泵、自动压力开关、气－水压力罐式稳压器等组成。压力超高时能自动停机，过低时能自动开机。为避免因水泵直接向实验管道供水而造成的压力波动等影响，水泵的输水是先进入稳压器的压力罐，经稳压后再送向实验管道。

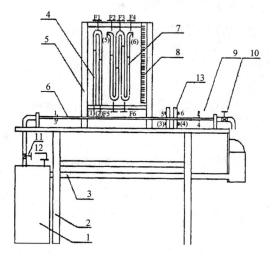

图 5-4　自循环沿程水头损失实验装置图

1—自循环高压恒定全自动供水器；2—实验台；3—回水管；
4—水压差计；5—测压计；6—实验管道；
7—水银压差计；8—滑动测量尺；9—测压点；
10—实验流量调节阀；11—供水管与供水阀；
12—旁通管与旁通阀；13—稳压筒

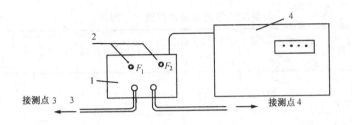

图 5-5 电子量测仪

1—压力传感器；2—排气旋钮；3—连通管；4—主机

(2) 旁通管与旁通阀

由于本实验装置所采用水泵的特性，在供水流量时有可能时开时停，从而造成供水压力的较大波动。为了避免这种情况出现，供水器设有与蓄水箱直通的旁通管（图中未标出），通过分流可使水泵持续稳定运行。旁通管中设有调节分流量至蓄水箱的阀门，即旁通阀，实验流量随旁通阀开度减小（分流量减小）而增大。实际上旁通阀又是本装置用以调节流量的重要阀门之一。

(3) 稳压筒

为了简化排气，并防止实验中再进气，在传感器前连接 2 只充水（不满顶）的密封立筒。

(4) 电测仪

由压力传感器和主机两部分组成。经由连通管将其接入测点（图 5-5）。压差读数（以厘米水柱为单位）通过主机显示。

2.1.3 实验原理

由达西公式 $h_f = \lambda \dfrac{L}{d} \dfrac{v^2}{2g}$，得

$$\lambda = \frac{2gdh_f}{L}\frac{1}{v^2} = \frac{2gdh_f}{L}\left(\frac{\pi}{4}d^2/Q^2\right)^2 = K\frac{h_f}{Q^2} \tag{5-3}$$

另由能量方程对水平等直径圆管可得

$$h_f = (p_1 + p_2)/\gamma \tag{5-4}$$

压差可用压差计或电测仪测得。对于多管式水银压差有下列关系：

$$h_f = \frac{p_2 - p_1}{\gamma_w} = \left(\frac{\gamma_m}{\gamma_w} - 1\right)(h_2 - h_1 + h_4 - h_3) = 12.6\Delta h_m \tag{5-5}$$

$$\Delta h_m = h_2 - h_1 + h_4 - h_3$$

式中　γ_m、γ_w——分别为水银和水的重度；

Δh_m——为汞柱总差。

2.1.4 实验方法与步骤

准备Ⅰ：对照装置图和说明，搞清各组成部件的名称、作用及其工作原理；检查蓄水箱水位是否够高及旁通阀 12 是否已关闭。否则予以补水并关闭阀门；记录有关实验常数；

工作管内径 d 和实验管长 L（标志于蓄水箱）。

准备Ⅱ：启动水泵。本供水装置采用的是自动水泵，接通电源，全开阀 12，打开供水阀 11，水泵自动开启供水。

准备Ⅲ：调通量测系统。

1）夹紧水压计止水夹，打开出水阀 10 和进水阀 11（逆时向），关闭旁通阀 12（顺时向），启动水泵排除管道中的气体。

2）全开阀 12，关闭阀 10，松开水压计止水夹，并旋松水压计的旋塞 F_1，排除水压计中的气体。随后，关阀 11，开阀 10，使水压计的液面降至标尺零指示附近，即旋紧 F_1。再次开启阀 11 并立即关闭阀 10，稍候片刻检查水压计是否齐平，如不平则需重调。

3）水压计齐平时，则可旋开电测仪排气旋扭，对电测仪的连接水管通水、排气，并将电测仪调至"000"显示。

4）实验装置通水排气后，即可进行实验测量。在阀 12、阀 11 全开的前提下，逐次开大出水阀 10，每次调节流量时，均需稳定 2～3min，流量愈小，稳定时间愈长；测流时间不小于 8～10s；测流量的同时，需测记水压计（或电测仪）、温度计（温度表应挂在水箱水）等读数：

层流段：应在水压计 Δh ～20mmH$_2$O（夏季）［Δh ～30mmH$_2$O（冬季）］量程范围内，测记3～5组数据。

紊流段：夹紧水压计止水夹，开大流量，用电测仪记录 h_f 值，每次增量可按 Δh ～100cmH$_2$O 递加，直至测出最大的 h_f 值。阀的操作次序是当阀 11、阀 10 开至最大后，逐渐关阀 12，直至 h_f 显示最大值。

5）结束实验前，应全开阀 12、关闭阀 10，检查水压计与电测仪是否指示为零，若均为零，则关闭阀 11，切断电源。否则，表明压力计已进气，需重做实验。

2.1.5　实验成果及要求

1）有关常数。　　　　　　　　　　　　　　　　实验装置台号_____

圆管直径 d ＝　　　cm；　　量测段长度 L ＝　　　cm。

2）记录及计算（见表 5-3）。

2.1.6　实验分析与讨论

为什么压差计的水柱差就是沿程水头损失？如实验管道安装成倾斜，是否影响实验成果？

记录及计算表　（常数 $K = \pi^2 g d^5 / 8L =$　　　cm^5/s^2）　表 5-3

次序	体积（cm³）	时间（s）	流量 Q（cm³/s）	流速 v（cm/s）	水温（℃）	黏度 ν（cm²/s）	雷诺数 Re	比压计、电测仪读数（cm）		沿程损失 h_f（cm）	沿程损失系数 λ	Re < 2320 $\lambda = \dfrac{64}{Re}$
								h_1	h_2			
1												
2												
3												
4												
5												

次序	体积（cm³）	时间（s）	流量 Q（cm³/s）	流速 v（cm/s）	水温（℃）	黏度 ν（cm²/s）	雷诺数 Re	比压计、电测仪读数（cm）		沿程损失 h_f（cm）	沿程损失系数 λ	Re < 2320 $\lambda = \dfrac{64}{Re}$
								h_1	h_2			
6												
7												
8												
9												
10												
11												
12												
13												
14												

2.2 局部阻力损失实验

2.2.1 实验目的要求

1）掌握三点法、四点法量测局部阻力系数的技能；

2）通过对圆管突扩局部阻力系数的经验公式和突缩局部阻力系数的经验公式的实验验证与分析，熟悉用理论分析法和经验法建立函数式的途径；

3）加深对局部阻力损失机理的理解。

2.2.2 实验装置

本实验装置如图 5-6 所示。

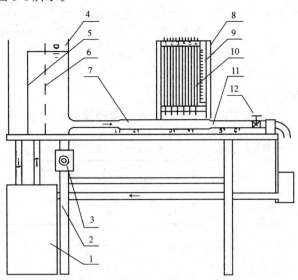

图 5-6 局部阻力系数实验装置图

1—自循环供水器；2—实验台；3—可控硅无级调速器；4—恒压水箱；5—溢流板；
6—稳水孔板；7—突然扩大实验管段；8—测压计；9—滑动测量尺；10—测压管；
11—突然收缩实验管段；12—实验流量调节阀

实验管道由小→大→小三种已知管径的管道组成，共设有六个测压孔，测孔 1-3 和 3-6 分别测量突扩和突缩的局部阻力系数。其中测孔 1 位于突扩界面处，用以测量小管出口端压强值。

2.2.3 实验原理

写出局部阻力前后两断面的能量方程，根据推导条件，扣除沿程水头损失可得：

（1）突然扩大

采用三点法计算，下式中 h_{f1-2} 由 h_{f2-3} 按比例换算得出。

实测
$$h_{je} = \left[\left(z_1 + \frac{p_1}{\gamma} \right) + \frac{\alpha v_1^2}{2g} \right] - \left[\left(z_2 + \frac{p_2}{\gamma} \right) + \frac{\alpha v_2^2}{2g} + h_{f1-2} \right]$$

$$\xi_e = h_{je} \left/ \frac{\alpha v_1^2}{2g} \right.$$

理论
$$\xi'_e = \left(1 - \frac{A_1}{A_2} \right)^2 ; \quad h'_{je} = \xi'_e \frac{\alpha v_1^2}{2g}$$

（2）突然缩小

采用四点法计算，下式中 B 点为突缩点，h_{f4-B} 由 h_{f3-4} 换算得出，h_{fB-5} 由 h_{f5-6} 换算得出。

实测
$$h_{js} = \left[\left(z_4 + \frac{p_4}{\gamma} \right) + \frac{\alpha v_4^2}{2g} - h_{f4-B} \right] - \left[\left(z_5 + \frac{p_5}{\gamma} \right) + \frac{\alpha v_5^5}{2g} + h_{fB-5} \right]$$

$$\xi_s = h_{js} \left/ \frac{\alpha v_5^5}{2g} \right.$$

经验
$$\xi'_s = 0.5 \left(1 - \frac{A_5}{A_3} \right) ; \quad h'_{js} = \xi'_s \left/ \frac{\alpha v_5^5}{2g} \right.$$

2.2.4 实验方法与步骤

1）测记实验有关常数。

2）打开电子调速器开关，使恒压水箱充水，排除实验管道中的滞留气体。待水箱溢流后，检查泄水阀全关时，各测压管液面是否齐平，若不平，则需排气调平。

3）打开泄水阀至最大开度，待流量稳定后，测记测压管读数，同时用体积法或电测法测记流量。

4）改变泄水阀开度 3~4 次，分别测记测压管读数及流量。

5）实验完成后关闭泄水阀，检查测压管液面是否齐平，若不平，需重做。

2.2.5 实验成果及要求

1）记录、计算有关常数：　　　　　　　实验装置台号 No _____

$d_1 = D_1 =$ _____ cm；$d_2 = d_3 = d_4 = D_2 =$ _____ cm

$d_5 = d_6 = D_3 =$ _____ cm

$l_{1-2} = 12\text{cm}$；$l_{2-3} = 24\text{cm}$；$l_{3-4} = 12\text{cm}$

$l_{4-B} = 6\text{cm}$；$l_{B-5} = 6\text{cm}$；$l_{5-6} = 6\text{cm}$

$$\xi'_e = \left(1 - \frac{A_1}{A_2}\right)^2 = \underline{\hspace{3cm}} \circ$$

$$\xi'_s = 0.5\left(1 - \frac{A_5}{A_3}\right) = \underline{\hspace{3cm}} \circ$$

2）整理记录、计算表。

3）将实测 ξ 值与理论值（突扩）或公认值（突缩）比较。

2.2.6 实验分析与讨论

1）结合实验成果，分析比较突扩与突缩在相应条件下的局部损失大小关系。

2）结合流动仪演示的水力现象，分析局部阻力损失机理何在？产生突扩与突缩局部阻力损失的主要部位在哪里？怎样减小局部阻力损失？

3）现备有一段长度及联接方式与调节阀（图 5-6）相同，内径与实验管道相同的直管段，如何用两点法测量阀门的局部阻力系数？

记 录 表

表 5-4

次序	流量（cm³/s）			测压管读数（cm）			
	体积	时间	流量				

记 录 表

表 5-5

阻力形式	次序	流量（cm³/s）	前断面		后断面		h_j（cm）	ξ	h'_j（cm）
			$\frac{\alpha v^2}{2g}$（cm）	E（cm）	$\frac{\alpha v^2}{2g}$（cm）	E（cm）			
突然扩大									
突然缩小									

194

课题3 常用空气状态参数的测量方法

3.1 温度的测量

温度测量仪表是测量物体冷热程度的工业自动化仪表。

一般温度测量仪表都有检测和显示两个部分。在简单的温度测量仪表中，这两部分是连成一体的，如水银温度计；在较复杂的仪表中则分成两个独立的部分，中间用导线联接，如热电偶或热电阻是检测部分，而与之相配的指示和记录仪表是显示部分。

按测量方式，温度测量仪表可分为接触式和非接触式两大类。测量时，其检测部分直接与被测介质相接触的为接触式温度测量仪表；非接触温度测量仪表在测量时，温度测量仪表的检测部分不必与被测介质直接接触，因此可测运动物体的温度。

按测温原理的不同，大致有以下几种方式：

1）热膨胀：固体的热膨胀；液体的热膨胀；气体的热膨胀。

2）电阻变化：导体或半导体受热后电阻发生变化。

3）热电效应：不同材质导线连接的闭合回路，两接点的温度如果不同，回路内就产生热电势。

4）热辐射：物体的热辐射随温度的变化而变化。

5）其他：射流测温、涡流测温、激光测温等。

各种温度计使用的优缺点比较见表5-6。

各种温度计的比较　　　　　　　　　　　　　　　　　表5-6

型式	工作原理	种类	使用温度范围/℃	优点	缺点
接触式	热膨胀	玻璃管温度计	-80~500	结构简单，使用方便，测量准确，价格低廉	测量上限和精度受玻璃质量限制，易碎，不能记录和远传
		双金属温度计	-80~500	结构简单，机械强度大，价格低廉	精度低，量程和使用范围易有限制
		压力式温度计	-100~500	结构简单，不怕振动，具有防爆性，价格低廉	精度低，测温距离较远时，仪表的滞后现象较严重
	热电阻	铂、铜电阻温度计	-200~600	测温精度高，便于远距离、仪器测量和自动控制	不能测量高温，由于体积大，测量点温度较困难
		半导体温度计	-50~300		
	热电偶	铜—康铜温度计	-100~300	测温范围广，精度高，便于远距离、集中测量和自动控制	需要进行冷端补偿，在低温段测量时精度低
		铂—铂铑温度计	200~1800		
非接触式	辐射	辐射式高温计	100~2000	感温元件不破坏被测物体的温度场，测温范围广	只能测高温，低温段测量不准，环境条件会影响测量准确度。

3.2　湿度的测量

湿度表示空气中水汽的含量或干湿程度的物理量，常用绝对湿度、相对湿度、露点等表示。在暖通工程中常用相对湿度和露点温度二种物理量表示。

相对湿度（φ）可指湿空气中实际水汽压 p_{vas} 与同温度下饱和水汽压 p_s 的百分比，即

$$\varphi = \frac{p_{vap}}{p_s}$$

露点（或霜点）温度是指空气在水汽含量和气压都不改变的条件下，冷却到饱和时的温度。露点温度本是个温度值，可为什么用它来表示湿度呢？这是因为，当空气中水汽已达到饱和时，气温与露点温度相同；当水汽未达到饱和时，气温一定高于露点温度。所以露点与气温的差值可以表示空气中的水汽距离饱和的程度。

测定湿度的仪器常用的有干、湿球温度表，毛发湿度表（计）和电阻式湿度片等。

干、湿球温度表测量原理见第三单元课题四及图 3-22。

毛发湿度计（图 5-7）是利用脱脂人发（或牛的肠衣）具有空气潮湿时伸长，干燥时缩短的特性，制成毛发湿度表或湿度自记仪器，它的测湿精度较差，毛发湿度表通常在气温低于 −10℃时使用。

电阻式湿度片是利用吸湿膜片随湿度变化改变其电阻值的原理进行测量的，常用的有碳膜湿敏电阻和氯化锂湿度片两种。前者用高分子聚合物和导电材料碳黑，加上粘合剂配成一定比例的胶状液体，涂覆到基片上组成的电阻片；后者是在基片上涂上一层氯化锂酒精溶液，当空气湿度变化时，氯化锂溶液浓度随之改变从而也改变了测湿膜片的电阻。这类元件测湿精度较干湿表低，主要用在无线电探空仪和遥测设备中。

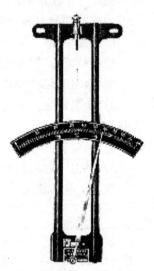

图 5-7　毛发湿度表（计）

薄膜湿敏电容是以高分子聚合物为介质的电容器，因吸收（或释放）水汽而改变电容值。它制作精巧、性能优良，常用在探空仪和遥测中。

露点仪是能直接测出露点温度的仪器。使一个镜面处在样品湿空气中降温，直到镜面上隐现露滴（或冰晶）的瞬间，测出镜面平均温度，即为露（霜）点温度。它测湿精度高，但需光洁度很高的镜面，精度很高的温控系统，以及灵敏度很高的露滴（冰晶）的光学探测系统。使用时必须使吸入样本空气的管道保持清洁，否则管道内的杂质将吸收或放出水分造成测量误差。

3.3　流体压强的测量

按仪表的工作原理可分为液柱式压强计、弹性式压强计和电测式压强计。

按所测的压强范围分为压强计、气压计、微压计、真空计、压差计等。

按仪表的精度等级分为标准压强计（精度等级在 0.5 级以上）、工程用压强计（精度等级在 0.5 级以下）。

按显示方式分为指示式、自动记录式、远传式、信号式等。

下面简要介绍实验室中常用的液柱式压强计和弹簧管压强计。

3.3.1 液柱式压强计

液柱式压强计是根据液柱高度来确定被测压强的压强计。

特点：结构简单，精度较高，既可用于测量流体的压强，又可用于测量流体的压差。

常用的工作液：水银、水、酒精。当被测压强或压强差很小，且流体是水时，还可用甲苯、氯苯、四氯化碳等作为指示液。

液柱式压强计的基本形式有 U 形压强计（图 5-8）、倒 U 形压强计（图 5-9）、单管式压强计、斜管式压强计（图 5-11）、微差压强计（图 5-12）等，图 5-10 为 U 形管和倒 U 形管的实物图。

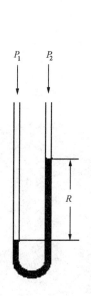
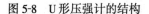
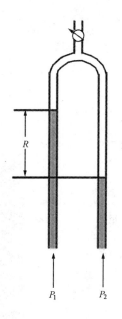
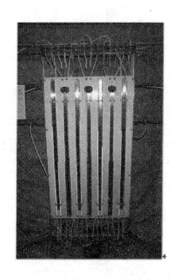

图 5-8　U 形压强计的结构　　　图 5-9　倒 U 形压强计的结构　　　图 5-10　U 形管和倒 U 形管实物图

3.3.2 弹性压强计

弹性压强计是利用各种形式的弹性元件作为敏感元件来感受压强，并以弹性元件受压后变形产生的反作用力与被测压强平衡，此时弹性元件的变形就是压强的函数，这样就可以用测量弹性元件的变形（位移）的方法来测得压强的大小。

弹性压强计中常用的弹性元件有弹簧管、膜片、膜盒、皱纹管等，其中弹簧管压强计的测量范围宽，应用最广泛。

（1）弹簧管压强计的工作组成

弹簧管压强计主要由弹簧管、齿轮传动机构、示数装置（指针和分度盘）以及外壳等几个部分组成，其结构如图 5-13 所示，图 5-14 为弹簧压强计的实物图。

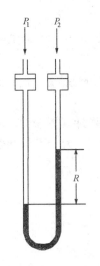

图 5-11　微差压强计

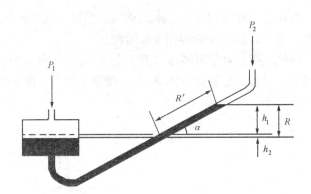

图 5-12　倾斜式压强计的结构

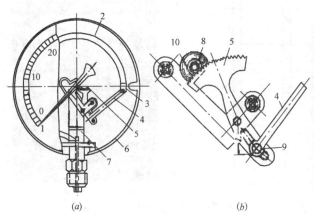

图 5-13　弹簧压强计
（a）示意图（b）传动部分
1—指针；2—弹簧管；3—接头；4—拉杆；5—扇形齿轮
6—壳体；7—基座；8—齿轮；9—铰链；10—游丝

图 5-14　弹簧压强计实物图

用于测量正压的弹簧管压强计，称为压力表；用于测量负压的，称为真空表。

（2）弹簧管压强计使用安装中的注意事项

为了保证弹簧管压强计正确指示和长期使用，一个重要的因素是仪表的安装与维护，在使用时应注意以下几点：

1）在选用弹簧管压强计时，要注意被测工质的物性和量程。测量爆炸、腐蚀、有毒气体的压强时，应使用特殊的仪表。氧气压力表严禁接触油类，以免爆炸。仪表应工作在

198

正常允许的压强范围内，操作压强比较稳定时，操作指示值一般不应超过量程的 2/3，在压强波动时，应在其量程的 1/2 处。

2）工业用压力表应在环境温度为 - 40 + 60℃、相对温度不大于 80% 的条件下使用。

3）在振动情况下使用仪表时要装减振装置。测量结晶或黏度较大的介质时，要加装隔离器。

4）仪表必须垂直安装，仪表安装处与测定点间的距离应尽量短，以免指示迟缓。无泄漏现象。

5）仪表的测定点与仪表的安装处应处于同一水平位置，否则将产生附加高度误差。必要时需加修正值。

6）仪表必须定期校验。

3.3.3 流体压强测量要点

（1）压强计的选用

1）要了解被测体系的压强大小、变化范围及对测量精度的要求，选择适当量程及精度的测压仪表。

2）要了解被测体系的物性、状态及周围的环境情况，如：被测体系是否具有腐蚀性、黏度大小、温度高低和清洁程度以及周围环境的温度、湿度、振动情况，是否存在有腐蚀性气体等，要根据具体情况选择适当的测压仪表。

3）如果压强信息需要远传，则需选择可远距离传输和记录的测压仪表。

（2）测压点的选择

测压点应尽量选在受流体流动干扰最小的地方。

（3）取压孔的大小与位置

静压强的测量误差与取压孔处流体的流动状态、孔的尺寸、孔的几何形状、孔轴的方向、孔的深度及开孔处壁面的粗糙度等有关。取压时应注意取压孔的方位。

（4）引压导管的安装与使用

取压时应根据具体情况使用引压导管并合理安装。

（5）正确地安装压力表

（6）其他注意事项

当被测介质为液体时，若液体有泄漏，会给测量带来误差，因此在引压导管、管件、流量计安装时要注意密封性。测量真空度时，若管路中有漏气处，也会使测量产生误差。实验时应引起足够的重视。

3.4 流体流量的测量

测量流量的方法和仪器很多，最简单的流量测量方法是量体积法和称重法。即通过测量流体的总量（体积或质量）和时间间隔，求得流体的平均流量。这种方法不需使用流量测量仪表，但无法测定封闭体系中的流量。目前测量流量的仪表常用的有差压式流量计、转子流量计、涡轮流量计和湿式流量计。

3.4.1 差压式流量计

差压式流量计是基于流体经过节流元件（局部阻力）时所产生的压强降实现流量测量。常用的节流元件如孔板、喷嘴、文丘里管等均已标准化。

孔板流量计和喷嘴流量计都是基于流体的动能和势能相互转化的原理设计的。用于孔板流量计和喷嘴节流元件分别为孔板、喷嘴。

标准孔板的结构见图 5-15, 孔板流量计实物图见图 5-16, 图 5-17 为标准喷嘴的结构, 图 5-18 是文丘里管的几何形状, 图 5-19 为文丘里流量计实物图。

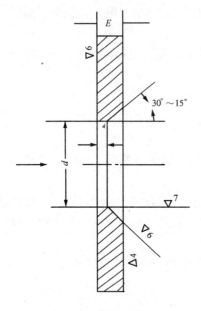

图 5-15 标准孔板的结构

图 5-16 孔板流量计实物图

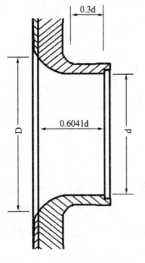

图 5-17 标准喷嘴的结构

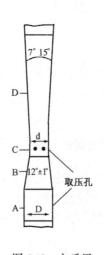

图 5-18 文丘里管的几何形状

图 5-19 文丘里流量计实物图

3.4.2　测速管

测速管又名毕托管，是用来测量导管中流体的点速度的。它的构造如图 5-20（a）所示，图 5-20（b）为局部放大图。

测速管的特点是装置简单，对于流体的压头损失很小，它只能测定点速度，可用来测定流体的速度分布曲线。在工业上测速管主要用于测量大直径导管中气体的流速。因气体的密度很小，若在一般流速下，压强计上所能显示的读数往往很小，为减小读数的误差，通常须配以倾斜液柱压强计或其他微差压强计。若微差压强计仍达不到要求时，则须进行点速测量。由于测速管的测压小孔容易被堵塞，所以，测速管不适用于对含有固体粒子的流体的测量。

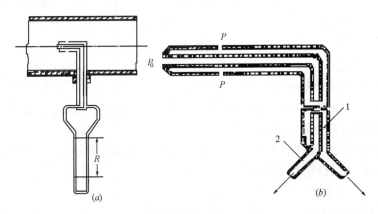

图 5-20　毕托管的构造简图

（a）构造图；（b）局部放大图

1—静压力导压管；2—总压力导压管

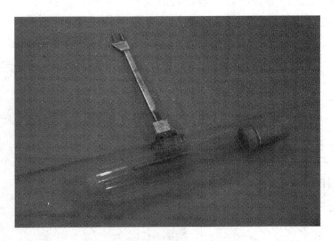

图 5-21　毕托管流量计实物图

3.4.3　转子流量计

转子流量计的原理图如图 5-22 所示，它主要由两个部分组成，一个是由下往上逐渐扩大的锥形管；另一个是锥形管内的可自由运动的转子。图 5-23 为转子流量计实物图。

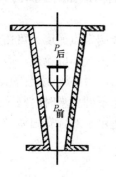

图 5-22　转子流量
计的工作原理

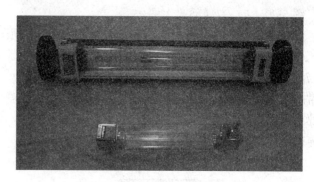

图 5-23　转子流量计实物图

3.4.4　涡轮流量计

涡轮流量计是以动量矩守恒原理为基础设计的流量测量仪表。涡轮流量计由涡轮流量变送器和显示仪表组成。涡轮流量变送器包括涡轮、导流器、磁电感应转换器、外壳及前置放大器等部分组成，如图 5-24 所示。

涡轮是用高导磁系数的不锈钢材料制成，叶轮芯上装有螺旋形叶片，流体作用于叶片上使之旋转。导流器用以稳定流体的流向和支撑叶轮。

3.4.5　湿式流量计

湿式流量计属于容积式流量计。它主要由圆鼓形壳体、转鼓及传动记数机构所组成，如图 5-26 所示。转鼓是由圆筒及四个弯曲形状的叶片所构成。四个叶片构成四个体积相等的小室。鼓的下半部浸没在水中。充水量由水位器指示。气体从背部中间的进气管处依次进入各室，并相继由顶部排出时，迫使转鼓转动。转动的次数通过齿轮机构由指针或机械计数器计数也可以将转鼓的转动次数转换为电信号作远传显示。

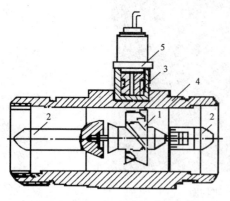

图 5-24　涡轮流量计结构图
1—涡轮；2—导流器；3—磁电感应转换器
4—外壳；5—前置放大器

图 5-25　涡轮流量计实物图

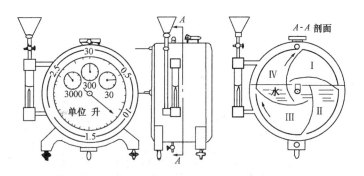

图 5-26 湿式气体流量计

湿式流量计在测量气体体积总量时，其准确度较高，特别是小流量时，它的误差比较小。可直接用于测量气体流量，也可用来作标准仪器检定其他流量计。它是实验室常用的仪表之一。湿式气体流量计每个气室的有效体积是由预先注入流量计的水面控制的，所以在使用时必须检查水面是否达到预定的位置，安装时，仪表必须保持水平。

附　录

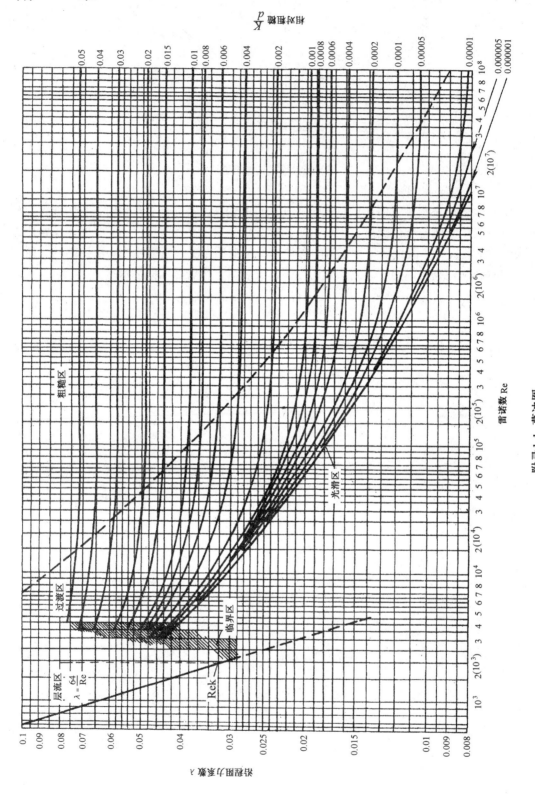

附录1-1　莫迪图

序号	管件名称	示意图	局部阻力系数							
1	突然扩大		$\dfrac{A_1}{A_2}$	0.11	0.1	0.2	0.4	0.6	0.8	0.9	1.0
			ζ	0.93	0.81	0.64	0.36	0.16	0.04	0.01	0
2	突然缩小		$\dfrac{A_2}{A_1}$	0.11	0.1	0.2	0.4	0.6	0.8	0.9	1.0
			ζ	0.5	0.47	0.45	0.34	0.25	0.15	0.09	0

序号	管件名称	示意图	局部阻力系数
3	管子入口		边缘尖锐时　$\zeta = 0.50$ 边缘光滑时　$\zeta = 0.20$ 边缘极光滑时　$\zeta = 0.05$
4	管子出口		$\zeta = 1.0$

5	转心阀门		a	10°	15°	20°	25°	30°	35°	40°	45°	50°	55°	60°
			ζ	0.29	0.75	1.56	3.10	5.47	9.68	17.3	31.2	52.6	106	206

序号	管件名称	示意图	局部阻力系数
6	带有滤网底阀		$\zeta = 5 \sim 10$
7	直流三通		$\zeta = 1.0$
8	分流三通		$\zeta = 1.5$
9	合流三通		$\zeta = 3.0$
10	渐缩管		当 $\alpha \leqslant 45°$ 时，$\zeta = 0.01$

序号	管件名称	示 意 图	局 部 阻 力 系 数					
11	渐扩管		α	A_2/A_1				
				1.50	1.75	2.00	2.25	2.50
			10°	0.02	0.03	0.04	0.05	0.06
			15°	0.03	0.05	0.06	0.08	0.10
			20°	0.05	0.07	0.10	0.13	0.15
12	折 管		α	20°	40°	60°	80°	90°
			ζ	0.05	0.14	0.36	0.74	0.99
13	90°弯头		d (mm)	15	20	25	32	40	$\geqslant 50$
			ζ	2.0	2.0	1.5	1.5	1.0	1.0
14	90°揻弯		d (mm)	15	20	25	32	40	$\geqslant 50$
			ζ	1.5	1.5	1.0	1.0	0.5	0.5
15	止 回 阀		$\zeta = 1.70$					
16	闸 阀		DN (mm)	15	20	25	32	40	$\geqslant 50$
			ζ	1.5	0.5	0.5	0.5	0.5	0.5
17	截 止 阀		DN (mm)	15	20	25	32	40	$\geqslant 50$
			ζ	16.0	10.0	9.0	9.0	8.0	7.0

IS 型单级单吸离心泵性能表（摘录）

型　号	转速 n (r/min)	流量 Q (m³/h)	流量 Q (L/s)	扬程 H (m)	效率 η (%)	功率 (kW) 轴功率	功率 (kW) 电机功率	必须气蚀余量 (NPSH) r (m)	泵重量 (kg)
IS 65-40-315	2900	15	4.17	127	28	18.5		2.5	
		25	6.94	125	40	21.3	30	2.5	
		30	8.33	123	44	22.8		3.0	
	1450	7.5	2.08	32.3	25	2.63		2.5	
		12.5	3.47	32.0	37	2.94	4	2.5	
		15	4.17	31.7	41	3.16		3.0	
IS 80-65-125	2900	30	8.33	22.5	64	2.87		3.0	
		50	13.9	20	75	3.63	5.5	3.0	
		60	16.7	18	74	3.98		3.5	
	1450	15	4.17	5.6	55	0.42		2.5	
		25	6.94	5	71	0.48	0.75	2.5	
		30	8.38	4.5	72	0.51		3.0	
IS 80-65-160	2900	30	8.33	36	61	4.82		2.5	41
		50	13.9	32	73	5.97	7.5	2.5	
		60	16.7	29	72	6.59		3.0	
	1450	15	4.17	9	55	0.67		2.5	
		25	6.94	8	69	0.79	1.5	2.5	
		30	8.33	7.2	68	0.86		3.0	
IS 80-50-200	2900	30	8.33	53	55	7.87		2.5	51
		50	13.9	50	69	9.87	15	2.5	
		60	16.7	47	71	10.8		3.0	
	1450	15	4.17	13.2	51	1.06		2.5	
		25	6.94	12.5	65	1.31	2.2	2.5	
		30	8.33	11.8	67	1.44		3.0	
IS 80-50-250	2900	30	8.33	84	52	13.2		2.5	87
		50	13.9	80	63	17.3	22	2.5	
		60	16.7	75	64	19.2		3.0	
	1450	15	4.17	21	49	1.75		2.5	
		25	6.94	20	60	2.27	3	2.5	
		30	8.33	18.5	61	2.52		3.0	
IS 80-50-315	2900	30	8.33	128	41	25.5		2.5	
		50	13.9	125	54	31.5	37	2.5	
		60	16.7	123	57	35.3		3.0	
	1450	15	4.17	32.5	39	3.4		2.5	
		25	6.94	32	52	4.19	5.5	2.5	
		30	8.33	31.5	56	4.6		3.0	
IS 100-80-125	2900	60	16.7	24	67	5.86		4.0	50
		100	27.8	20	78	7.00	11	4.5	
		120	33.3	16.5	74	7.28		5.0	
	1450	30	8.33	6	64	0.77		2.5	
		50	13.9	5	75	0.91	1.5	2.5	
		60	16.7	4	71	0.92		3.0	
IS 100-80-160	2900	60	16.7	36	70	8.42		3.5	82.5
		100	27.8	32	78	11.2	15	4.0	
		120	33.3	28	75	12.2		5.0	
	1450	30	8.33	9.2	67	1.12		2.0	
		50	13.9	8.0	75	1.45	2.2	2.5	
		60	16.7	6.8	71	1.57		3.5	

转数 (r/min)	序号	出口风速 (m/s)	全压 (Pa)	流量 (m³/h)	电动机 型号	电动机 (kW)	地脚螺栓（四套）代号 F2120
				T4-72 No 6A			
1450	1	8.3	1150	6860			
	2	9.3	1120	7660			
	3	10.3	1090	8550			
	4	11.3	1060	9360	Y112M-4 (B35)	4	M10×250
	5	12.4	990	10200			
	6	13.2	940	10900			
	7	13.4	840	11840			
	8	15.3	720	12620			
960	1	5.5	500	4540			
	2	6.2	490	5070			
	3	6.8	480	5630			
	4	7.5	460	6220	Y100L-6 (B35)	1.5	M10×250
	5	8.2	430	6760			
	6	8.8	410	7220			
	7	9.5	370	7840			
	8	10.1	320	8360			

转数 (r/min)	序号	全压 (Pa)	流量 (m³/h)	电动机 型号	电动机 功率 (kW)	三角皮带 型号	三角皮带 根数	三角皮带 带长	风机槽轮 代号	电机槽轮 代号	电机导轨（二套）代号
					T4-72 No 7C						
1600	1	1910	12100								
	2	1860	13400	Y160M-4	11	B	4	3175	50-B 4-280	42-B 4-315	SHT 542-2
	3	1820	14900								
	4	1770	16370								
	5	1650	17900								
	6	1550	19150	Y160M-4	11	B	4	3175	50-B 4-280	42-B 4-315	SHT 542-2
	7	1390	20750								
1250	1	1170	9460								
	2	1140	10450								
	3	1110	11650								
	4	1080	12300	Y132S-4	5.5	B	4	3353	50-B 4-280	38-B 4-250	SHT 542-1
	5	1010	14000								
	6	950	14950								
	7	850	16200								
1000	1	750	7550								
	2	730	8380								
	3	710	9300								
	4	690	10200	Y100 L₂-4	3	A	2	3175	50-A2-280	28- A2-200	SHT 542-1
	5	650	11200								
	6	600	12000								
	7	540	12950								

型号	名　称	扬程范围 （m）	流量范围 （m³/h）	电机功率 （kW）	介质最高温度 （℃）	适　用　范　围
BG	管道泵	8~30	6~50	0.37~7.5	气蚀余量 4~2m	输送清水或理化性质类似的液体，装于水管上
NG	管道泵	2~15	6~27	0.20~1.3	95~150	输送清水或理化性质类似的液体，装于水管上
SG	管道泵	10~100	1.8~400	0.50~26		有耐腐型、防爆型、热水型三种，装于水管上
XA	离心式清水泵	25~96	10~340	1.50~100	105	输送清水或理化性质类似的液体
LS	离心式清水泵	5~125	6~400	0.55~110	气蚀余量2m	输送清水或理化性质类似的液体
BA	离心式清水泵	8~98	4.5~360	1.5~55	80	输送清水或理化性质类似的液体
BL	直联式离心泵	8.8~62	4.5~120	1.5~18.5	60	输送清水或理化性质类似的液体
Sh	双吸离心泵	9~140	126~12500	22~1150	80	输送清水，也可作为热电站循环泵
D，DC	多级分段泵	12~1528	12~700	2.2~2500	80	输送清水或理化性质类似的流体
GC	锅炉给水泵	45~576	6~55	3~185	110	小型锅炉给水
N，NL	冷凝泵	54~140	10~510		80	输送发电厂冷凝水
J，SD	深井泵	24~120	35~204	10~100		提取深井水
4PA-6	氨水泵	86~301	30	22~75		输送20%浓度的氨水，吸收式冷冻设备主机

型　号	名　称	全压范围 （m）	风量范围 （m³/h）	功率范围 （kW）	介质最高温度 （℃）	适　用　范　围
4-68	离心通风机	170~3370	565~79000	0.55~50	80	一般厂房通风换气、空调
4-72-11	塑料离心风机	200~1410	991~55700	1.10~30	60	防腐防爆厂房通风换气
4-72-11	离心通风机	200~3240	991~227500	1.1~210	80	一般厂房通风换气
4-79	离心通风机	180~3400	990~17720	0.75~15	80	一般厂房通风换气
7-40-11	排尘离心通风机	500~3230	1310~20800	1.0~40		输送含尘量较大的空气
9-35	锅炉通风机	800~600	2400~15000	2.8~570		锅炉送风助燃
Y4-70-11	锅炉引风机	670~1410	2430~14360	3.0~75	250	用于1~4t/h的蒸汽锅炉
Y9-35	锅炉引风机	550~4540	4430~473000	4.5~1050	200	锅炉烟道排风
G4-73-11	锅炉离心式通风机	590~700	15900~68000	10~1250	80	用于2~670t/h汽锅或一般矿井通风
30K4-11	轴流通风机	26~516	550~49500	0.09~10	45	一般工厂、车间办公室换气

t	p	v'	v''	ρ'	ρ''	h'	h''	γ	s'	s''
℃	MPa	m³/kg	m³/kg	kg/m³	kg/m³	kJ/kg	kJ/kg	kJ/kg	kJ/ (kg·k)	kJ/ (kg·k)
0.01	0.0006108	0.001002	206.3	999.80	0.004847	0.00	2501	2501	0.0000	9.1554
1	0.0006566	0.0010001	192.6	999.90	0.005192	4.22	2502	2498	0.0154	9.1281
5	0.0008719	0.0010001	147.2	999.90	0.006793	21.05	2510	2489	0.0762	9.0241
10	0.0012277	0.0010004	106.42	999.60	0.009398	42.04	2519	2477	0.1510	8.8994
15	0.0017041	0.0010010	77.97	999.00	0.01282	62.97	2528	2465	0.2244	8.7806
20	0.002337	0.0010018	57.84	998.20	0.01729	83.80	2537	2454	0.2964	8.6665
25	0.003166	0.0010030	43.40	997.01	0.02304	104.81	2547	2442	0.3672	8.5570
30	0.004241	0.0010044	32.92	995.62	0.03037	125.71	2556	2430	0.4366	8.4530
35	0.005622	0.0010061	25.24	993.94	0.03962	146.60	2565	2418	0.5049	8.3519
40	0.007375	0.0010079	19.55	992.16	0.05115	167.50	2574	2406	0.5723	8.2559
45	0.009584	0.0010099	15.28	990.20	0.06544	188.40	2582	2394	0.6384	8.1638
50	0.012335	0.0010121	12.04	988.04	0.08306	209.3	2592	2383	0.7038	8.0753
60	0.019917	0.0010171	7.678	983.19	0.1302	251.1	2609	2358	0.8311	7.9084
70	0.03117	0.0010228	5.045	977.71	0.1982	293.0	2626	2333	0.9549	7.7544
80	0.04736	0.0010290	3.408	971.82	0.2934	334.9	2643	2308	1.0753	7.6116
90	0.07011	0.0010359	2.361	965.34	0.4235	377.0	2659	2282	1.1925	7.4787
100	0.10131	0.0010435	1.673	958.31	0.5977	419.1	2676	2257	1.3071	7.3547
110	0.14326	0.0010515	1.210	951.02	0.8264	461.3	2691	2230	1.4184	7.2387
120	0.19854	0.0010603	0.8917	943.13	1.121	503.7	2706	2202	1.5277	7.1298
130	0.27011	0.0010697	0.6683	934.84	1.496	546.3	2721	2174	1.6345	7.0272
140	0.3614	0.0010798	0.5087	926.10	1.966	589.0	2734	2145	1.7392	6.9304
150	0.4760	0.0010906	0.3926	916.93	2.547	632.2	2746	2114	1.8414	6.8383
160	0.6180	0.0011021	0.3068	907.36	3.258	675.6	2758	2082	1.9427	6.7508
170	0.7920	0.0011144	0.2426	897.34	4.122	719.2	2769	2050	2.0417	6.6666
180	1.0027	0.0011275	0.1939	886.92	5.157	763.1	2778	2015	2.1395	6.5858
190	1.2553	0.0011415	0.1564	876.04	6.394	807.5	2786	1979	2.2357	6.5074
200	1.5551	0.0011565	0.1272	864.68	7.862	852.4	2793	1941	2.3308	6.4318
210	1.9080	0.0011726	0.1043	852.81	9.588	897.7	2798	1900	2.4246	6.3577
220	2.3201	0.0011900	0.08606	840.34	11.62	943.7	2802	1858	2.5179	6.2849
230	2.7979	0.0012087	0.07147	827.34	13.99	990.4	2803	1813	2.6101	6.2133
240	3.3480	0.0012291	0.05967	813.60	16.76	1037.5	2803	1766	2.7021	6.1425
250	3.9776	0.0012512	0.05006	799.23	19.98	1085.7	2801	1715	2.7934	6.0721
260	4.694	0.0012755	0.04215	784.01	23.72	1135.1	2796	1661	2.8851	6.0013
270	5.505	0.0013023	0.03560	767.87	28.09	1185.3	2790	1605	2.9764	5.9297
280	6.419	0.0013321	0.03013	750.69	33.19	1236.9	2780	1542.9	3.0681	5.8573
290	7.445	0.0013665	0.02554	732.33	39.15	1290.0	2766	1476.3	3.1611	5.7827
300	8.592	0.0014036	0.02164	712.45	46.21	1344.9	2749	1404.2	3.2548	5.7049
310	9.870	0.001447	0.01832	691.09	54.58	1402.1	2727	1325.2	3.3508	5.6233
320	11.290	0.001499	0.01545	667.11	64.72	1462.1	2700	1237.8	3.4495	5.5353
330	12.865	0.01562	0.01297	640.20	77.10	1526.1	2666	1139.6	3.5522	5.4412
340	14.608	0.001639	0.01078	610.13	92.76	1594.7	2622	1027.0	3.6605	5.3361
350	16.537	0.001741	0.008803	574.38	113.6	1671	2565	898.5	3.7786	5.2117
360	18.674	0.001894	0.006943	527.98	144.0	1762	2481	719.3	3.9162	5.0530
370	21.053	0.00222	0.00493	450.45	203	1893	2331	438.4	4.1137	4.7951
374	22.087	0.00280	0.00347	357.14	288	2032	2147	114.7	4.3258	4.5029

210

饱和水与饱和蒸汽性质表（按压力排列）

附录 3-2

压力	温度	比 容		焓		汽化潜热	熵	
p	t	液体 v'	蒸汽 v''	液体 h'	蒸汽 h''	γ	液体 s'	蒸汽 s''
MPa	℃	$\dfrac{m^3}{kg}$	$\dfrac{m^3}{kg}$	$\dfrac{kJ}{kg}$	$\dfrac{kJ}{kg}$	$\dfrac{kJ}{kg}$	$\dfrac{kJ}{(kg \cdot K)}$	$\dfrac{kJ}{(kg \cdot K)}$
0.001	6.982	0.0010001	129.208	29.33	2513.8	2484.5	0.1060	8.9756
0.002	17.511	0.0010012	67.006	73.45	2533.2	2459.8	0.2606	8.7236
0.003	24.098	0.0010027	45.668	101.00	2545.2	2444.2	0.3543	8.5776
0.004	28.981	0.0010040	34.803	121.41	2554.1	2432.7	0.4224	8.4747
0.005	32.90	0.0010052	28.196	137.77	2561.2	2423.4	0.4762	8.3952
0.006	36.18	0.0010064	23.742	151.50	2567.1	2415.6	0.5209	8.3305
0.007	39.02	0.0010074	20.532	163.38	2572.2	2408.8	0.5591	8.2760
0.008	41.53	0.0010084	18.106	173.87	2576.7	2402.8	0.5926	8.2289
0.009	43.79	0.0010094	16.266	183.28	2580.8	2397.5	0.6224	8.1875
0.01	45.83	0.0010102	14.676	191.84	2584.4	2392.6	0.6493	8.1505
0.015	54.00	0.0010140	10.025	225.98	2598.9	2372.9	0.7549	8.0089
0.02	60.09	0.0010172	7.6515	251.46	2609.6	2358.1	0.8321	7.9092
0.025	64.99	0.0010199	6.2060	271.99	2618.1	2346.1	0.8932	7.8321
0.03	69.12	0.0010223	5.2308	289.31	2625.3	2336.0	0.9441	7.7695
0.04	75.89	0.0010265	3.9949	317.65	2636.8	2319.2	1.0261	7.6711
0.05	81.35	0.0010301	3.2415	340.57	2646.0	2305.4	1.0912	7.5951
0.06	85.95	0.0010333	2.7329	359.93	2653.6	2203.7	1.1454	7.5332
0.07	89.96	0.0010361	2.3658	376.77	2660.2	2283.4	1.1921	7.4811
0.08	93.51	0.0010387	2.0879	391.72	2666.0	2274.3	1.2330	7.4360
0.09	96.71	0.0010412	1.8701	405.21	2671.1	2265.9	1.2696	7.3963
0.1	99.63	0.0010434	1.6946	417.51	2675.7	2258.2	1.3027	7.3608
0.12	104.81	0.0010476	1.4289	439.36	2683.8	2244.0	1.3609	7.2996
0.14	109.32	0.0010513	1.2370	458.42	2690.8	2232.4	1.4109	7.2480
0.16	113.32	0.0010547	1.0917	475.38	2696.8	2221.4	1.4550	7.2032
0.18	116.93	0.0010579	0.97775	490.70	2702.1	2211.4	1.4944	7.1638
0.2	120.23	0.0010608	0.88592	504.7	2706.9	2202.2	1.5301	7.1286
0.25	127.43	0.0010675	0.71881	535.4	2717.2	2181.8	1.6072	7.0540
0.3	133.54	0.0010735	0.60586	561.4	2725.5	2164.1	1.6717	6.9930
0.35	138.88	0.0010789	0.52425	584.3	2732.5	2148.2	1.7273	6.9414
0.4	143.62	0.0010839	0.46242	604.7	2738.5	2133.8	1.7764	6.8966
0.45	147.92	0.0010885	0.41892	623.2	2743.8	2120.6	1.8204	6.8570
0.5	151.85	0.0010928	0.37481	640.1	2748.5	2108.4	1.8604	6.8215
0.6	158.84	0.0011009	0.31556	670.4	2756.4	2086.0	1.9308	6.7598
0.7	164.96	0.0011082	0.27274	697.1	2762.9	2065.8	1.9918	6.7074
0.8	170.42	0.0011150	0.24030	720.9	2768.4	2047.5	2.0457	6.6618
0.9	175.36	0.0011213	0.21484	742.6	2773.0	2030.4	2.0941	6.6212

压力 p	温度 t	比 容		焓		汽化潜热 γ	熵	
		液体 v'	蒸汽 v''	液体 h'	蒸汽 h''		液体 s'	蒸汽 s''
MPa	℃	$\dfrac{m^3}{kg}$	$\dfrac{m^3}{kg}$	$\dfrac{kJ}{kg}$	$\dfrac{kJ}{kg}$	$\dfrac{kJ}{kg}$	$\dfrac{kJ}{(kg \cdot K)}$	$\dfrac{kJ}{(kg \cdot K)}$
1	179.88	0.0011274	0.19430	762.6	2777.0	2014.4	2.1382	6.5847
1.1	184.06	0.0011331	0.17739	781.1	2780.4	1999.3	2.1786	6.5515
1.2	187.96	0.0011386	0.16320	798.4	2783.4	1985.0	2.2160	6.5210
1.3	191.60	0.0011438	0.15112	814.7	2786.0	1971.3	2.2509	6.4927
1.4	195.04	0.0011489	0.14072	830.1	2788.4	1958.3	2.2836	6.4665
1.5	198.28	0.0011538	0.13165	844.7	2790.4	1945.7	2.3144	6.4418
1.6	201.37	0.0011586	0.12368	858.6	2792.2	1933.6	2.3436	6.4187
1.7	204.30	0.0011633	0.11661	871.8	2793.8	1922.0	2.3712	6.3967
1.8	207.10	0.0011678	0.11031	884.6	2795.1	1910.5	2.3976	6.3759
1.9	209.79	0.0011722	0.10464	896.8	2796.4	1899.6	2.4227	6.3561
2	212.37	0.0011766	0.09953	908.6	2797.4	1888.8	2.4468	6.3373
2.2	217.24	0.0011850	0.09064	930.9	2799.1	1868.2	2.4922	6.3018
2.4	221.78	0.0011932	0.08319	951.9	2800.4	1848.5	2.5343	6.2691
2.6	226.03	0.0012011	0.07685	971.7	2801.2	1829.5	2.5736	6.2386
2.8	230.04	0.0012088	0.07138	990.5	2801.7	1811.2	2.6106	6.2101
3	233.84	0.0012163	0.06662	1008.4	2801.9	1793.5	2.6455	6.1832
3.5	242.54	0.0012345	0.05702	1049.8	2801.3	1751.5	2.7253	6.1218
4	250.33	0.0012521	0.04974	1087.5	2799.4	1711.9	2.7967	6.0670
5	263.92	0.0012858	0.03941	1154.6	2792.8	1638.2	2.9209	2.9712
6	275.56	0.0013187	0.03241	1213.9	2783.3	1569.4	3.0277	5.8878
7	285.80	0.0013514	0.02734	1267.7	2771.4	1503.7	3.1225	5.8126
8	294.98	0.0013843	0.02349	1317.5	2757.5	1440.0	3.2083	5.7430
9	303.31	0.0014179	0.02046	1364.2	2741.8	1377.6	3.2875	5.6773
10	310.96	0.0014526	0.01800	1408.6	2724.4	1315.8	3.3616	5.6143
11	318.04	0.0014887	0.01597	1451.2	2705.4	1254.2	3.4316	5.5531
12	324.64	0.0015267	0.01425	1492.6	2684.8	1192.2	3.4986	5.4930
13	330.81	0.0015670	0.01277	1533.0	2662.4	1129.4	3.5633	5.4333
14	336.63	0.0016104	0.01149	1572.8	2638.3	1065.5	3.6262	5.3737
15	342.12	0.0016580	0.01035	1612.2	2611.6	999.4	3.6877	5.3122
16	347.32	0.0017101	0.009330	1651.5	2582.7	931.2	3.7486	5.2496
17	352.26	0.0017690	0.008401	1691.6	2550.8	859.2	3.8103	5.1841
18	356.96	0.0018380	0.007534	1733.4	2514.4	781.0	3.8739	5.1135
19	361.44	0.0019231	0.006700	1778.2	2470.1	691.9	3.9417	5.0321
20	365.71	0.002038	0.005873	1828.8	2413.8	585.0	4.0181	4.9338
21	369.79	0.002218	0.005006	1892.2	2340.2	448.0	4.1137	4.8106
22	373.68	0.002675	0.003757	2007.7	2192.5	184.8	4.2891	4.5748

p（MPa）	0.001			0.005		
	$t_s = 6.982$ $v' = 0.001001$ $v'' = 129.208$ $h' = 29.33$ $h'' = 2513.8$ $s' = 0.1060$ $s'' = 8.9756$			$t_s = 32.90$ $v' = 0.0010052$ $v'' = 28.196$ $h' = 137.77$ $h'' = 2561.2$ $s' = 0.4762$ $s'' = 8.3952$		
t	v	h	s	v	h	s
℃	m³/kg	kJ/kg	kJ/（kg·K）	m³/kg	kJ/kg	kJ/（kg·K）
0	0.0010002	0.0	−0.0001	0.0010002	0.0	−0.0001
10	130.60	2519.5	8.9956	0.0010002	42.0	0.1510
20	135.23	2538.1	9.0604	0.0010017	83.9	0.2963
40	144.47	2575.5	9.1837	28.86	2574.6	8.4385
60	153.71	2613.0	9.2997	30.71	2612.3	8.5552
80	162.95	2650.6	9.4093	32.57	2650.0	8.6652
100	172.19	2668.3	9.5132	34.42	2687.9	8.7695
120	181.42	2726.2	9.6122	36.27	2725.9	8.8687
140	190.66	2764.3	9.7066	38.12	2764.0	8.9633
160	199.89	2802.6	9.7971	39.97	2802.3	9.0539
180	209.12	2841.0	9.8839	41.81	2840.8	9.1408
200	218.35	2879.7	9.9674	43.66	2879.5	9.2244
220	227.58	2918.6	10.0480	45.51	2918.5	9.3049
240	236.82	2957.7	10.1257	47.36	2957.6	9.3828
260	246.05	2997.1	10.2010	49.20	2997.0	9.4580
280	255.28	3036.7	10.2739	51.05	3036.6	9.5310
300	264.51	3076.5	10.3446	52.90	3076.4	9.6017
350	287.58	3177.2	10.5130	57.51	3177.1	9.7702
400	310.66	3279.5	10.6709	62.13	3279.4	9.9280
450	333.74	3383.4	10.820	66.74	3383.3	10.077
500	356.81	3489.0	10.961	71.36	3489.0	10.218
550	379.89	3596.3	11.095	75.98	3596.2	10.352
600	402.96	3705.3	11.224	80.59	3705.3	10.481

注：粗水平线之上为未饱和水，粗水平线之下为过热蒸汽。

p (MPa)	0.01			0.05		
	$t_s = 45.83$ $v' = 0.001002 \quad v'' = 14.676$ $h' = 191.84 \quad h'' = 2584.4$ $s' = 0.6493 \quad s'' = 8.1505$			$t_s = 81.35$ $v' = 0.0010301 \quad v'' = 3.2415$ $h' = 340.57 \quad h'' = 2646.0$ $s' = 1.0912 \quad s'' = 7.5951$		
t	v	h	s	v	h	s
℃	m³/kg	kJ/kg	kJ/ (kg·K)	m³/kg	kJ/kg	kJ/ (kg·K)
0	0.0010002	0.0	− 0.0001	0.0010002	0.0	− 0.0001
10	0.0010002	42.0	0.1510	0.0010002	42.0	0.1510
20	0.0010017	83.9	0.2963	0.0010017	83.9	0.2963
40	0.0010078	167.4	0.5721	0.0010078	167.5	0.5721
60	15.34	2611.3	8.2331	0.0010171	251.1	0.8310
80	16.27	2649.3	8.3437	0.0010292	334.9	1.0752
100	17.20	2687.3	8.4484	3.419	2682.6	7.6958
120	18.12	2725.4	8.5479	3.608	2721.7	7.7977
140	19.05	2763.6	8.6427	3.796	2760.6	7.8942
160	19.98	2802.0	8.7334	3.983	2799.5	7.9862
180	20.90	2840.6	8.8204	4.170	2838.4	8.0741
200	21.82	2879.3	8.9041	4.356	2877.5	8.1584
220	22.75	2918.3	8.9848	4.542	2916.7	8.2396
240	23.67	2957.4	9.0626	4.728	2956.1	8.3178
260	24.60	2996.8	9.1379	4.913	2995.6	8.3934
280	25.52	3036.5	9.2109	5.099	3035.4	8.4667
300	26.44	3076.3	9.2817	5.284	3075.3	8.5376
350	28.75	3177.0	9.4502	5.747	3176.3	8.7065
400	31.06	3279.4	9.6081	6.209	3278.7	8.8646
450	33.37	3383.3	9.7570	6.671	3382.8	9.0137
500	35.68	3488.9	9.8982	7.134	3488.5	9.1550
550	37.99	3596.2	10.033	7.595	3595.8	9.2896
600	40.29	3705.2	10.161	8.057	3704.9	9.4182

p (MPa)	0.1			0.2		
	$t_s = 99.63$ $v' = 0.0010434$ $v'' = 1.6946$ $h' = 417.51$ $h'' = 2675.7$ $s' = 1.3027$ $s'' = 7.3608$			$t_s = 120.23$ $v' = 0.0010608$ $v'' = 0.88592$ $h' = 504.7$ $h'' = 2706.9$ $s' = 1.5301$ $s'' = 7.1286$		
t	v	h	s	v	h	s
℃	m^3/kg	kJ/kg	kJ/ (kg·K)	m^3/kg	kJ/kg	kJ/ (kg·K)
0	0.0010002	0.1	− 0.0001	0.0010001	0.2	− 0.0001
10	0.0010002	42.1	0.1510	0.0010002	42.2	0.1510
20	0.0010017	84.0	0.2963	0.0010016	84.0	0.2963
40	0.0010078	167.5	0.5721	0.0010077	167.6	0.5720
60	0.0010171	251.2	0.8309	0.0010171	251.2	0.8309
80	0.0010292	335.0	1.0752	0.0010291	335.0	1.0752
100	1.696	2676.5	7.3628	0.0010437	419.1	1.3068
120	1.793	2716.8	7.4681	0.0010606	503.7	1.5276
140	1.889	2756.6	7.5669	0.9353	2748.4	7.2314
160	1.984	2796.2	7.6605	0.9842	2789.5	7.3286
180	2.078	2835.7	7.7496	1.0326	2830.1	7.4203
200	2.172	2875.2	7.8348	1.080	2870.5	7.5073
220	2.266	2914.7	7.9166	1.128	2910.6	7.5905
240	2.359	2954.3	7.9954	1.175	2950.8	7.6704
260	2.453	2994.1	8.0714	1.222	2991.0	7.7472
280	2.546	3034.0	8.1449	1.269	3031.3	7.8214
300	2.639	3074.1	8.2162	1.316	3071.7	7.8931
350	2.871	3175.3	8.3854	1.433	3173.4	8.0633
400	3.103	3278.0	8.5439	1.549	3276.5	8.2223
450	3.334	3382.2	8.6932	1.665	3380.9	8.3720
500	3.565	3487.9	8.8346	1.781	3486.9	8.5137
550	3.797	3595.4	8.9693	1.897	3594.5	8.6485
600	4.028	3704.5	9.0979	2.013	3703.7	8.7774

p (MPa)	0.5			1		
	$t_s = 151.85$ $v' = 0.0010928$ $v'' = 0.37481$ $h' = 640.1$ $h'' = 2748.5$ $s' = 1.8604$ $s'' = 6.8215$			$t_s = 179.88$ $v' = 0.0011274$ $v'' = 0.19430$ $h' = 762.6$ $h'' = 2777.0$ $s' = 2.1382$ $s'' = 6.5847$		
t	v	h	s	v	h	s
℃	m³/kg	kJ/kg	kJ/ (kg·K)	m³/kg	kJ/kg	kJ/ (kg·K)
0	0.0010000	0.5	− 0.0001	0.0009997	1.0	− 0.0001
10	0.0010000	42.5	0.1509	0.0009998	43.0	0.1509
20	0.0010015	84.3	0.2962	0.0010013	84.8	0.2961
40	0.0010076	167.9	0.5719	0.0010074	168.3	0.5717
60	0.0010169	251.5	0.8307	0.0010167	251.9	0.8305
80	0.0010290	335.3	1.0750	0.0010287	335.7	1.0746
100	0.0010435	419.4	1.3066	0.0010432	419.7	1.3062
120	0.0010605	503.9	1.5273	0.0010602	504.3	1.5269
140	0.0010800	589.2	1.7388	0.0010796	589.5	1.7383
160	0.3836	2767.3	6.8654	0.0011019	675.7	1.9420
180	0.4046	2812.1	6.9665	0.1944	2777.3	6.5854
200	0.4250	2855.5	7.0602	0.2059	2827.5	6.6940
220	0.4450	2898.0	7.1481	0.2169	2874.9	6.7921
240	0.4646	2939.9	7.2315	0.2275	2920.5	6.8826
260	0.4841	2981.5	7.3110	0.2378	2964.8	6.9674
280	0.5034	3022.9	7.3872	0.2480	3008.3	7.0475
300	0.5226	3064.2	7.4606	0.2580	3051.3	7.1234
350	0.5701	3167.6	7.6335	0.2825	3157.7	7.3018
400	0.6172	3271.8	7.7944	0.3066	3264.0	7.4606
420	0.6360	3313.8	7.8558	0.3161	3306.6	7.5283
440	0.6548	3355.9	7.9158	0.3256	3349.3	7.5890
450	0.6641	3377.1	7.9452	0.3304	3370.7	7.6188
460	0.6735	3398.3	7.9743	0.3351	3392.1	7.6482
480	0.6922	3440.9	8.0316	0.3446	3435.1	7.7061
500	0.7109	3483.7	8.0877	0.3540	3478.3	7.7627
550	0.7575	3591.7	8.2232	0.3776	3587.2	7.8991
600	0.8040	3701.4	8.3525	0.4010	3697.4	8.0292

p （MPa）	2			3		
	$t_s = 212.37$ $v' = 0.0011766$　$v'' = 0.09953$ $h' = 908.6$　$h'' = 2797.4$ $s' = 2.4468$　$s'' = 6.3373$			$t_s = 233.84$ $v' = 0.0012163$　$v'' = 0.06662$ $h' = 1008.4$　$h'' = 2801.9$ $s' = 2.6455$　$s'' = 6.1832$		
t	v	h	s	v	h	s
℃	m³/kg	kJ/kg	kJ/（kg·K）	m³/kg	kJ/kg	kJ/（kg·K）
0	0.0009992	2.0	0.0000	0.0009987	3.0	0.0001
10	0.0009993	43.9	0.1508	0.0009988	44.9	0.1507
20	0.0010008	85.7	0.2959	0.0010004	86.7	0.2957
40	0.0010069	169.2	0.5713	0.0010065	170.1	0.5709
60	0.0010162	252.7	0.8299	0.0010158	253.6	0.8294
80	0.0010282	336.5	1.0740	0.0010278	337.3	1.0733
100	0.0010427	420.5	1.3054	0.0010422	421.2	1.3046
120	0.0010596	505.0	1.5260	0.0010590	505.7	1.5250
140	0.0010790	590.2	1.7373	0.0010783	590.8	1.7362
160	0.0011012	676.3	1.9408	0.0011005	676.9	1.9396
180	0.0011266	763.6	2.1379	0.0011258	764.1	2.1366
200	0.0011560	852.6	2.3300	0.0011550	853.0	2.3284
220	0.10211	2820.4	6.3842	0.0011891	943.9	2.5166
240	0.1084	2876.3	6.4953	0.06818	2823.0	6.2245
260	0.1144	2927.9	6.5941	0.07286	2885.5	6.3440
280	0.1200	2976.9	6.6842	0.07714	2941.8	6.4477
300	0.1255	3024.0	6.7679	0.08116	2994.2	6.5408
350	0.1386	3137.2	6.9574	0.09053	3115.7	6.7443
400	0.1512	3248.1	7.1285	0.09933	3231.6	6.9231
420	0.1561	3291.9	7.1927	0.10276	3276.9	6.9894
440	0.1610	3335.7	7.2550	0.1061	3321.9	7.0535
450	0.1635	3357.7	7.2855	0.1078	3344.4	7.0847
460	0.1659	3379.6	7.3156	0.1095	3366.8	7.1155
480	0.1708	3423.5	7.3747	0.1128	3411.6	7.1758
500	0.1756	3467.4	7.4323	0.1161	3456.4	7.2345
550	0.1876	3578.0	7.5708	0.1243	3568.6	7.3752
600	0.1995	3689.5	7.7024	0.1324	3681.5	7.5084

p (MPa)	4			5		
	$t_s = 250.33$ $v' = 0.0012521 \quad v'' = 0.04974$ $h' = 1087.5 \quad h'' = 2799.4$ $s' = 2.7967 \quad s'' = 6.0670$			$t_s = 263.92$ $v' = 0.0012858 \quad v'' = 0.03941$ $h' = 1154.6 \quad h'' = 2792.8$ $s' = 2.9209 \quad s'' = 5.9712$		
t	v	h	s	v	h	s
℃	m³/kg	kJ/kg	kJ/ (kg·K)	m³/kg	kJ/kg	kJ/ (kg·K)
0	0.0009982	4.0	0.0002	0.0009977	5.1	0.0002
10	0.0009984	45.9	0.1506	0.0009979	46.9	0.1505
20	0.0009999	87.6	0.2955	0.0009995	88.6	0.2952
40	0.0010060	171.0	0.5706	0.0010056	171.9	0.5702
60	0.0010153	254.4	0.8288	0.0010149	255.3	0.8283
80	0.0010273	338.1	1.0726	0.0010268	338.8	1.0720
100	0.0010417	422.0	1.3038	0.0010412	422.7	1.3030
120	0.0010584	506.4	1.5242	0.0010579	507.1	1.5232
140	0.0010777	591.5	1.7352	0.0010771	592.1	1.7342
160	0.0010997	677.5	1.9385	0.0010990	678.0	1.9373
180	0.0011249	764.6	2.1352	0.0011241	765.2	2.1339
200	0.0011540	853.4	2.3268	0.0011530	853.8	2.3253
220	0.0011878	944.2	2.5147	0.0011866	944.4	2.5129
240	0.0012280	1037.7	2.7007	0.0012264	1037.8	2.6985
260	0.05174	2835.6	6.1355	0.0012750	1135.0	2.8842
280	0.05547	2902.2	6.2581	0.04224	2857.0	6.0889
300	0.05885	2961.5	6.3634	0.04532	2925.4	6.2104
350	0.06645	3093.1	6.5838	0.05194	3069.2	6.4513
400	0.07339	3214.5	6.7713	0.05780	3196.9	6.6486
420	0.07606	3261.4	6.8399	0.06002	3245.4	6.7196
440	0.07869	3307.7	6.9058	0.06220	3293.2	6.7875
450	0.07999	3330.7	6.9379	0.06327	3316.8	6.8204
460	0.08128	3353.7	6.9694	0.06434	3340.4	6.8528
480	0.08384	3399.5	7.0310	0.06644	3387.2	6.9158
500	0.08638	3445.2	7.0909	0.06853	3433.8	6.9768
550	0.09264	3559.2	7.2338	0.07383	3549.6	7.1221
600	0.09879	3673.4	7.3686	0.07864	3665.4	7.2580

p (MPa)	6			7		
	$t_s = 275.56$ $v' = 0.0013187$ $v'' = 0.03241$ $h' = 1213.9$ $h'' = 2783.3$ $s' = 3.0277$ $s'' = 5.8878$			$t_s = 285.80$ $v' = 0.0013514$ $v'' = 0.02734$ $h' = 1267.7$ $h'' = 2771.4$ $s' = 3.1225$ $s'' = 5.8126$		
t	v	h	s	v	h	s
℃	m³/kg	kJ/kg	kJ/ (kg·K)	m³/kg	kJ/kg	kJ/ (kg·K)
0	0.0009972	6.1	0.0003	0.0009967	7.1	0.0004
10	0.0009974	47.8	0.1505	0.0009970	48.8	0.1504
20	0.0009990	89.5	0.2951	0.0009986	90.4	0.2948
40	0.0010051	172.7	0.5698	0.0010047	173.6	0.5694
60	0.0010144	256.1	0.8278	0.0010140	256.9	0.8273
80	0.0010263	339.6	1.0713	0.0010259	340.4	1.0707
100	0.0010406	423.5	1.3023	0.0010401	424.2	1.3015
120	0.0010573	507.8	1.5224	0.0010567	508.5	1.5215
140	0.0010764	592.8	1.7332	0.0010758	593.4	1.7321
160	0.0010983	678.6	1.9361	0.0010976	679.2	1.9350
180	0.0011232	765.7	2.1325	0.0011224	766.2	2.1312
200	0.0011519	854.2	2.3237	0.0011510	854.6	2.3222
220	0.0011853	944.7	2.5111	0.0011841	945.0	2.5093
240	0.0012249	1037.9	2.6963	0.0012233	1038.0	2.6941
260	0.0012729	1134.8	2.8815	0.0012708	1134.7	2.8789
280	0.03317	2804.0	5.9253	0.0013307	1236.7	3.0667
300	0.03616	2885.0	6.0693	0.02946	2839.2	5.9322
350	0.04223	3043.9	6.3356	0.03524	3017.0	6.2306
400	0.04738	3178.6	6.5438	0.03992	3159.7	6.4511
450	0.05212	3302.6	6.7214	0.04414	3288.0	6.6350
500	0.05662	3422.2	6.8814	0.04810	3410.5	6.7988
520	0.05837	3469.5	6.9417	0.04964	3458.6	6.8602
540	0.06010	3516.5	7.0003	0.05116	3506.4	6.9198
550	0.06096	3540.0	7.0291	0.05191	3530.2	6.9490
560	0.06182	3563.5	7.0575	0.05266	3554.1	6.9778
580	0.06352	3610.4	7.1131	0.05414	3601.6	7.0342
600	0.06521	3657.2	7.1673	0.05561	3649.0	7.0890

p (MPa)	8			9		
	$t_s = 294.98$ $v' = 0.0013843$ $v'' = 0.02349$ $h' = 1317.5$ $h'' = 2757.5$ $s' = 3.2083$ $s'' = 5.7430$			$t_s = 303.31$ $v' = 0.0014179$ $v'' = 0.02046$ $h' = 1364.2$ $h'' = 2741.8$ $s' = 3.2875$ $s'' = 5.6773$		
t	v	h	s	v	h	s
℃	m³/kg	kJ/kg	kJ/ (kg·K)	m³/kg	kJ/kg	kJ/ (kg·K)
0	0.0009962	8.1	0.0004	0.0009958	9.1	0.0005
10	0.0009965	49.8	0.1503	0.0009960	50.7	0.1502
20	0.0009981	91.4	0.2946	0.0009977	92.3	0.2944
40	0.0010043	174.5	0.5690	0.0010038	175.4	0.5686
60	0.0010135	257.8	0.8267	0.0010131	258.6	0.8262
80	0.0010254	341.2	1.0700	0.0010249	342.0	1.0694
100	0.0010396	425.0	1.3007	0.0010391	425.8	1.3000
120	0.0010562	509.2	1.5206	0.0010556	509.9	1.5197
140	0.0010752	594.1	1.7311	0.0010745	594.7	1.7301
160	0.0010968	679.8	1.9338	0.0010961	680.4	1.9326
180	0.0011216	766.7	2.1299	0.0011207	767.2	2.1286
200	0.0011500	855.1	2.3207	0.0011490	855.5	2.3191
220	0.0011829	945.3	2.5075	0.0011817	945.6	2.5057
240	0.0012218	1038.2	2.6920	0.0012202	1038.3	2.6899
260	0.0012687	1134.6	2.8762	0.0012667	1134.4	2.8737
280	0.0013277	1236.2	3.0633	0.0013249	1235.6	3.0600
300	0.02425	2785.4	5.7918	0.0014022	1344.9	3.2539
350	0.02995	2988.3	6.1324	0.02579	2957.5	6.0383
400	0.03431	3140.1	6.3670	0.02993	3119.7	6.2891
450	0.03815	3273.1	6.5577	0.03348	3257.9	6.4872
500	0.04172	3398.5	6.7254	0.03675	3386.4	6.6592
520	0.04309	3447.6	6.7881	0.03800	3436.4	6.7230
540	0.04445	3496.2	6.8486	0.03923	3485.9	6.7846
550	0.04512	3520.4	6.8783	0.03984	3510.5	6.8147
560	0.04578	3544.6	6.9075	0.04044	3535.0	6.8444
580	0.04710	3592.8	6.9646	0.04163	3583.9	6.9023
600	0.04841	3640.7	7.0201	0.04281	3632.4	6.9585

p (MPa)	10			12		
	$t_s = 310.96$ $v' = 0.0014526$ $v'' = 0.01800$ $h' = 1408.6$ $h'' = 2724.4$ $s' = 3.3616$ $s'' = 5.6143$			$t_s = 324.64$ $v' = 0.0015267$ $v'' = 0.01425$ $h' = 1492.6$ $h'' = 2684.8$ $s' = 3.4986$ $s'' = 5.4930$		
t	v	h	s	v	h	s
℃	m³/kg	kJ/kg	kJ/ (kg·K)	m³/kg	kJ/kg	kJ/ (kg·K)
0	0.0009953	10.1	0.0005	0.0009943	12.1	0.0006
10	0.0009956	51.7	0.1500	0.0009947	53.6	0.1498
20	0.0009972	93.2	0.2942	0.0009964	95.1	0.2937
40	0.0010034	176.3	0.5682	0.0010026	178.1	0.5674
60	0.0010126	259.4	0.8257	0.0010118	261.1	0.8246
80	0.0010244	342.8	1.0687	0.0010235	344.4	1.0674
100	0.0010386	426.5	1.2992	0.0010376	428.0	1.2977
120	0.0010551	510.6	1.5188	0.0010540	512.0	1.5170
140	0.0010739	595.4	1.7291	0.0010727	596.7	1.7271
160	0.0010954	681.0	1.9315	0.0010940	682.2	1.9292
180	0.0011199	767.8	2.1272	0.0011183	768.8	2.1246
200	0.0011480	855.9	2.3176	0.0011461	856.8	2.3146
220	0.0011805	946.0	2.5040	0.0011782	946.6	2.5005
240	0.0012188	1038.4	2.6878	0.0012158	1038.8	2.6837
260	0.0012648	1134.3	2.8711	0.0012609	1134.2	2.8661
280	0.0013221	1235.2	3.0567	0.0013167	1234.3	3.0503
300	0.0013978	1343.7	3.2494	0.0013895	1341.5	3.2407
350	0.02242	2924.2	5.9464	0.01721	2848.4	5.7615
400	0.02641	3098.5	6.2158	0.02108	3053.3	6.0787
450	0.02974	3242.2	6.4220	0.02411	3209.9	6.3032
500	0.03277	3374.1	6.5984	0.02679	3349.0	6.4893
520	0.03392	3425.1	6.6635	0.02780	3402.1	6.5571
540	0.03505	3475.4	6.7262	0.02878	3454.2	6.6220
550	0.03561	3500.4	6.7568	0.02926	3480.0	6.6536
560	0.03616	3525.4	6.7869	0.02974	3505.7	6.6847
580	0.03726	3574.9	6.8456	0.03068	3556.7	6.7451
600	0.03833	3624.0	6.9025	0.03161	3607.0	6.8034

p (MPa)	14			16		
	$t_s = 336.63$ $v' = 0.0016104$ $v'' = 0.01149$ $h' = 1572.8$ $h'' = 2638.3$ $s' = 3.6262$ $s'' = 5.3737$			$t_s = 347.32$ $v' = 0.0017101$ $v'' = 0.009330$ $h' = 1651.5$ $h'' = 2582.7$ $s' = 3.7486$ $s'' = 5.2496$		
t	v	h	s	v	h	s
℃	m³/kg	kJ/kg	kJ/ (kg·K)	m³/kg	kJ/kg	kJ/ (kg·K)
0	0.0009933	14.1	0.0007	0.0009924	16.1	0.0008
10	0.0009938	55.6	0.1496	0.0009928	57.5	0.1494
20	0.0009955	97.0	0.2933	0.0009946	98.8	0.2928
40	0.0010017	179.8	0.5666	0.0010008	181.6	0.5659
60	0.0010109	262.8	0.8236	0.0010100	264.5	0.8225
80	0.0010226	346.0	1.0661	0.0010217	347.6	1.0648
100	0.0010366	429.5	1.2961	0.0010356	431.0	1.2946
120	0.0010529	513.5	1.5153	0.0010518	514.9	1.5136
140	0.0010715	598.0	1.7251	0.0010703	599.4	1.7231
160	0.0010926	683.4	1.9269	0.0010912	684.6	1.9247
180	0.0011167	769.9	2.1220	0.0011151	771.0	2.1195
200	0.0011442	857.7	2.3117	0.0011423	858.6	2.3087
220	0.0011759	947.2	2.4970	0.0011736	947.9	2.4936
240	0.0012129	1039.1	2.6796	0.0012101	1039.5	2.6756
260	0.0012572	1134.1	2.8612	0.0012535	1134.0	2.8563
280	0.0013115	1233.5	3.0441	0.0013065	1232.8	3.0381
300	0.0013816	1339.5	3.2324	0.0013742	1337.7	3.2245
350	0.01323	2753.5	5.5606	0.009782	2618.5	5.3071
400	0.01722	3004.0	5.9488	0.01427	2949.7	5.8215
450	0.02007	3175.8	6.1953	0.01702	3140.0	6.0947
500	0.02251	3323.0	6.3922	0.01929	3296.3	6.3038
520	0.02342	3378.4	6.4630	0.02013	3354.2	6.3777
540	0.02430	3432.5	6.5304	0.02093	3401.4	6.4477
550	0.02473	3459.2	6.5631	0.02132	3438.0	6.4816
560	0.02515	3485.8	6.5951	0.02171	3465.4	6.5146
580	0.02599	3538.2	6.6573	0.02247	3519.4	6.5787
600	0.02681	3589.8	6.7172	0.02321	3572.4	6.6401

p (MPa)		18			20	
		$t_s = 356.96$			$t_s = 365.71$	
	$v' = 0.0018380$		$v'' = 0.007534$	$v' = 0.002038$		$v'' = 0.005873$
	$h' = 1733.4$		$h'' = 2514.4$	$h' = 1828.8$		$h'' = 2413.8$
	$s' = 3.8739$		$s'' = 5.1135$	$s' = 4.0181$		$s'' = 4.9338$
t	v	h	s	v	h	s
℃	m³/kg	kJ/kg	kJ/ (kg·K)	m³/kg	kJ/kg	kJ/ (kg·K)
0	0.0009914	18.1	0.0008	0.0009904	20.1	0.0008
10	0.0009919	59.4	0.1491	0.0009910	61.3	0.1489
20	0.0009937	100.7	0.2924	0.0009929	102.5	0.2919
40	0.0010000	183.3	0.5651	0.0009992	185.1	0.5643
60	0.0010092	266.1	0.8215	0.0010083	267.8	0.8204
80	0.0010208	349.2	1.0636	0.0010199	350.8	1.0623
100	0.0010346	432.5	1.2931	0.0010337	434.0	1.2916
120	0.0010507	516.3	1.5118	0.0010496	517.7	1.5101
140	0.0010691	600.7	1.7212	0.0010679	602.0	1.7192
160	0.0010899	685.9	1.9225	0.0010886	687.1	1.9203
180	0.0011136	772.0	2.1170	0.0011120	773.1	2.1145
200	0.0011405	859.5	2.3058	0.0011387	860.4	2.3030
220	0.0011714	948.6	2.4903	0.0011693	949.3	2.4870
240	0.0012074	1039.9	2.6717	0.0012047	1040.3	2.6678
260	0.0012500	1134.0	2.8516	0.0012466	1134.1	2.8470
280	0.0013017	1232.1	3.0323	0.0012971	1231.6	3.0266
300	0.0013672	1336.1	3.2168	0.0013606	1334.6	3.2095
350	0.0017042	1660.9	3.7582	0.001666	1648.4	3.7327
400	0.01191	2889.0	5.6926	0.009952	2820.1	5.5578
450	0.01463	3102.3	5.9989	0.01270	3062.4	5.9061
500	0.01678	3268.7	6.2215	0.01477	3240.2	6.1440
520	0.01756	3329.3	6.2989	0.01551	3303.7	6.2251
540	0.01831	3387.7	6.3717	0.01621	3364.6	6.3009
550	0.01867	3416.4	6.4068	0.01655	3394.3	6.3373
560	0.01903	3444.7	6.4410	0.01688	3423.6	6.3726
580	0.01973	3500.3	6.5070	0.01753	3480.9	6.4406
600	0.02041	3554.8	6.5701	0.01816	3536.9	6.5055

p (MPa)	25			30		
t	v	h	s	v	h	s
℃	m³/kg	kJ/kg	kJ/ (kg·K)	m³/kg	kJ/kg	kJ/ (kg·K)
0	0.0009881	25.1	0.0009	0.0009857	30.0	0.0008
10	0.0009888	66.1	0.1482	0.0009866	70.8	0.1475
20	0.0009907	107.1	0.2907	0.0009886	111.7	0.2895
40	0.0009971	189.4	0.5623	0.0009950	193.8	0.5604
60	0.0010062	272.0	0.8178	0.0010041	276.1	0.8153
80	0.0010177	354.8	1.0591	0.0010155	358.7	1.0560
100	0.0010313	437.8	1.2879	0.0010289	441.6	1.2843
120	0.0010470	521.3	1.5059	0.0010445	524.9	1.5017
140	0.0010650	605.4	1.7144	0.0010621	608.1	1.7097
160	0.0010853	690.2	1.9148	0.0010821	693.3	1.9095
180	0.0011082	775.9	2.1083	0.0011046	778.7	2.1022
200	0.0011343	862.8	2.2960	0.0011300	865.2	2.2891
220	0.0011640	951.2	2.4789	0.0011590	953.1	2.4711
240	0.0011983	1041.5	2.6584	0.0011922	1042.8	2.6493
260	0.0012384	1134.3	2.8359	0.0012307	1134.8	2.8252
280	0.0012863	1230.5	3.0130	0.0012762	1229.9	3.0002
300	0.0013453	1331.5	3.1922	0.0013315	1329.0	3.1763
350	0.001600	1626.4	3.6844	0.001554	1611.3	3.6475
400	0.006009	2583.2	5.1472	0.002806	2159.1	4.4854
450	0.009168	2952.1	5.6787	0.006730	2823.1	5.4458
500	0.01113	3165.0	5.9639	0.008679	3083.9	5.7954
520	0.01180	3237.0	6.0558	0.009309	3166.1	5.9004
540	0.01242	3304.7	6.1401	0.009889	3241.7	5.9945
550	0.01272	3337.3	6.1800	0.010165	3277.7	6.0385
560	0.01301	3369.2	6.2185	0.01043	3312.6	6.0806
580	0.01358	3431.2	6.2921	0.01095	3379.8	6.1604
600	0.01413	3491.2	6.3616	0.01144	3444.2	6.2351

0.1MPa 时的饱和空气状态参数表

干球温度 t （℃）	水蒸气压力 p_{bh} （10^2Pa）	含湿量 d_{bh} （g/kg）	饱和焓 h_{bh} （kJ/kg）	密度 ρ （kg/m^3）	汽水热 r （kJ/kg）
−20	1.03	0.64	−18.5	1.38	2839
−19	1.13	0.71	−17.4	1.37	2839
−18	1.25	0.78	−16.4	1.36	2839
−17	1.37	0.85	−15.0	1.36	2838
−16	1.50	0.94	−13.8	1.35	2838
−15	1.65	1.03	−12.5	1.35	2838
−14	1.81	1.13	−11.3	1.34	2838
−13	1.98	1.23	−10.0	1.34	2838
−12	2.17	1.35	−8.7	1.33	2837
−11	2.37	1.48	−7.4	1.33	2837
−10	2.59	1.62	−6.0	1.32	2837
−9	2.83	1.77	−4.6	1.32	2836
−8	3.09	1.93	−3.2	1.31	2836
−7	3.38	2.11	−1.8	1.31	2836
−6	3.68	2.30	−0.3	1.30	2836
−5	4.01	2.50	+1.2	1.30	2835
−4	4.37	2.73	+2.8	1.29	2835
−3	4.75	2.97	+4.4	1.29	2835
−2	5.17	3.23	+6.0	1.28	2834
−1	5.62	3.52	+7.8	1.28	2834
0	6.11	3.82	9.5	1.27	2500
1	6.56	4.11	11.3	1.27	2489
2	7.05	4.42	13.1	1.26	2496
3	7.57	4.75	14.9	1.26	2493
4	8.13	5.10	16.8	1.25	2491
5	8.72	5.47	18.7	1.25	2498

干球温度 t (℃)	水蒸气压力 p_{bh} (10^2 Pa)	含湿量 d_{bh} (g/kg)	饱和焓 h_{bh} (kJ/kg)	密度 ρ (kg/m³)	汽水热 r (kJ/kg)
6	9.35	5.87	20.7	1.24	2486
7	10.01	6.29	22.8	1.24	2484
8	10.72	6.74	25.0	1.23	2481
9	11.47	7.22	27.2	1.23	2479
10	12.27	7.73	29.5	1.22	2477
11	13.12	8.27	31.9	1.22	2475
12	14.01	8.84	34.4	1.21	2472
13	15.00	9.45	37.0	1.21	2470
14	15.97	10.10	39.5	1.21	2468
15	17.04	10.78	42.3	1.20	2465
16	18.17	11.51	45.2	1.20	2463
17	19.36	12.28	48.2	1.19	2460
18	20.62	13.10	51.3	1.19	2458
19	21.96	13.97	54.5	1.18	2456
20	23.37	14.88	57.9	1.18	2453
21	24.85	15.85	61.4	1.17	2451
22	26.42	16.88	65.0	1.17	2448
23	28.08	17.97	68.8	1.16	2446
24	29.82	19.12	72.8	1.16	2444
25	31.67	20.34	76.9	1.15	2441
26	33.60	21.63	81.3	1.15	2439
27	35.64	22.99	85.8	1.14	2437
28	37.78	24.42	90.5	1.14	2434
29	40.04	25.94	95.4	1.14	2432
30	42.41	27.52	100.5	1.13	2430
31	44.91	29.25	106.0	1.13	2427
32	47.53	31.07	111.7	1.12	2425
33	50.29	32.94	117.6	1.12	2422
34	53.18	34.94	123.7	1.11	2420
35	56.32	37.05	130.2	1.11	2418
36	59.40	39.28	137.0	1.10	2415
37	62.74	41.64	144.2	1.10	2413
38	66.24	44.12	151.6	1.09	2411
39	69.91	46.75	159.5	1.08	2408
40	73.75	49.52	167.7	1.08	2406

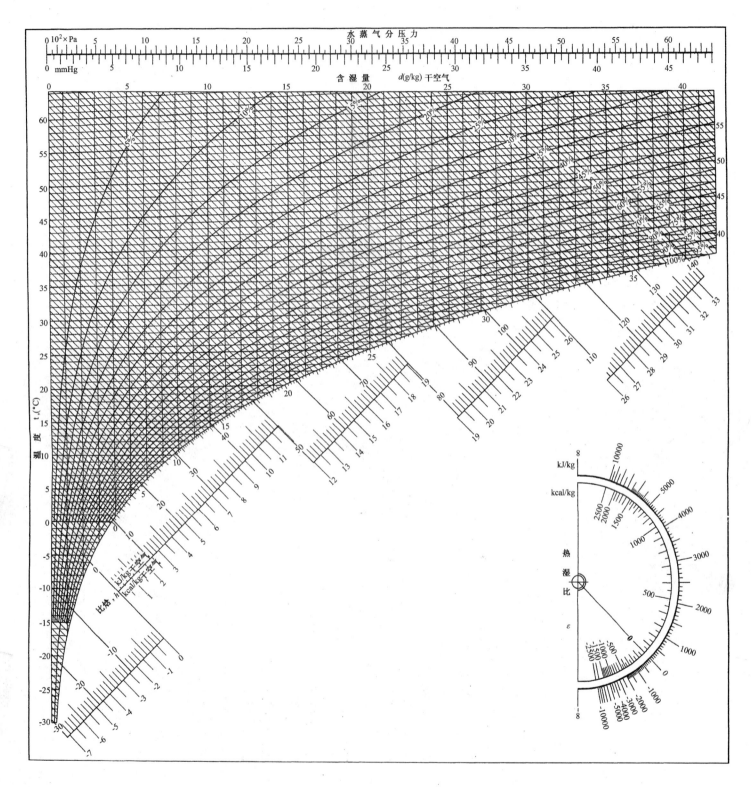

附录 3-6　湿空气焓—湿图

大气压 101325 Pa (760 mmHg)

干球温度 t（℃）	水蒸气压力 p_{bh}（10^2Pa）	含湿量 d_{bh}（g/kg）	饱和焓 h_{bh}（kJ/kg）	密度 ρ（kg/m³）	汽水热 r（kJ/kg）
41	77.77	52.45	176.4	1.08	2403
42	81.98	55.54	185.5	1.07	2401
43	86.39	58.82	195.0	1.07	2398
44	91.00	62.26	205.0	1.06	2396
45	95.82	65.92	218.6	1.05	2394
46	100.85	69.76	226.7	1.05	2391
47	106.12	73.84	238.4	1.04	2389
48	111.62	78.15	250.7	1.04	2386
49	117.36	82.70	263.6	1.03	2384
50	123.35	87.52	277.3	1.03	2382
51	128.60	92.62	291.7	1.02	2379
52	136.13	98.01	306.8	1.02	2377
53	142.93	103.72	322.9	1.01	2375
54	150.02	109.80	339.8	1.00	2372
55	157.41	116.19	357.7	1.00	2370
56	165.09	123.00	376.7	0.99	2367
57	173.12	130.23	396.8	0.99	2365
58	181.46	137.89	418.0	0.98	2363
59	190.15	146.04	440.6	0.97	2360
60	199.17	154.72	464.5	0.97	2358
65	250.10	207.44	609.2	0.93	2345
70	311.60	281.54	811.1	0.90	2333
75	385.50	390.20	1105.7	0.85	2320
80	473.60	559.61	1563.0	0.81	2309
85	578.00	851.90	2351.0	0.76	2295
90	701.10	1459.00	3983.0	0.70	2282
95	845.20	3396.00	9190.0	0.64	2269
100	1013.00			0.60	2257

材 料 名 称	温度 t (℃)	密度 ρ (kg/m³)	导热系数 λ [J/(m·s·℃)]	比热 c [kJ/(kg·℃)]	蓄热系数 s (24h) [J/(m²·s·℃)]
钢 0.5%C	20	7833	54	0.465	—
1.5%C	20	7753	36	0.486	—
铸 钢	20	7830	50.7	0.469	—
镍铬钢 18%Cr，8%Ni	20	7817	16.3	0.46	—
铸铁 0.4%C	20	7272	52	0.420	—
纯 铜	20	8954	398	0.384	—
黄铜 30%Zn	20	8522	109	0.385	—
青铜 25%Sn	20	8666	26	0.343	—
康铜 40%Ni	20	8922	22	0.410	—
纯 铝	27	2702	237	0.903	—
铸铝 4.5%Cu	27	2790	163	0.883	—
硬铝 4.5%Cu，1.5%Mg，0.6%Mn	27	2770	177	0.875	—
硅	27	2330	148	0.712	—
金	20	19320	315	0.129	—
银 99.9%	20	10524	411	0.236	—
泡沫混凝土	20	232	0.077	0.88	1.07
泡沫混凝土	20	627	0.29	1.59	4.59
钢筋混凝土	20	2400	1.54	0.81	14.95
碎石混凝土	20	2344	1.84	0.75	15.33
烧结普通砖墙	20	1800	0.81	0.88	9.65
红黏土砖	20	1668	0.43	0.75	6.26
铬 砖	900	3000	1.99	0.84	19.1
耐火黏土砖	800	2000	1.07	0.96	12.2
水泥砂浆	20	1800	0.93	0.84	10.1
石灰砂浆	20	1600	0.81	0.84	8.90
黄 土	20	880	0.94	1.17	8.39
菱 苦 土	20	1374	0.63	1.38	9.32
砂 土	12	1420	0.59	1.51	9.59
黏 土	9.4	1850	1.41	1.84	18.7

材 料 名 称	温度 t （℃）	密度 ρ （kg/m³）	导热系数 λ [J/(m·s·℃)]	比热 c [kJ/(kg·℃)]	蓄热系数 s（24h） [J/(m²·s·℃)]
微孔硅酸钙	50	182	0.049	0.867	0.169
次超轻微孔硅酸钙	25	158	0.0465	—	
岩棉板	50	118	0.0355	0.787	0.155
珍珠岩粉料	20	44	0.042	1.59	0.46
珍珠岩粉料	20	288	0.078	1.17	1.38
水玻璃珍珠岩制品	20	200	0.058	0.92	0.88
防水珍珠岩制品	25	229	0.0639	—	—
水泥珍珠岩制品	20	1023	0.35	1.38	6.0
玻璃棉	20	100	0.058	0.75	0.56
石棉水泥板	20	300	0.093	0.84	1.31
石膏板	20	1100	0.41	0.84	5.25
有机玻璃	20	1188	0.20	—	—
玻璃钢	20	1780	0.50	—	—
平板玻璃	20	2500	0.76	0.84	10.8
聚苯乙烯塑料	20	30	0.027	2.0	0.34
聚苯乙烯硬酯塑料	20	50	0.031	2.1	0.49
脲醛泡沫塑料	20	20	0.047	1.47	0.32
聚异氰脲酸酯泡沫塑料	20	41	0.033	1.72	0.41
聚四氟乙烯	20	2190	0.29	1.47	8.24
红松（热流垂直木纹）	20	377	0.11	1.93	2.41
刨花（压实的）	20	300	0.12	2.5	2.56
软 木	20	230	0.057	1.84	1.32
陶 粒	20	500	0.21	0.84	2.53
棉 花	20	50	0.027~0.064	0.88~1.84	0.29~0.65
松散稻壳	—	127	0.12	0.75	0.91
松散锯末	—	304	0.148	0.75	1.57
松散蛭石	—	130	0.058	0.75	0.56
冰	—	920	2.26	2.26	18.5
新降雪	—	200	0.11	2.10	1.83
厚纸板	—	700	0.17	1.47	3.57
油毛毡	20	600	0.17	1.47	3.30

$B = 0.1013MPa$ 干空气的热物理性质

t (℃)	ρ (kg/m³)	c_p [kJ/(kg·℃)]	$\lambda \times 10^2$ [W/(m·℃)]	$a \times 10^6$ (m²/s)	$\mu \times 10^6$ (N·s/m²)	$\upsilon \times 10^6$ (m²/s)	Pr
-50	1.584	1.013	2.04	12.7	14.6	9.23	0.728
-40	1.515	1.013	2.12	13.8	15.2	10.04	0.728
-30	1.453	1.013	2.20	14.9	15.7	10.80	0.723
-20	1.395	1.009	2.28	16.2	16.2	11.61	0.716
-10	1.342	1.009	2.36	17.4	16.7	12.43	0.712
0	1.293	1.005	2.44	18.8	17.2	13.28	0.707
10	1.247	1.005	2.51	20.0	17.6	14.16	0.705
20	1.205	1.005	2.57	21.4	18.1	15.06	0.703
30	1.165	1.005	2.67	22.9	18.6	16.00	0.701
40	1.128	1.005	2.76	24.3	19.1	16.96	0.699
50	1.093	1.005	2.83	25.7	19.6	17.95	0.698
60	1.060	1.005	2.90	27.2	20.1	18.97	0.696
70	1.029	1.009	2.96	28.6	20.6	20.02	0.694
80	1.000	1.009	3.05	30.2	21.1	21.09	0.692
90	0.972	1.009	3.13	31.9	21.5	22.10	0.690
100	0.946	1.009	3.21	33.6	21.9	23.13	0.688
120	0.898	1.009	3.34	36.8	22.8	25.45	0.686
140	0.854	1.013	3.49	40.3	23.7	27.80	0.684
160	0.815	1.017	3.64	43.9	24.5	30.09	0.682
180	0.779	1.022	3.78	47.5	25.3	32.49	0.681
200	0.746	1.026	3.93	51.4	26.0	34.85	0.680
250	0.674	1.038	4.27	61.0	27.4	40.61	0.677
300	0.615	1.047	4.60	71.6	29.7	48.33	0.674
350	0.566	1.059	4.91	81.9	31.4	55.46	0.676
400	0.524	1.068	5.21	93.1	33.0	63.09	0.678
500	0.456	1.093	5.74	115.3	36.2	79.38	0.687
600	0.404	1.114	6.22	138.3	39.1	96.89	0.699
700	0.362	1.135	6.71	163.4	41.8	115.4	0.706
800	0.329	1.156	7.18	138.8	44.3	134.8	0.713
900	0.301	1.172	7.63	216.2	46.7	155.1	0.717
1000	0.277	1.185	8.07	245.9	49.0	177.1	0.719
1100	0.257	1.197	8.50	276.2	51.2	199.3	0.722
1200	0.239	1.210	9.15	316.5	53.5	233.7	0.724

t (℃)	$p \times 10^{-5}$ (Pa)	ρ (kg/m³)	h' (kJ/kg)	c_p [kJ/(kg·℃)]	$\lambda \times 10^2$ [W/(m·℃)]	$a \times 10^8$ (m²/s)	$\mu \times 10^6$ [kg/(m·s)]	$\upsilon \times 10^6$ (m²/s)	$\beta \times 10^4$ (K⁻¹)	$\sigma \times 10^4$ (N/m)	Pr
0	0.00611	999.9	0	4.212	55.1	13.1	1788	1.789	-0.81	756.4	13.67
10	0.012270	999.7	42.04	4.191	57.4	13.7	1306	1.306	+0.87	741.6	9.52
20	0.02338	998.2	83.91	4.183	59.9	14.3	1004	1.006	2.09	726.9	7.02
30	0.04241	995.7	125.7	4.174	61.8	14.9	801.5	0.805	3.05	712.2	5.42
40	0.07375	992.2	167.5	4.174	63.5	15.3	653.3	0.659	3.86	696.5	4.31
50	0.12335	988.1	209.3	4.174	64.8	15.7	549.4	0.556	4.57	676.9	3.54
60	0.19920	983.1	251.1	4.179	65.9	16.0	469.9	0.478	5.22	662.2	2.99
70	0.3116	977.8	293.0	4.187	66.8	16.3	406.1	0.415	5.83	643.5	2.55
80	0.4736	971.8	355.0	4.195	67.4	16.6	355.1	0.365	6.40	625.9	2.21
90	0.7011	965.3	377.0	4.208	68.0	16.8	314.9	0.326	6.96	607.2	1.95
100	1.013	958.4	419.1	4.220	68.3	16.9	282.5	0.295	7.50	588.6	1.75
110	1.43	951.0	461.4	4.233	68.5	17.0	259.0	0.272	8.04	569.0	1.60
120	1.98	943.1	503.7	4.250	68.6	17.1	237.4	0.252	8.58	548.4	1.47
130	2.70	934.8	546.4	4.266	68.6	17.2	217.8	0.233	9.12	528.8	1.36
140	3.61	926.1	589.1	4.287	68.5	17.2	201.1	0.217	9.68	507.2	1.26
150	4.76	917.0	632.2	4.313	68.4	17.3	186.4	0.203	10.26	486.6	1.17
160	6.18	907.0	675.4	4.346	68.3	17.3	173.6	0.191	10.87	466.0	1.10
170	7.92	897.3	719.3	4.880	67.9	17.3	162.8	0.181	11.52	443.4	1.05
180	10.03	886.9	763.3	4.417	67.4	17.2	153.0	0.173	12.21	422.8	1.00
190	12.55	876.0	807.8	4.459	67.0	17.1	144.2	0.165	12.96	400.2	0.96
200	15.55	863.0	852.8	4.505	66.3	17.0	136.4	0.158	13.77	376.7	0.93
210	19.08	852.3	897.7	4.555	65.5	16.9	130.5	0.153	14.67	354.1	0.91
220	23.20	840.3	943.7	4.614	64.5	16.6	124.6	0.148	15.67	331.6	0.89
230	27.98	827.3	990.2	4.681	63.7	16.4	119.7	0.145	16.80	310.0	0.88
240	33.48	813.6	1037.5	4.756	62.8	16.2	114.8	0.141	18.08	285.5	0.87
250	39.78	799.0	1085.7	4.844	61.8	15.9	109.9	0.137	19.55	261.9	0.86
260	46.94	784.0	1135.7	4.949	60.5	15.6	105.9	0.135	21.27	237.4	0.87
270	55.05	767.9	1185.7	5.070	59.0	15.1	102.0	0.133	23.31	214.8	0.88
280	64.19	750.7	1236.8	5.230	57.4	14.6	98.1	0.131	25.79	191.3	0.90
290	74.45	732.3	1290.0	5.485	55.8	13.9	94.2	0.129	28.84	168.7	0.93
300	85.92	712.5	1344.9	5.736	54.0	13.2	91.2	0.128	32.73	144.2	0.97
310	98.70	691.1	1402.2	6.071	52.3	12.5	88.3	0.128	37.85	120.7	1.03
320	112.90	667.1	1462.1	6.574	50.6	11.5	85.3	0.128	44.91	98.10	11.11
330	128.65	640.2	1526.2	7.244	48.4	10.4	81.4	0.127	55.31	76.71	1.22
340	146.08	610.1	1594.8	8.165	45.7	9.17	77.5	0.127	72.10	56.70	1.39
350	165.37	574.4	1671.4	9.504	43.0	7.88	72.6	0.126	103.7	38.16	1.60
360	186.74	528.0	1761.5	13.984	39.5	5.36	66.7	0.126	182.9	20.21	2.35
3.70	210.53	450.5	1892.5	40.321	33.7	1.86	56.9	0.126	676.7	4.709	6.79

①β 值选自 Steam Tables is SI Units, 2nd Ed., Ed.by Grigull, U.et.al., Springer-Verlag, 1984。

材 料 名 称	t (℃)	s	材 料 名 称	t (℃)	s
表面磨光的铝	225～575	0.039～0.057	经过磨光的商品锌 99.1%	225～325	0.045～0.053
表面不光滑的铝	26	0.055	在 400℃时氧化后的锌	400	0.11
在 600℃时氧化后的铝	200～600	0.11～0.19	有光泽的镀锌薄钢板	28	0.228
表面磨光的铁	425～1020	0.144～0.377	已经氧化的灰色镀锌薄钢板	24	0.276
用金刚砂冷加工以后的铁	20	0.242	石棉纸板	24	0.96
氧化后的铁	100	0.736	石棉纸	40～370	0.93～0.945
氧化后表面光滑的铁	125～525	0.78～0.85	贴在金属板上的薄纸	19	0.924
未经加工处理的铸铁	925～1115	0.87～0.95	水	0～100	0.95～0.963
表面磨光的钢铸件	770～1040	0.52～0.56	石膏	20	0.903
经过研磨后的钢板	940～1100	0.55～0.61	刨光的橡木	20	0.895
在 600℃时氧化后的钢	200～600	0.80	熔解后表面粗糙的石英	20	0.932
表面有一层有光泽的氧化物的钢板	25	0.82	表面粗糙但还不是很不平整的红砖	20	0.93
经过刮面加工的生铁	830～990	0.60～0.70	表面粗糙而没有上过釉的硅砖	100	0.80
在 600℃时氧化后的生铁	200～600	0.64～0.78	表面粗糙而上过釉的硅砖	1100	0.85
氧化铁	500～1200	0.85～0.95	上过釉的黏土耐火砖	1100	0.75
精密磨光的金	225～635	0.018～0.035	耐火砖	—	0.8～0.9
轧制后表面没有加工的黄铜板	22	0.06	涂在不光滑铁板上的白釉漆	23	0.906
轧制后表面用粗金刚砂加工过的黄铜板	22	0.20	涂在铁板上的有光泽的黑漆	25	0.875
无光泽的黄铜板	50～350	0.22	无光泽的黑漆	40～95	0.96～0.98
在 600℃时氧化后的黄铜	200～600	0.61～0.59	白漆	40～95	0.80～0.95
精密磨光的电解铜	80～115	0.018～0.023	涂在镀锡铁面上的黑色有光泽的虫漆	21	0.821
刮亮的但还没有像镜子那样皎洁的商品铜	22	0.072	黑色无光泽的虫漆	75～145	0.91
在 600℃时氧化后的铜	200～600	0.57～0.87	各种不同颜色的油质涂料	100	0.92～0.96
氧化铜	800～1100	0.66～0.54	各种年代不同、含铝量不一样的铝质涂料	100	0.27～0.67
熔解铜	1075～1275	0.16～0.13	涂在不光滑板上的铝漆	20	0.39
钼线	725～2600	0.096～0.292	加热到 325℃以后的铝质涂料	150～315	0.35
技术上用的经过磨光的纯镍	225～375	0.07～0.087	表面磨光的灰色大理石	22	0.931
镀镍酸洗而未经磨光的铁	20	0.11	磨光的硬橡皮板	23	0.945
镍丝	185～1000	0.096～0.186	灰色的、不光滑的软橡皮（经过精制）	24	0.859
在 600℃时氧化后的镍	200～600	0.37～0.48	平整的玻璃	22	0.937
氧化镍	650～1255	0.59～0.86	烟炱，发光的煤炱	95～270	0.952
铬镍	125～1034	064～0.76	混有水玻璃的烟炱	100～185	0.959～0.947
锡，光亮的镀锡铁皮	25	0.043～0.064	粒径 0.075mm 或更大的灯烟炱	40～370	0.945
纯铂，磨光的铂片	225～625	0.054～0.104	油纸	21	0.910
铂带	925～1115	0.12～0.17	经过选洗后的煤（0.9%灰）	125～625	0.81～0.79
铂钱	25～1230	0.036～0.192	碳丝	1040～1405	0.526
铂丝	225～1375	0.037～0.182	上过釉的瓷器	22	0.924
纯汞	0～100	0.09～0.12	粗糙的石灰浆粉刷	10～88	0.91
氧化后的灰色铅	25	0.281	熔附在铁面上的白色珐琅	19	0.897
在 200℃时氧化后的铅	200	0.63			
磨光的纯银	225～625	0.0198～0.0324			
铬	100～1000	0.08～0.26			

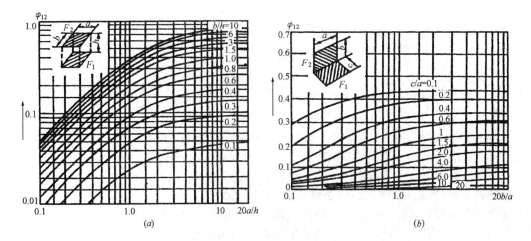

附录 4-5　热辐射角系数线算图

（a）平行长方形的角系数；（b）两互相垂直的长方形的角系数

主要参考文献

1 刘芙蓉，杨珊璧编 . 热工理论基础 . 北京：中国建筑工业出版社，1997
2 邱信立，廉乐明，李力能编 . 工程热力学 . 北京：中国建筑工业出版社，1992
3 王宇清主编 . 流体力学泵与风机 . 北京：中国建筑工业出版社，2001
4 刘春泽主编 . 热工学基础 . 北京：机械工业出版社，2004
5 蔡增基，龙天渝主编 . 流体力学泵与风机（第四版）. 北京：中国建筑工业出版社，1999
6 许玉望主编 . 流体力学泵与风机 . 北京：中国建筑工业出版社，1995
7 黄儒钦 . 水力学教程（第二版）. 成都：西安交通大学出版社，1998
8 苏福临等主编 . 流体力学泵与风机 . 北京：中国建筑工业出版社，1985
9 （西德）H.D. 贝尔著 . 工程热力学理论基础及工程应用 . 杨东华等译 . 北京：科学出版社，1983
10 赵孝保主编 . 工程流体力学 . 南京：东南大学出版社，2004
11 范惠民主编 . 热工学基础 . 北京：中国建筑工业出版社，1995
12 刘鹤年主编 . 流体力学 . 北京：中国建筑工业出版社，2001
13 廉乐明等编 . 工程热力学 . 北京：中国建筑工业出版社，2003
14 傅秦生等编著 . 热工基础与应用 . 北京：机械工业出版社，2001
15 范惠民主编 . 热工学基础 . 北京：中国建筑工业出版社，1995
16 施明恒等编著 . 工程热力学 . 南京：东南大学出版社，2003
17 张英主编 . 工程热体力学 . 北京：中国水利水电出版社，2002
18 余宁主编 . 热工学基础 . 北京：中国建筑工业出版社，2005
19 吕崇德主编 . 热工参数测量与处理（第2版）. 北京：清华大学出版社，2001
20 程广振主编 . 热工测量与自动控制 . 北京：中国建筑工业出版社，2005

全国高职高专教育土建类专业教学指导委员会规划推荐教材

（供热通风与空调工程技术专业适用）

征订号	书　　名	主　·编	定　价
12861	热工学基础	余　宁	26.00
12876	机械基础	胡伯书	22.00
12878	工程力学	于　英	19.00
12874	房屋构造	丁春静	13.00
12877	工程制图（含习题集）	尚久明	29.00
12875	工程测量	崔吉福	17.00
12862	流体力学泵与风机	白　桦	20.00
12872	热工测量与自动控制	程广振	16.00
12865	供热工程	蒋志良	22.00
12863	通风与空调工程	杨　婉	27.00
12873	建筑给水排水工程	蔡可键	20.00
12871	建筑电气	刘　玲	18.00
12867	暖通施工技术	吴耀伟	29.00
12868	安装工程预算与施工组织管理	王　丽	32.00
12869	供热系统调试与运行	马志彪	11.00
12870	空调系统调试与运行	刘成毅	15.00
12866	制冷技术与应用	贺俊杰	待出版
12864	锅炉与锅炉房设备	王青山	待出版

欲了解更多信息，请登陆中国建筑工业出版社网站：www.china-abp.com.cn 查询。